AF130865

Mathematik
SEKUNDO
FÜR DIFFERENZIERENDE SCHULFORMEN

Baden-Württemberg

Herausgegeben von

Martina Lenze
Max Schröder
Peter Welzel
Bernd Wurl
Alexander Wynands

Schroedel

SEKUNDO 5
Mathematik
Baden-Württemberg

Herausgegeben und bearbeitet von

Maik Abshagen, Tim Baumert, Kerstin Cohrs-Streloke, Klaus Frankenberg, Dr. Martina Lenze, Anette Lessmann, Hartmut Lunze, Ludwig Mayer, Jürgen Ruschitz, Dr. Max Schröder, Peter Welzel, Prof. Bernd Wurl, Prof. Dr. Alexander Wynands

Zum Schülerband erscheinen:

Lösungen: Best.-Nr. 85002
Arbeitsheft: Best.-Nr. 85003
Förderheft: Best.-Nr. 85004
Digitale Lehrermaterialien
inkl. Kommentare und Kopiervorlagen
CD-ROM: Best.-Nr. 85006
(auch als Online-Lizenzen erhältlich)

**Fördert individuell –
passt zum Schulbuch**

Optimal für den Einsatz
im Unterricht mit Sekundo:

Stärken erkennen, Defizite beheben. Online-Lernstandsdiagnose und Auswertung auf Basis der aktuellen Bildungsstandards. Individuell zusammengestellte Fördermaterialien.

www.schroedel.de/diagnose

© 2015 Bildungshaus Schulbuchverlage
Westermann Schroedel Diesterweg Schöningh Winklers GmbH, Braunschweig
www.schroedel.de

Auf verschiedenen Seiten dieses Buches befinden sich Verweise (Links) auf Internet-Adressen.
Haftungshinweis: Trotz sorgfältiger inhaltlicher Kontrolle wird die Haftung für die Inhalte der externen Seiten ausgeschlossen. Für den Inhalt dieser externen Seiten sind ausschließlich deren Betreiber verantwortlich. Sollten Sie bei dem angegebenen Inhalt des Anbieters dieser Seite auf kostenpflichtige, illegale oder anstößige Inhalte treffen, so bedauern wir dies ausdrücklich und bitten Sie, uns umgehend per E-Mail davon in Kenntnis zu setzen, damit beim Nachdruck der Verweis gelöscht wird.

Druck A [3] / Jahr 2016
Alle Drucke der Serie A sind im Unterricht parallel verwendbar.

Redaktion: Dr. Martina Helmstädter-Rösner
Umschlag: elbe-drei, Hamburg
Layout: creativ design, Hildesheim
Illustration: Hans-Jürgen Feldhaus, Münster
Zeichnungen: Michael Wojczak, Braunschweig
Satz: Beltz Bad Langensalza GmbH, Bad Langensalza
Druck und Bindung: westermann druck GmbH, Braunschweig

ISBN 978-3-507-**85000**-2

Hinweise zum Umgang mit dem Buch

Differenzierung
Die Aufgaben und Inhalte sind in die drei Niveaustufen G (grundlegendes Niveau),
M (mittleres Niveau) und E (erhöhtes Niveau) differenziert.

G-Niveau: keine Symbolik

2.

M-Niveau: Aufgabennummern sind mit einem grünen Quadrat ohne Rahmen unterlegt,

4.

E-Niveau: Aufgabennummern sind mit einem grünen Quadrat mit Rahmen unterlegt.

9.

Seiten, die komplett nicht mehr für das G-Niveau oder ausschließlich für das
E-Niveau vorgesehen sind, sind in der Seitenüberschrift kenntlich gemacht.

Merksätze, Beispiele, Tipps
Merksätze sind durch einen roten
Rahmen gekennzeichnet.

Musterbeispiele als Lösungshilfen
sind durch einen grünen Rahmen
gekennzeichnet.

Nützliche Tipps und Hilfen sind
besonders gekennzeichnet.

Testen – Üben – Vergleichen (TÜV)
Jedes Kapitel endet mit einer TÜV-Seite, bestehend aus den wichtigsten
Ergebnissen und typischen Aufgaben dazu. Die Lösungen dieser Aufgaben
sind zur Selbstkontrolle für die Schülerinnen und Schüler am Ende des
Buches angegeben.

Diagnosetest, Diagnosearbeit
Zur Vorbereitung auf Klassenarbeiten gibt es nach der TÜV-Seite eine
Seite mit Aufgaben zu Inhalten des jeweiligen Kapitels. Am Ende des
Schülerbandes findet sich eine umfangreiche Diagnosearbeit zu den
Inhalten des gesamten Schuljahres. Die Lösungen dieser Aufgaben sind
zur Selbstkontrolle am Ende des Buches angegeben.

Lesen – Verstehen – Lösen (LVL)
Die mit diesem Logo versehenen Seiten oder Aufgaben schulen besonders
die prozessorientierten Kompetenzen Argumentieren, Problemlösen, Model-
lieren, Kommunizieren sowie Verwenden von mathematischen Darstellungen und
von Werkzeugen. Aber auch bei der Bearbeitung vieler nicht gekennzeichneter
Aufgaben werden diese Kompetenzen benötigt und gefestigt.

Bleib fit
Zum Wiederholen der grundlegenden Inhalte gibt es regelmäßig
Aufgabenseiten zu Inhalten aus früheren Kapiteln.

Wissen – Anwenden – Vernetzen (WAV)
Auf diesen Seiten sind knifflige Aufgaben zu finden, die meist mehrere
mathematische Themen ansprechen. Damit diese Seiten auch selbstständig
bearbeitet werden können, stehen die Lösungen dazu am Ende des Buches.

Inhaltsverzeichnis

Zahlen und Daten

1

GEHEIM

5/9/14/12/1/4/21/14/7 26/21/18

7/5/2/21/18/20/19/20/1/7/19/16/1/18/20/25

7/5/6/5/9/5/18/20 23/9/18/4 1/13 19/1/13/19/20/1/7

22/15/14 15:00 2/9/19 20:00 21/8/18

4/21 2/9/19/20 8/5/18/26/12/9/3/8

5/9/14/7/5/12/1/4/5/14

12/1/18/1 21/14/4 12/21/11/1/19

2/9/20/20/5 7/9/2 2/5/19/3/8/5/9/4, 15/2

4/21 11/15/13/13/5/14 11/1/14/14/19/20.

Lösungstipp:
Ich bin ein
6/9/19/3/8

Lösungstipp:
Ich bin ein
1/16/6/5/12

Die neue Klasse 5a

Fragebogen: Wie heißt du? Wie alt bist du? Welcher Nationalität gehörst du an?
Wie kommst du zur Schule? Welches ist dein Lieblingsfach?

Strichliste, Tabelle und Diagramm

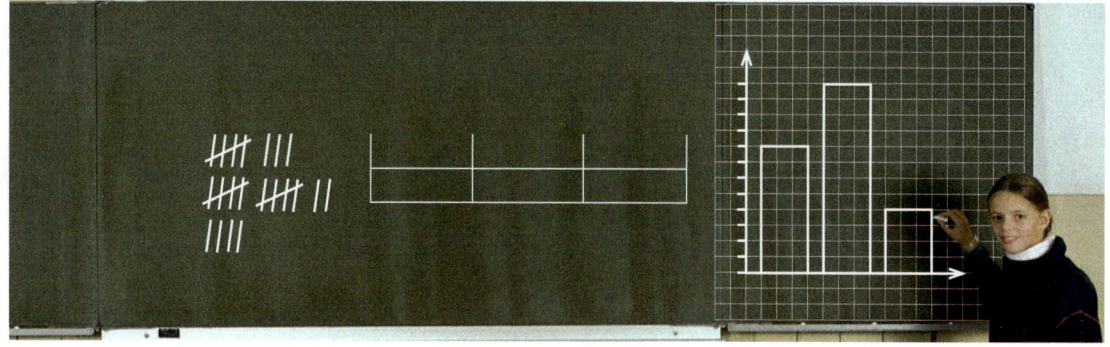

1. Die Klasse 5a hat die Steckbriefe ihrer Schülerinnen und Schüler (Seite 7) ausgewertet.
   a) Die meisten Kinder sind 11 Jahre alt. Wie viele sind das?
   b) Wie viele sind 10 Jahre alt? Wie viele Kinder sind insgesamt in der Klasse 5a?
   c) Wie alt sind die Kinder in deiner Klasse? Sammle die Daten in einer Strichliste, übertrage sie in eine Tabelle und in ein Säulendiagramm.

2. Die Steckbriefe auf Seite 7 zeigen, wie die Kinder der 5a zur Schule kommen.
   a) Übertrage die Tabelle in dein Heft. Ergänze die fehlenden Werte.
   b) Zeichne ein Diagramm.

mit Bus	mit Fahrrad	zu Fuß
‖†† ‖†† I		
11		

3. Das Balkendiagramm zeigt, welche Nationalitäten die Schülerinnen und Schüler der Klasse 5a haben.
   Trage die Werte in eine Tabelle ein.

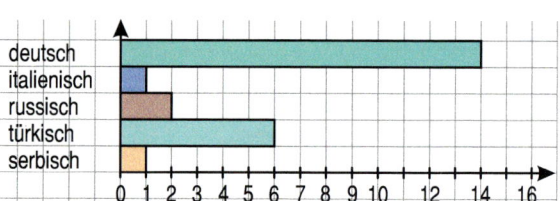

4. Zum Lieblingsfach in der Klasse 5a:
   Erstelle (mit den Steckbriefen auf Seite 7) eine Tabelle und ein Diagramm
   a) nur für die Mädchen,   b) nur für die Jungen,   c) für alle Kinder.

5. In der Parallelklasse 5b wurde nach dem Lieblingssport gefragt.
   a) Wie viele Kinder haben geantwortet?
   b) Ordne nach der Beliebtheit, dann zeichne ein Diagramm.

Fußball	‖†† ‖‖‖
Badminton	‖††
Schwimmen	‖†† ‖
Tischtennis	‖††
Basketball	‖

LVL 6. In allen 5. Klassen wurde nach dem Lieblingssport gefragt. Für jedes Kind wurde 1 mm gezeichnet. Was kannst du aus diesem Streifendiagramm ablesen? Stelle drei Fragen und beantworte sie.

| Fußball | Basketball | Bad-minton | Schwimmen | Tennis |

LVL 7. a) Gruppenarbeit: Welches sind die beliebtesten Sportarten in deiner Klasse? Erstellt eine Tabelle und zeichnet ein Streifendiagramm.
   b) Überlegt eine andere Frage und stellt die Antworten dar mit Tabelle und Streifendiagramm.

Natürliche Zahlen

Adam Ries(e) schrieb 1550 sein drittes Rechenbuch. Er war damals 58 Jahre alt. Ries machte die arabischen Ziffern und das Rechnen damit bekannt. Unsere zehn Ziffern stammen aus Indien. Die Araber brachten sie im 12. Jahrhundert nach Europa.

Indisch (Brahmi) 3. Jh. v. Chr.

Westarabisch (Gobär) 11. Jh.

Europäisch (Dürer) 16. Jh.

LVL **1.** Schreibe die Jahreszahl deiner Geburt und das Geburtsjahr von Adam Riese mit westarabischen und mit indischen Ziffern auf.

0, 1, 2, 3, … heißen **natürliche Zahlen.** Jede natürliche Zahl lässt sich mit den Ziffern 0, 1, 2, 3, 4, 5, 6, 7, 8 und 9 schreiben; z. B. 43 ist eine 2-stellige natürliche Zahl mit den Ziffern 4 und 3. Die natürlichen Zahlen lassen sich am Zahlenstrahl darstellen.

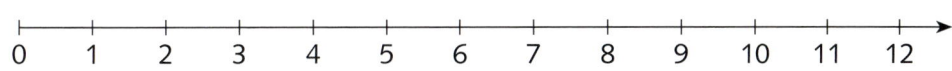

2. a) Schreibe jeweils die nächste Kilometerzahl auf.
   109 km   316 km   499 km   6090 km   9999 km
b) Wie heißt die jeweils vorhergehende Kilometerzahl?
   208 km   460 km   500 km   3070 km   9900 km

3. Wie heißt die um 10, wie die um 100 größere Zahl?
   a) 560   b) 400   c) 390   d) 980   e) 1270   f) 3990

$$2570 + 10 = 2580$$
$$2570 + 100 = 2670$$

4. Wie groß ist die um 10 (um 100) kleinere Zahl?
   a) 600   b) 790   c) 990   d) 1000   e) 2710   f) 8100

$$3600 - 10 = 3590$$
$$3600 - 100 = 3500$$

5. Zeichne den Zahlenstrahl in dein Heft. Trage die fehlenden Zahlen ein.

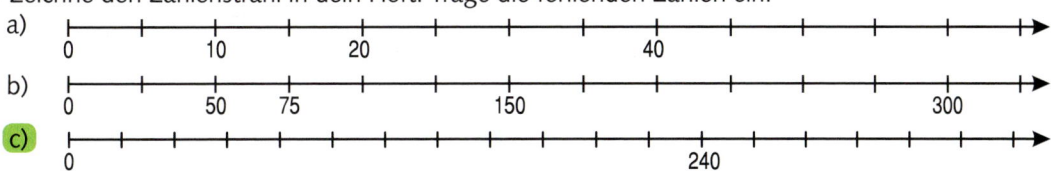

LVL **6.** Schreibe die nächsten drei Zahlen auf. Gib die Regel an.
   a) 15, 30, 45, 60, 75, 90, 105, …   b) 153, 141, 129, 117, 105, 93, 81, …
   c) 20, 19, 16, 15, 12, 11, 8, …   d) 3, 5, 6, 5, 12, 5, 24, …
   e) 17, 12, 34, 18, 68, 24, 136, …   f) 6, 14, 18, 12, 54, 10, 162, …

7. Drei verschiedene Ziffern wurden einmal der Größe nach und einmal in umgekehrter Reihenfolge zu dreistelligen Zahlen zusammengestellt. Die Summe dieser Zahlen ist 1675. Wie heißen die Ziffern?

8. Mit welcher Überlegung sind die Ziffern hier aufgeschrieben? 8, 3, 1, 5, 9, 0, 6, 7, 4, 2.

Zahlen vergleichen und ordnen

LVL **1.** Wie werden die Lottozahlen in den Nachrichten vorgelesen?

Am Zahlenstrahl liegt von zwei Zahlen die kleinere Zahl links von der größeren.

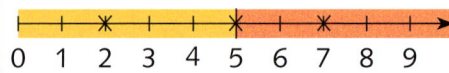

0 1 2 3 4 5 6 7 8 9

Beispiele: **2 < 5** „2 ist kleiner als 5"
7 > 5 „7 ist größer als 5"

---

2. Zeichne einen Zahlenstrahl bis 15 und kennzeichne farbig alle Zahlen
a) größer als 12,   b) kleiner als 5,   c) größer als 5 und kleiner als 12.

3. a) Ordne die Lottozahlen: 43, 7, 17, 19, 5, 47 (1. Ziehung)
                                    18, 46, 21, 4, 19, 31 (2. Ziehung)
b) Sortiere die Hausnummern: 120, 304, 32, 164, 409, 22, 12, 54, 210, 355

4. Sortiere die Zahlen. Beginne mit der kleinsten.

a)    b)    c)    d)

5. Bestimme die beiden benachbarten Zehnerzahlen.
Unterstreiche die nächstgelegene.
a) 273   b) 456   c) 708   d) 981   e) 97   f) 111

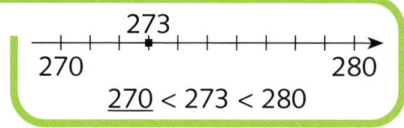

273
270   280
270 < 273 < 280

6. Kleiner, größer oder gleich? Schreibe ins Heft und setze ein: <, > oder =.

a) 99 ▊ 100   b) 16 − 8 ▊ 9   c) 73 − 51 ▊ 23   d)   24 · 3 ▊ 72
    289 ▊ 298   25 + 7 ▊ 32   459 − 60 ▊ 389   144 : 12 ▊ 10
    550 ▊ 505   5 · 9 ▊ 44   990 − 91 ▊ 899   256 : 4 ▊ 65

LVL **7.** Schreibe alle vierstelligen Zahlen auf, die du mit den vier Ziffernkärtchen
legen kannst. Es sind 18 Zahlen möglich. Ordne die Zahlen der Größe nach.

8. Ordne die Ergebnisse: ① 63 · 11   ② 1400 : 2   ③ 563 + 148   ④ 1101 − 402

Zehnersystem

H	Z	E	Zerlegt in Stellenwerte	Kurz
5	8	2	$5H + 8Z + 2E = 500 + 80 + 2$	$= 582$
9	0	4	$9H + 0Z + 4E = $ ⬚	$=$ ⬚
⬚	⬚	⬚	$0H + 1Z + 9E = $ ⬚	$=$ ⬚
			⬚ $=$ ⬚	$= 376$

1. Schreibe ins Heft, fülle die Lücken aus und erfinde weitere eigene Beispiele.

Zahlen schreiben wir im Zehnersystem (Dezimalsystem).
Jede Ziffer hat einen Stellenwert: 1, 10, 100, 1000, 10000 …

$$10\,000 \xleftarrow{\cdot 10} 1\,000 \xleftarrow{\cdot 10} 100 \xleftarrow{\cdot 10} 10 \xleftarrow{\cdot 10} 1$$

ZT	T	H	Z	E
7	1	4	2	3

$$
\begin{aligned}
7 \cdot 10\,000 &= 70\,000 \\
1 \cdot 1\,000 &= 1\,000 \\
4 \cdot 100 &= 400 \\
2 \cdot 10 &= 20 \\
3 \cdot 1 &= 3 \\
\text{Summe} &= 71\,423
\end{aligned}
$$

---

2. Schreibe die Zahlen aus der Stellenwerttafel zerlegt in Stellenwerte und in Kurzschreibweise.

Stellenwerttafel

ZT	T	H	Z	E
	4	7	0	3
	5	4	9	1
3	2	0	7	2
5	4	2	1	1
	3	9	0	4
7	0	3	4	3

3. Schreibe die Zahlen zerlegt in Stellenwerte.
   a) 8029   b) 10371   c) 90305   d) 53872
      9572   23059   73001   40002

4. Lege eine Stellenwerttafel an, trage ein und schreibe als natürliche Zahl in Kurzschreibweise.
   a) $3T + 3H + 7E$ b) $2ZT + 4T + 8E$ c) $5ZT + 6T + 8H + 9E$ d) $9ZT + 6T + 8H + 9E$
   e) $4T + 7Z + 9E$ f) $7T + 5H$ g) $8ZT + 3H + 7E$ h) $8T + 7E$

5. Lies die Zahlen und zerlege sie in Einer, Zehner, Hunderter, Tausender und Zehntausender.

   a) 86   b) 101   c) 7031   d) 4908   e) 12754
      75   902   2643   8020   31000
      99   484   1875   26980   99900

   $2505 = 2T + 5H + 0Z + 5E$

6. Schreibe die Zahlen mit Ziffern.

a) fünftausendzweiunddreißig	b) fünfzehntausendfünfzig	c) dreißigtausendsiebenhundert
d) zweihundertneunundsechzig	e) elftausendeinhunderteins	f) neuntausendundneunzehn

7. Kai wünscht sich ein Fahrrad, das 298 € kostet. Wie viele Geldscheine reichen, wenn er nur mit
   a) 100-€-Scheinen,   b) 10-€-Scheinen,   c) 50-€-Scheinen,   d) 20-€-Scheinen zahlt?

LVL 8. Den Geldbetrag sollst du mit möglichst wenigen Banknoten und Münzen bezahlen.
   a) 18,50 €   b) 32,15 €   c) 49,90 €   d) 270,70 €   e) 1150,72 €

Vermischte Aufgaben

1. Ordne die Kärtchen des Kartenjongleurs rechts, dann
siehst du, welche Zahl es ist.

2. Ordne ebenso und schreibe die Zahl im Zehnersystem.

a)    b) 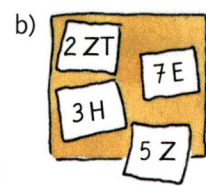   c)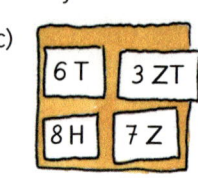

3. Bei der Schafzählung erhalten die Schafe Nummern auf dem Rücken.
   a) Welche Nummer hat das vorherige Schaf?
   b) Welche Zahl erhält das nachfolgende Schaf?
   c) Der Schäfer zählt 12 Schafe weiter. Wie lautet die Nummer?
   d) Sein Lieblingsschaf hat eine um 100 kleinere Nummer.

4. Welche Zahl ist um 10 größer, welche um 10 kleiner?

| a) 99 | b) 1 909 | c) 23 897 | d) 12 073 | e) 3 100 |
| 199 | 1 999 | 76 998 | 15 805 | 5 900 |

$$299 + 10 = 309$$
$$299 - 10 = 289$$

5. Welche Zahl ist um 100 größer, welche um 100 kleiner?

| a) 799 | b) 1 099 | c) 12 990 | d) 15 683 | e) 8 990 |
| 899 | 2 999 | 34 558 | 10 108 | 9 090 |

$$1 990 + 100 = 2 090$$
$$1 990 - 100 = 1 890$$

6. Schreibe die Zahlen mit Ziffern im Zehnersystem.

a) vierhundertfünfzig
   eintausensiebenhundert

b) fünfundzwanzigtausendsiebzig
   dreißigtausendeinhundert

c) achttausendsiebenhundertdreißig
   sechzigtausendundfünf

d) fünfhundertvierzigtausend
   elftausendeinhundertelf

7.

Jugendlexikon
10 Bände
49 €

129 €

179 €

1298 €

In Worten
geschrieben...

8. Ordne die Zahlen. Beginne mit der kleinsten Zahl.
   19 562   56 219   21 956   15 629   12 956   52 196   59 126

9. Vertausche die Ziffern für Tausender und Zehner und vergleiche.
   a) 1 254   b) 3 074   c) 3 005   d) 12 345   e) 603 408   f) 1 345 063   g) 274 549

10. Ein Fußballspieler versteckt sein Monatsgehalt hinter einem Rätsel: Mein Gehalt ist 5stellig und
beginnt mit 9. Tausender und Hunderterziffer sind gleich und zusammengezählt 8. Der Rest sind
Nullen. Berechne sein Jahresgehalt.

11. Welche Zahlen gehören zu den Buchstaben auf dem Zahlenstrahl?

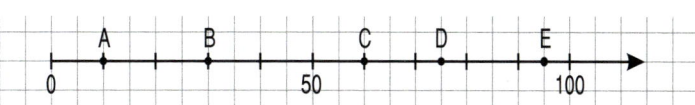

12. Zeichne einen Zahlenstrahl wie in Aufgabe 11. Trage ein: 15, 30, 45, …, 90.

13. Zähle in gleichen Schritten weiter. Ergänze die fehlenden Zahlen.
a) 50, 100, 150, …, 500   b) 80, 120, …, 480   c) 90, 180, …, 900
d) 1 000, 950, …, 500   e) 800, 650, …, 50   f) 1 000, 910, …, 10

14. Zahlenmix: Ordne, beginne mit der kleinsten Zahl.

a)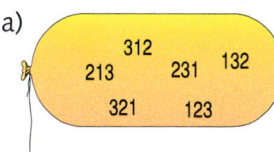

b)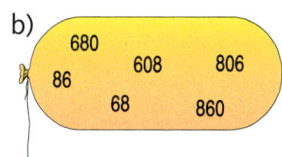

c)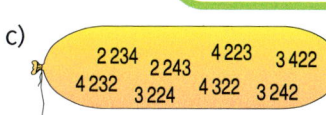

123 < 132 < 213 < …

15. Gib die Nachbarzehner an. Unterstreiche den nächstgelegenen.
a) 186   b) 238   c) 681   d) 199   e) 103   f) 792   g) 998

480 < 486 < <u>490</u>

16. Gib die Nachbarhunderter an. Unterstreiche den nächstgelegenen Hunderter.
a) 2 345   b) 6 309   c) 1 099   d) 7 061   e) 9 901   f) 13 706   g) 19 095   h) 11 099

LVL 17. Spiel: Würfele abwechselnd mit deinem Nachbarn, jeder viermal. Du kannst gleich die von dir gewürfelte Zahl an eine beliebige Stelle in deiner Stellenwert- tafel eintragen.
Wer hat am Ende die größte Zahl?

	T	H	Z	E
1.				
2.				
3.				

18. Zeichne einen Zahlenstrahl von 10 cm Länge, wähle eine Einheit und trage die Zahlen ein.
a) 150, 300, 450, 600, 750, 900   b) 500, 2 000, 4 500, 7 000, 9 500

19. Zeichne einen Zahlenstrahl. Trage die Zahlen so genau wie möglich ein.
a) 68, 104, 151, 199   b) 125, 330, 417, 905   c) 1 208, 3 570, 6 099, 9 059

20. Hier werden Zahlen gesucht.
a) die größte zwei-, vier- und sechsstellige Zahl   b) die kleinste vierstellige Zahl ohne 0
c) die kleinste vierstellige Zahl ohne 1   d) die größte sechsstellige Zahl ohne 9
e) die kleinste sechsstellige Zahl ohne 0   f) die größte fünfstellige Zahl ohne 8 und 9

21. Wie viele vierstellige Zahlen gibt es,
a) die eine 5 als Tausender haben,   b) die keine 5 als Hunderter haben,
c) die eine durch 3 teilbare Zahl als Tausender haben?

LVL 22. a) Uwe schreibt die Zahlen von 100 bis 200 auf. Wie viele Nullen braucht Uwe?
b) Nina schreibt die Zahlen von 1 bis 1 000 auf. Wie viele Nullen benötigt sie?

LVL 23. Mareike hat alle dreistelligen Zahlen mit der Quersumme 9 aufgeschrieben.
a) Wie heißt die größte dieser Zahlen?
b) Wie heißt die kleinste dieser Zahlen?
c) Schreibe möglichst systematisch alle Zahlen von Mareike auf und stelle dein Ergebnis vor.

1. Sportwoche

Eine Woche lang stand der sportliche Wettkampf im Mittelpunkt des Schullebens an der „Gemeinschaftsschule Albert Einstein".

a) Die Klassen 5A, 5B und 5C führten ein Volleyballturnier durch. Alle drei Klassen spielten gegeneinander, ohne Rückspiel. Die Ergebnisse wurden in einer Tabelle notiert.
Die Tabelle wird folgendermaßen gelesen:
Die Klasse 5B verlor gegen die Klasse 5A mit 1:2.

Kl. 5	A	B	C
A			
B	1:2		
C	0:2	2:1	

b) Wer hat beim Spiel 5C gegen 5B gewonnen?

Die vier Klassen des 6. Jahrgangs trugen ein Fußballturnier aus. Zur Erfassung der Ergebnisse wurde eine Tabelle vorbereitet. Wieder spielten alle Klassen gegeneinander, ohne Rückspiel. Wie viele Spiele wurden insgesamt ausgetragen?

Kl. 6	A	B	C	D
A				
B				
C				
D				

c) In der Jahrgangsstufe 9 nahmen fünf Mannschaften an einem Basketballturnier teil. Wieder spielte jeder einmal gegen jeden. Erstelle eine passende Tabelle.

d) Paul überlegt: „Die weißen Felder der Tabellen bilden ein Art Dreiecksmuster, je mehr Mannschaften, desto größer wird das Dreieck. Jetzt ist mir auch klar, wie man die Anzahl der Spiele berechnen kann, wenn 8 Mannschaften gegeneinander antreten." Was hat Paul entdeckt?

e) Die AG Tischtennis ermittelte ihren Meister. Dazu spielte jeder gegen jeden. Insgesamt mussten 55 Spiele ausgetragen werden. Wie viele Schüler sind in der AG Tischtennis?

2. Muster legen

Hier wird aus Streichhölzern eine Kette gelegt. Für eine Kette mit nur einem Kettenglied benötigt man 4 Streichhölzer, für eine Kette mit 2 Gliedern 7 Hölzer.

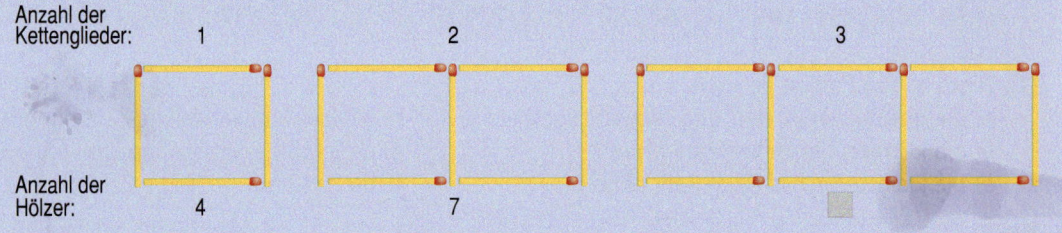

Anzahl der Kettenglieder: 1   2   3

Anzahl der Hölzer: 4   7

a) Wie viele Hölzer werden bei einer Kette mit 3 Gliedern verbaut, wie viele braucht man für die nächstlängere Kette?

b) In der Mathe-AG wird eifrig nach einem Rechenausdruck gesucht, mit dem die Anzahl der benötigten Streichhölzer einer Kette aus 6 Kettengliedern berechnet werden kann.
Wessen Lösung ist falsch? Erkläre die anderen Lösungen.
Jeanie: $6 \cdot 2 + 7$ Max: $3 \cdot 6 + 3$ Ronny: $4 + 5 \cdot 3$

c) Pia berechnet die Anzahl der benötigten Hölzer für eine Kette mit 5 Gliedern so:
$4 + 4 + 4 + 4 + 4 - 4$.
Was meinst du dazu? Nimm Stellung zu Pias Überlegungen und begründe deine Meinung.

3. Süßes

Auf der Kirmes bietet ein Verkaufsstand aller-
lei Süßes an. In großen Gläsern werden Lakritze,
Bonbons und Weingummidrops einzeln angeboten. Ein besonderes Angebot sind Naschtüten mit
unterschiedlichem Inhalt:
- Die bunte Tüte enthält 4 Lakritzstangen und
  24 Weingummidrops.
- Die gestreifte Tüte enthält 40 Weingummidrops.
- Die goldene Tüte schließlich enthält 4 Weingummidrops, 6 Lakritzschnecken und 6 Lakritzstangen.

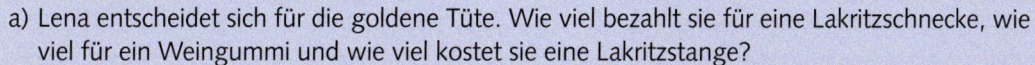

Alle Tüten kosten gleich viel, nämlich 4 €.

a) Lena entscheidet sich für die goldene Tüte. Wie viel bezahlt sie für eine Lakritzschnecke, wie
   viel für ein Weingummi und wie viel kostet sie eine Lakritzstange?

b) Henrik möchte 16 Lakritzschnecken, 16 Weingummidrops und 16 Lakritzstangen kaufen.
   – Der Einzelpreis für die Lakritzschnecken beträgt 0,25 €, für die Weingummidrops 0,15 €
     und für eine Lakritzstange 0,50 €. Wie viel Euro muss er zahlen, wenn er diese Menge an
     Süßigkeiten einzeln kaufen würde?

   – Henrik überlegt kurz und entscheidet sich, eine Tüte und einiges einzeln dazu zu kaufen.
     Welche Tüte sollte er wählen? Wie viel muss er dann insgesamt bezahlen?

   – Auf dem Weg zum Riesenrad fällt Henrik plötzlich ein, wie er noch mehr Geld bei seinem
     Einkauf hätte sparen können. Wie?

4. Kopfgeometrie

Banu kramt in ihrer Spielsammlung und findet darin 6 Spielwürfel, 3 rote und 3 blaue. Sie stellt
fest, dass bei allen ihren Würfeln die Summe der Augenzahlen auf gegenüberliegenden Seiten 7
beträgt. Als sie ihre Würfel jedoch in einer Reihe vor sich hinlegt, stellt sie fest, dass sich ihre
roten und blauen Würfel unterscheiden.

a) Welche Augenzahl haben die roten Würfel auf der unteren Fläche?

b) Welche Augenzahl zeigt die hintere Fläche eines blauen Würfels, welche zeigt die linke
   Fläche?

c) Banu zeichnet einige Ansichten ihrer Würfel in ihr Heft. Es fehlen allerdings die Farben.
   – Um welchen Würfel handelt es sich bei den
     Skizzen A, B und C?
   – Welche Farbe hat der obere der beiden auf-
     einandergestellten Würfel in der Skizze D?
   – Wie groß kann die Augensumme der auf-
     einanderliegenden Flächen der beiden
     Würfel in Skizze D sein?

A   B   C   D

Zahlen runden

Zuschauerzahl:
41745

Zuschauerzahl:
73122

LVL **1.** Partnerarbeit: Welche Zuschauerzahlen stehen am nächsten Tag in der Zeitung?

Man rundet ab (lässt die Ziffer unverändert), wenn die nächste Ziffer 0, 1, 2, 3 oder 4 ist.
Man rundet auf (nimmt die nächstgrößere Ziffer), wenn die nächste Ziffer 5, 6, 7, 8 oder 9 ist.

Beispiele: gerundet auf Zehner	gerundet auf Hunderter	gerundet auf Tausender
41 7⁴5 ≈ 41 750	41 7̄45 ≈ 41 700	4̄1 745 ≈ 42 000
↑	↑	↑
entscheidet	entscheidet	entscheidet

Aufpassen: gerundet auf Zehner 13 9̄8 ≈ 1 400

2. a) Runde auf Zehner: 35   802   153   685   957   10 996
   b) Runde auf Hunderter: 235   3 027   1 532   5 650   9 555   7 961
   c) Runde auf Tausender: 1 267   8 900   17 627   29 475   49 500   99 787

3. Runde auf Zehner (Hunderter, Tausender).
  a) 1 654   b) 575   c) 7 992   d) 5 095   e) 7 949   f) 1 994   g) 1 998

LVL **4.** Welche Angaben werden häufig gerundet, welche werden nicht gerundet? Überlege mit anderen.
   Einwohnerzahlen   Telefonnummern   Hauspreise   Lebensalter
   Meerestiefen   Autokennzeichen   Schuhgrößen   Länge des Schulwegs

5. Schreibe alle natürlichen Zahlen auf, die beim Runden auf Zehner auf 420 gerundet werden.

6. Beim Runden auf Hunderter ergab sich die Zahl 4 600. Welche der folgenden genauen Angaben
   könnten es gewesen sein?   4 549, 46 003, 4 617, 4 598, 462, 45 870, 4 648, 7 599, 4 062

7.
Eintracht Frankfurt – Bor. Dortmund 2:0	Werd. Bremen – SC Freiburg 3:2	VFB Stuttgart – Hertha BSC 2:1
Zuschauer: 40 000 (Zeitung)	Zuschauer: 39 800 (Zeitung)	Zuschauer: 39 900 (Zeitung)

Tatsächlich waren in den Stadien 39 784, 39 965 und 39 883 Zuschauer. Ordne zu.

LVL **8.** Das Schaubild zeigt dir die Zuschauerzahlen von Fernsehsendungen. Ein 🧍
   steht für 100 000 Personen. Wie viele
   Zuschauer waren es mindestens, wie
   viele höchstens?

Sportblick   🧍🧍🧍🧍🧍🧍
Geheimnis Weltall   🧍🧍🧍🧍🧍🧍🧍🧍
Klinik Hochberg   🧍🧍🧍🧍🧍🧍🧍🧍🧍
Topfilm   🧍🧍🧍🧍🧍🧍🧍🧍🧍🧍🧍🧍

Runden und Darstellen am Zahlenstrahl

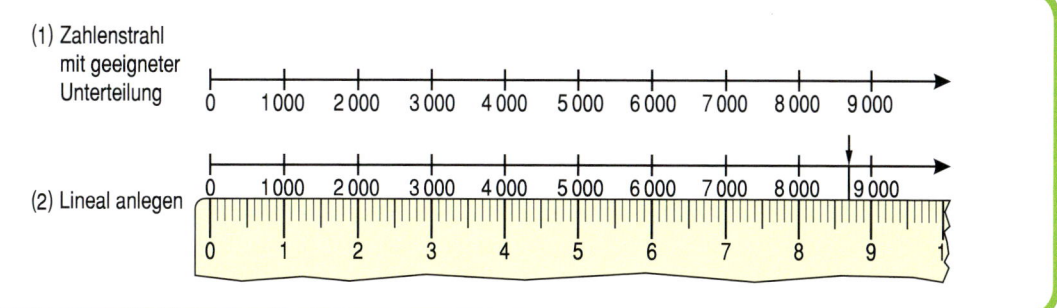

(1) Zahlenstrahl mit geeigneter Unterteilung

(2) Lineal anlegen

LVL   **1.** a) Wo liegt die Zahl 8 678 auf den Zahlenstrahlen?

      b) Nenne deiner Nachbarin oder deinem Nachbarn eine Zahl, die möglichst genau auf einem der Zahlenstrahlen gezeigt werden soll.

2. Auf welchen Zahlen sitzen die Tiere?

3. Notiere im Heft zu jedem Buchstaben die zugehörige Zahl.

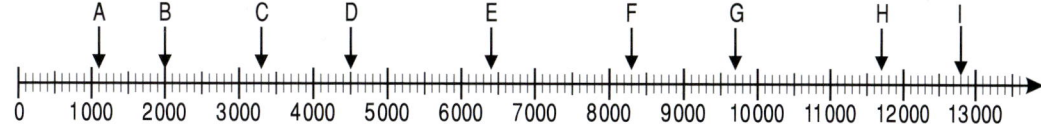

4. Unterschied zwischen zwei langen Teilstrichen des Zahlenstrahls ist 100 000.

      a) Wie groß ist der Unterschied zwischen den kleinen Teilstrichen?

      b) Wie groß ist der Unterschied zwischen A und B (C und D bzw. E und F)?

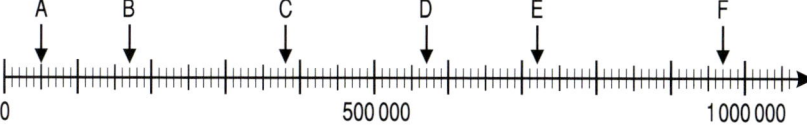

LVL   **5.** Hier ist ein Ausschnitt aus einem Zahlenstrahl.

      a) **Ohne Lupe:** Zwischen welchen Zahlen auf dem Zahlenstrahl liegt der Wert A? Welchen gerundeten Wert hat A?

      b) **Mit Lupe:** Zwischen welchen Zahlen liegt der Wert von A? Gib jetzt den gerundeten Wert an.

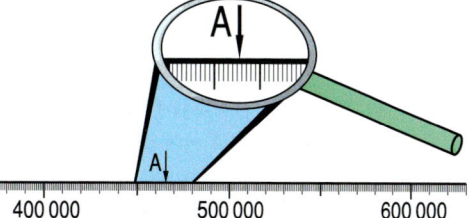

6. Zeichne einen Zahlenstrahl bis 100 000 und trage auf Tausender gerundet ein:

      D = 94 510   E = 99 630   N = 80 980   R = 67 800   U = 75 671

7. Zeichne einen 20 cm langen Zahlenstrahl bis 100 000.

      a) Trage die Zahl A 68 mm von Null entfernt ein. Wie heißt die Zahl A?

      b) Die Zahl B liegt genau zwischen A und 100 000. Trage sie ein. Wie heißt sie?

      c) Es gilt A + C = B. Bestimme die Zahl C und trage sie auf dem Zahlenstrahl ein.

Diagramme lesen und zeichnen

Einwohnerzahl aller 16 Landeshauptstädte (Stand 2012)		Legende: 👤 für 100 000 Einwohner

Berlin	👤👤👤👤👤 👤👤👤👤👤 👤👤👤👤👤 👤👤👤👤👤 👤👤👤👤👤 👤👤👤👤👤 👤👤👤👤👤	München	👤👤👤👤👤 👤👤👤👤👤 👤👤👤👤	Dresden	👤👤👤👤👤	Erfurt	👤👤
				Hannover	👤👤👤👤👤	Mainz	👤👤
		Stuttgart	👤👤👤👤👤 👤	Wiesbaden	👤👤👤	Saarbrücken	👤👤
		Düsseldorf	👤👤👤👤👤 👤	Kiel	👤👤	Potsdam	👤👤
Hamburg	👤👤👤👤👤 👤👤👤👤👤 👤👤👤👤👤 👤👤	Bremen	👤👤👤👤👤	Magdeburg	👤👤	Schwerin	👤

1. Wie viele Menschen leben ungefähr in den einzelnen Hauptstädten der Bundesländer, wie viele mindestens, wie viele höchstens?
Schreibe so: Berlin: rund 3 500 000 (mindestens 3 450 000, höchstens 3 549 999)

2. Runde die Einwohnerzahlen auf Zehntausender. Zeichne ein Diagramm (👤 für 10 000).
Würzburg	135 000	Fulda	64 000	Ulm	121 000	Meißen	28 000
Braunschweig	246 000	Trier	104 000	Köln	995 000	Lübeck	212 000

3. Das Balkendiagramm zeigt die Länge einiger Flüsse.
a) Dies sind die gerundeten Längen. Ordne zu.
    1 200 km   2 700 km   3 700 km   6 200 km
LVL b) Welche Flusslängen stehen im Lexikon?
    Wurde hier richtig gerundet?

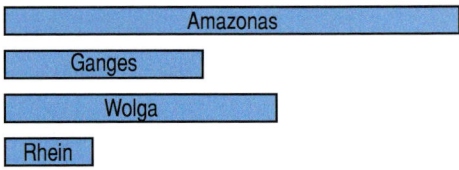

4. Zeichne für die Flusslängen ein Balkendiagramm (1 cm für 100 km). Runde auf 10 km.
a) Rems   81 km   b) Elbe   1 165 km   c) Weser   432 km   d) Saale   427 km

4.
 2 201    2 542    2 671    2 011    2 099   2 798

In 100 Tüten, gefüllt mit Gummibärchen, wurden die gelben, roten, weißen, grünen, rosa und orangen Bärchen gezählt.
Runde die Zahlen für die jeweiligen Farben und zeichne ein Schaubild mit den gerundeten Zahlen für die sechs Farben.

6. Hier kannst du an der Säulenhöhe ablesen, wie alt einige Tiere werden können (z. B. Kanarienvogel 24 Jahre).

7. So alt können diese Tiere werden. Zeichne Säulendiagramme unter Ausnutzung eines DIN A4-Blattes.
Hund	ca. 20 Jahre	Goldhamster	ca. 3 Jahre
Schaf	ca. 15 Jahre	Schimpanse	ca. 30 Jahre

8. In einem Säulendiagramm auf einen karierten DIN A4-Blatt ist für den Kölner Dom eine 8 cm hohe Säule gezeichnet. Ergänze das Diagramm durch Säulen für alle 6 Bauwerke.
Freiburger Münster	116 m	Fernsehturm in Berlin	365 m
Straßburger Münster	142 m	Eiffelturm in Paris	300 m
Kölner Dom	157 m	Sears Tower Chicago	442 m

Million, Milliarde, Billion

LVL

1. Übertragt die Tabelle ins Heft und füllt die Lücken aus.

2. Igel und Hase wollen sich durch Joggen sportlich zeigen – siehe Bild unten.
Start ist für beide vor dem Rathaus eures Ortes.
Wo ungefähr könnte sich das Ziel für den Igel, wo das Ziel für den Hasen befinden?

Jch jogge jetzt eine Million Millimeter.

Dann jogge ich eine Milliarde Millimeter.

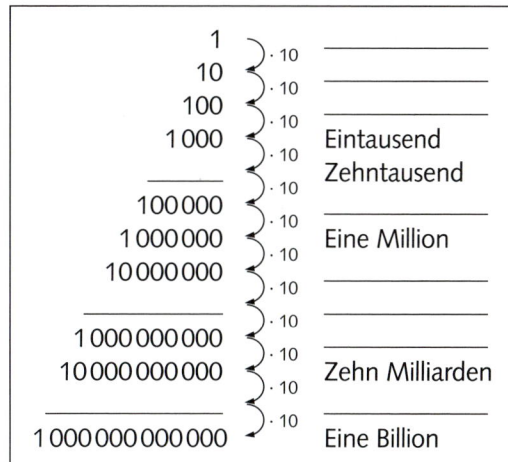

1	· 10	_____
10	· 10	_____
100	· 10	_____
1 000	· 10	Eintausend
_____	· 10	Zehntausend
100 000	· 10	
1 000 000	· 10	Eine Million
10 000 000	· 10	_____
_____	· 10	_____
1 000 000 000	· 10	_____
10 000 000 000	· 10	Zehn Milliarden
_____	· 10	_____
1 000 000 000 000		Eine Billion

3. Im Jahr 2008 gab es eine weltweite Bankenkrise. Um Schlimmeres zu verhindern, stellte die deutsche Regierung 400 Milliarden Euro bereit.
Nehmen wir einmal ganz theoretisch folgendes an: Jede der rund achtzig Millionen in Deutschland lebenden Personen – auch Säuglinge und Greise – spenden denselben Geldbetrag, um diese 400 Milliarden Euro aufzubringen.
In der Müllerstraße wohnt die Familie Wackermann auf dem rechten Bild.
Wie viel Euro müsste diese Familie spenden?

4. Elias wurde folgender Zahlenstrahl vorgelegt:

0   1 Milliarde (1 000 000 000)

Elias sollte die Punkte für eine Million und eine Billion in Rot ergänzen.

0   1 Million (1 000 000)   1 Milliarde (1 000 000 000)   1 Billion (1 000 000 000 000)

a) Seid ihr einverstanden?   b) Elias hat sich etwas überlegt. Könnt ihr das erklären?

5. a) Wie weit müsste auf dem unten abgebildeten Zahlenstrahl der Punkt für eine Milliarde vom Nullpunkt entfernt sein?
b) In welcher Entfernung vom Nullpunkt müsste auf dem abgebildeten Zahlenstrahl der Punkt für eine Billion eingetragen werden?

0   1 Million

Große Zahlen im Zehnersystem

 1. So schrieb Adam Ries(e) 1522 in seinem 2. Rechenbuch große Zahlen: mit Ziffern 89325̇178
und in Worten

> neun und achtzig tausent mal tausent / Drey hundert tausent / funft und zwentzig tausent / ein hundert und acht und siebentzig.

Und wie lie man das her

Wie schreibst du diese Zahl mit Ziffern und in Worten?

In der Stellenwerttafel gibt es für Tausender, Millionen, Milliarden und Billionen je drei Stellen:

$$1\,000\,000\,000\,000 \xleftarrow{\cdot 1000} 1\,000\,000\,000 \xleftarrow{\cdot 1000} 1\,000\,000 \xleftarrow{\cdot 1000} 1\,000 \xleftarrow{\cdot 1000} 1$$

Billionen (Bio.)			Milliarden (Mrd.)			Millionen (Mio.)			Tausender (T)					
HBio.	ZBio.	Bio.	HMrd.	ZMrd.	Mrd.	HMio.	ZMio.	Mio.	HT	ZT	T	H	Z	E
		3	0	8	6	7	8	9	0	0	0	0	0	0

drei Billionen sechsundachtzig Milliarden siebenhundertneunundachtzig Millionen

---

2. Lies die Zahl in der obigen Stellenwerttafel. Welchen Vorteil hat die Schreibweise mit Ziffern?

3. Schreibe die Zahlen aus der Stellenwerttafel mit Ziffern in 3er-Blöcken.

Bio.	HMrd.	ZMrd.	Mrd.	HMio.	ZMio.	Mio.	HT	ZT	T	H	Z	E
						5	6	8	0	4	0	0
			3	4	9	4	3	4	5	5	0	0
1	0	4	9	5	4	7	5	5	5	0	0	0

> 5 Mio. 680 T 400
> = 5 680 400

4. Nach dem 1. Weltkrieg wurde in Deutschland alles sehr teuer. Im Jahr 1923 stieg das Briefporto auf 500 000 Reichsmark. Schreibe die Portopreise auf   a) mit Ziffern   b) in Worten.

5. Lies die Zahlen. Schreibe sie in 3er-Blöcken.

a) 6122000   b) 34590000   c) 10203040506
    1234567   89012345   4206200300040
    79998021   987654321   7910987654321

> 1034507
> = 1 034 507
> = 1 Mio. 34 T 507

6. Die Entfernungen der Planeten von unserer Sonne wurden gemessen (in km).

Erde	150 Mio.	Venus	108 Mio.
Jupiter	778 Mio.	Saturn	1 Mrd. 428 Mio.
Mars	228 Mio.	Neptun	4 Mrd. 502 Mio.
Merkur	58 Mio.	Uranus	2 Mrd. 873 Mio.

a) Ordne die Planeten nach ihrer Entfernung von der Sonne.
b) Schreibe die Kilometerzahlen für die Entfernungen mit Ziffern.
c) Prüfe: Die Bahn der Venus ist fast doppelt so weit von der Sonne entfernt wie die Bahn des Merkur. Schreibe mindestens drei weitere solche Vergleiche auf.

7. Vor so vielen Jahren lebten die Dinosaurier.
Schreibe zu den Namen die Zahlen in Worten.

8. Schreibe ab und notiere dabei die Altersangaben
mit Ziffern in 3er-Blöcken.
Alter der Welt: fünfzehn Milliarden
Erdalter: vier Milliarden fünfhundert Millionen
erste Fischarten: fünfhundert Millionen
erste Säugetiere: zweihundert Millionen
älteste Werkzeuge: zwei Millionen
Mensch (Homo sapiens):   dreißigtausend

9. Schreibe die Zahlen in 3er-Blöcken und in Worten.

a)	b)	c)	d)
91000000	100010000	2468000000	2357010000
215690000	10200030000	98765400000	1654192300000
1022010000	2069909900000	109006000000	12543741430000

10. Die Panzerknacker haben Dagobert Duck eine
Million Taler aus dem Tresor gestohlen. Wie
viele Säckchen mit je tausend Talern mussten
sie dafür schleppen?

11. Die Panzerknacker sind geldgierig und wollen
insgesamt eine Milliarde Taler von Dagobert
Duck haben. Wie oft müssen sie den Panzer-
knackerwagen mit einer Million Taler beladen?

12. Schreibe in 3er-Blöcken, dann runde auf Millionen und schreibe kürzer.

a)	b)	c)
1357924680	2357111317	1087650000
708009010	19232931037	9269998500000
20456700000	241434751530	5419999876543
3790050000	9080073125	9999999999999

$$1234567890$$
$$= 1\,234\,567\,890$$
$$\approx 1\,235\,000\,000$$
$$= 1\ \text{Mrd.}\ 235\ \text{Mio.}$$

13.
a)	b)	c)
10 · 10 Tausend	10 · 3 Mio.	10 · 100 Mrd.
100 · 10 Tausend	200 · 4 Mio.	200 · 10 Mrd.
200 · 10 Tausend	500 · 2 Mio.	200 · 100 Mrd.

$$300 \cdot 10\ \text{Mio.}$$
$$= 3\,000\ \text{Mio.} = 3\ \text{Mrd.}$$

14. Kleiner, größer oder gleich? Übertrage ins Heft und setze ein: <, > oder =.

a)	b)	c)
34563654 ▦ 345636654	300000 ▦ 3 Mio.	30 Bio. ▦ 300 · 10000
1100100 ▦ 10100100	15000000 ▦ 15 Mrd.	1 Bio. ▦ 1000 Mrd.
99990990 ▦ 99999999	25000000 ▦ 25 Mio.	10 Mio. ▦ 1000 · 1000

LVL 15. Überlege und erkläre anderen deine Lösungen:
In einem Land gibt es 10 Bundesstaaten.
In jedem Bundesstaat gibt es 10 Ranchen.
Auf jeder Ranch stehen 10 Bäume.
Unter jedem Baum liegen 10 Cowboys.
Jeder Cowboy hat 10 Hunde.
Jeder Hund bewacht 10 Kühe.
Jede Kuh hat 10 Kälbchen.
Jedes Kälbchen hat 10 Bremsenstiche.
Wie viele a) Bäume, b) Cowboys, c) Hunde, d) Kühe, e) Kälbchen, f) Bremsenstiche gibt es?

Schätzen durch Rastern

LVL **1.** Partnerarbeit: Beschreibt, wie man die Anzahl der Baumstämme auf dem Foto dadurch schätzen kann, dass man das Foto durch Rastern unterteilt.
Stellt eure Beschreibung in der Klasse vor. Vergleicht verschiedene Beschreibungen und versucht gemeinsam, eine besonders gut gelungene Beschreibung zu finden.

LVL **2.** Bei dem Bild oben hat man die Wahl zwischen 12 verschiedenen Rasterfeldern. Jeweils zwei Schülerinnen und Schüler wählen eines dieser Rasterfelder und schätzen damit die Gesamtzahl der Baumstämme. Achtet darauf, dass jedes Rasterfeld berücksichtigt wird, und vergleicht eure Schätzergebnisse.

3.

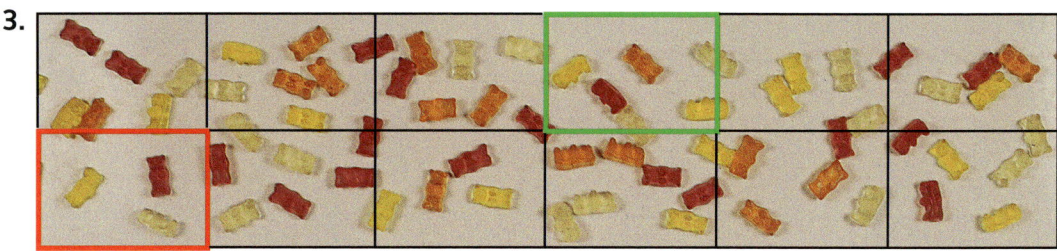

a) Maike zählt im roten Feld.   b) Nina zählt im grünen Feld.   c) Wähle ein anderes
   Welches ist ihr Schätzwert?   Welches ist ihr Schätzwert?   Feld und schätze selbst.

4. Schätze die Blutkörperchen zuerst mit dem Feld links oben, dann mit dem rechts unten.
a)   b)   c)

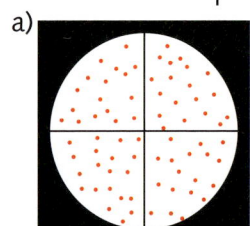 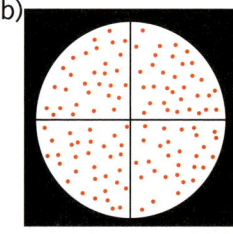 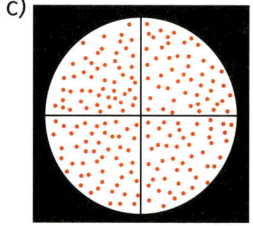 

LVL **5.**

Vermischte Aufgaben

1. a) Ferienanfang: Im Radio wurden 100 km Stau gemeldet. Schätze, wie viele Autos auf den sechs Fahrspuren stehen.

b) Wie viele Personen sind wohl durchschnittlich in einem Auto? Wie viele sind es dann im Stau?

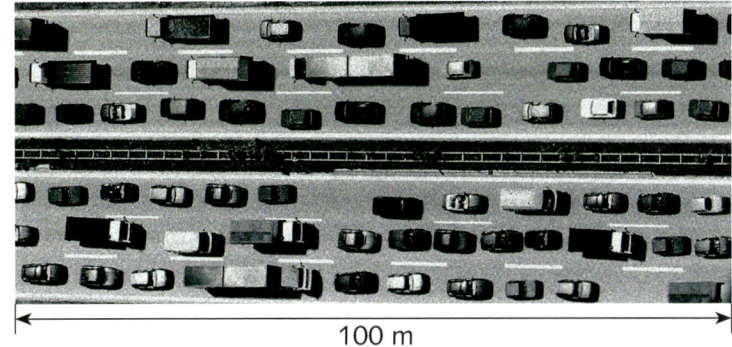

100 m

2. Runde auf volle €-Beträge. Reichen 20 € für die drei Preise zusammen aus?
   a) 1,99 €   0,78 €   15,98 €   b) 13,85 €   2,79 €   4,85 €

3. Runde auf Hunderter-Beträge. Reichen 10000 € für die Summe?
   a) 498 €   2958 €   5045 €   b) 988 €   4098 €   5670 €

4. Maike hätte gerne das neue Fahrrad. Sie nennt ihrer Mutter als Preis rund 300 €.
   a) Wie hat Maike gerundet?
   b) Je nach Ausstattung kostet das Fahrrad 25 € mehr oder weniger als der angegebene Preis.

5. Pro Tag verbrauchen die Einwohner folgender Städte viele Liter Wasser zum Duschen und Baden.
   Bonn   12 462 800 l   Dresden   19 263 600 l   Leipzig   20 000 400 l
   Bremen   22 221 600 l   Frankfurt 26 414 400 l   Stuttgart 23 272 000 l

   a) Runde die Zahlen auf Millionen Liter.   b) Zeichne ein Schaubild (1 Tropfen ● für 1 Mio. Liter).

6. Gib den Vorgänger und den Nachfolger der Zahl an.
   Gib auch die benachbarten Tausender an.

   245 998 < 245 999 < 246 000
   245 000 < 245 999 < 246 000

   a)   4 435 699   b) 3 876 000 000   c) 700 000 000   d)   79 000 000   e) 1 Mio.
        123 876 999   123 900 001   700 000 999   799 999 999   2 Mio.

LVL 7.

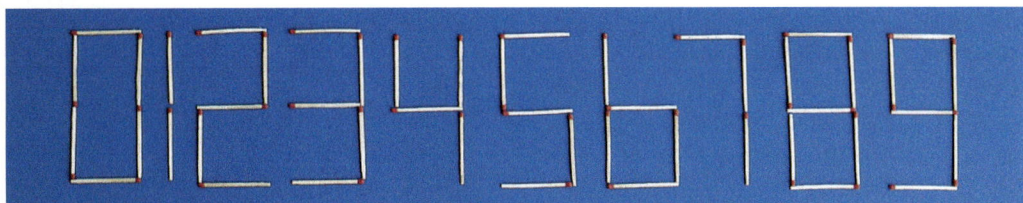

   a) Du hast 10 Streichhölzer zur Verfügung. Welche Zahlen kannst du damit legen?
   (a) Nenne die größte Zahl, die man mit 15 Streichhölzern legen kann.
   (b) Schreibe die kleinste und die größte Zahl auf, die du mit 19 Streichhölzern legen kannst.

LVL 8. a) Welche ist die kleinste, welche die größte Zahl, die du mit den Zahlenkärtchen legen kannst?

   b) Welche kleinste 6-stellige Zahl kannst du mit einigen der Kärtchen legen?

Binäres Stellenwertsystem (Zweiersystem) (M)

1. Mit den abgebildeten Stäben kann man Längen messen, die ganzzahlig in Zentimetern angegeben werden können.

a) Bis zu welcher Gesamtlänge reichen die Stäbe zusammen?

b) Wie lang sind der 6. Stab, 7. Stab und 8. Stab?

c) Gruppenarbeit: Klebt fünf DIN A-4-Blätter längs aneinander und zeichnet eine Strecke von 119 cm Länge.
Stellt in eurer Zeichnung dar, wie ihr diese Strecke mit den abgebildeten Stäben ausmesst. Kein Stab darf öfter als einmal verwendet werden!
Übertragt die Tabelle in eure Zeichnung und notiert, welche Stäbe ihr wie oft benötigt habt.
Vergleicht eure Tabelle mit den Tabellen anderer Gruppen.

7. Stab	6. Stab	5. Stab	4. Stab	3. Stab	2. Stab	1. Stab

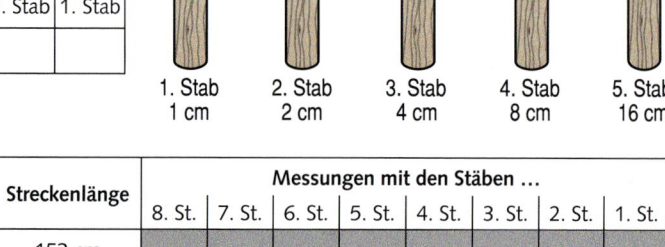

1. Stab	2. Stab	3. Stab	4. Stab	5. Stab
1 cm	2 cm	4 cm	8 cm	16 cm

2. Verschiedene Längen sind mit den Stäben gemessen worden. Übertragt die Tabelle ins Heft und füllt die Lücken aus. Beachtet die Reihenfolge der Stäbe. Erklärt anderen Kindern euren Lösungsweg an einem Beispiel.

Streckenlänge	Messungen mit den Stäben ...							
	8. St.	7. St.	6. St.	5. St.	4. St.	3. St.	2. St.	1. St.
153 cm								
		1	0	0	1	1	1	0	0
206 cm								
		1	1	0	1	1	0	1

3. Bildet Gruppen mit jeweils 8 Kindern. 7 Kinder stellen sich wie in der Abbildung nebeneinander zu einer „Rechenmaschine" auf. Die „Maschinenteile" können nur den rechten Arm in zwei Stellungen bringen: „runter" (Ausgangsstellung) und „hoch". Das 8. Kind am Tisch zählt langsam „1, 2, 3, ..." und klopft zu jeder Zahl auf den Tisch. Die erste Person ganz außen in der Maschine ändert bei jedem Klopfen die Stellung des rechten Armes: hoch, runter, hoch, runter, hoch, ... Jede andere Person in der „Maschine" ändert die Stellung des rechten Armes, wenn ihr linker Nachbar den Arm senkt. Übt in der Gruppe: Das Kind am Tisch zählt und klopft bis 78. Das Bild rechts muss entstehen!

4. Spiel: Neun Kinder verlassen die Klasse. Draußen bilden sie eine Rechenmaschine mit 8 „Maschinenteilen", ein Kind ist Klopfer und Zähler. Durch Klopfen und Zählen wird eine Zahl zwischen 70 und 150 dargestellt, die die Kinder im Klassenraum nicht kennen.
Während die Maschinenteile fast regungslos in der Darstellung der Zahl stehen bleiben, holt der Klopfer und Zähler den Rest der Klasse und die Lehrerin ab. Sie dürfen sich Skizzen von der Rechenmaschine machen und sollen anschließend im Klassenraum herausfinden, welche Zahl dargestellt wurde.

5. Welche Zahlen stellen die Maschinen in der rechten Abbildung jeweils dar?

6. Überlegt gemeinsam: Was haben das Messen mit den Stäben auf der vorigen Seite und das Arbeiten mit den Rechenmaschinen gemeinsam?
Erklärt eure Überlegungen der ganzen Klasse.

7. Wenn man „Arm oben" mit „1" und „Arm unten" mit „0" kennzeichnet – welche Zahl ist dann jeweils mit der Maschine dargestellt?
a) 01100111   b) 10101010
c) 10010001   d) 11001111
e) 10100011   f) 11111111

8. Ute verschlüsselt gerne Zahlenangaben im Zweiersystem. Geheimnisvoll behauptet sie:
(1) Mutter ist 101000 Jahre alt.
(2) Vater ist 101011 Jahre alt.
(3) Opa ist 1001010 Jahre alt.
(4) Oma ist schon 1010001 Jahre alt.

9. Gruppenarbeit: Erklärt auf einer Folie (für den Projektor) die beiden Beispiele im Kasten ganz unten. Die normal gedruckte Zahldarstellung ist dort vorgegeben, die schräg (rot) gedruckte ist gesucht.
Stellt eure Folie in der Klasse vor.

10. Das Stellenwertsystem, das mit den Ziffern 0 und 1 auskommt, nennt man **Binärsystem***. Erklärt die Wahl dieses Wortes.

11. Karin fragt ihre Lehrerin: „Wie viel verdienen Sie eigentlich im Monat?"
Antwort: „101100110001 €"

12. Schreibt im Zweiersystem, in welchem Jahr
a) Olympische Spiele in London waren,
b) in Brasilien die Fußball-Weltmeisterschaft stattfand.

Zehnersystem
Stellenwerte:

$$100 \xleftarrow{\cdot 10} 10 \xleftarrow{\cdot 10} 1$$

H	Z	E
9	0	5

$9 \cdot 100 + 0 \cdot 10 + 5 \cdot 1 = 905$

Binärsystem (Zweiersystem)
Stellenwerte:

$$8 \xleftarrow{\cdot 2} 4 \xleftarrow{\cdot 2} 2 \xleftarrow{\cdot 2} 1$$

1	1	0	1

$1 \cdot 8 + 1 \cdot 4 + 0 \cdot 2 + 1 \cdot 1 = 13$

Beispiele

Zehnersystem	Zweiersystem
53	110101
146	*10010010*

---

* „Bi" ist griechisch und bedeutet „zwei", z. B. besteht <u>Bi</u>athlon aus den beiden Sportarten Schießen und Langlauf.

Römische Zahlzeichen

Die Römer benutzten sieben Zahlzeichen.
Diese verwendete man in Europa bis ins 16. Jahrhundert.
Danach erst setzten sich die indisch-arabischen Ziffern
des Zehnersystems durch.

© 1991 LES ÉDITIONS ALBERT RENÉ/GOSCINNY – UDERZO

1. Welche Zahlzeichen hätten die nächsten 6 Legionäre?

Die Römer verwendeten Buchstaben zur Darstellung von Zahlen:

I = 1   V = 5   X = 10   L = 50   C = 100   D = 500   M = 1000

Regel: Beispiele:

Die Werte der Zahlzeichen werden addiert.   CCLXVIII = 200 + 50 + 10 + 5 + 3
Ausnahmen: Steht I, X oder C links von einem   MMIV   = 2000 + (5 − 1)
Zeichen mit größerem Wert, wird subtrahiert.   MCMXC = 1000 + (1000 − 100) + (100 − 10)

---

2. Übersetze in unser Zehnersystem.

a) XXVIII   b) CCLXXV   c) XIV   d) LXIX   e) MDCCCXL
   LXXVI   MDCCLX   CXC   CMXCIV   MMXXVII

3.

In welchem
Jahr ist das
entstanden?

Eiffelturm   Tempel in Athen   Tower Bridge   Arc de Triomphe
MDCCCLXXXIX   CDXLVII   MDCCCXCIV   MDCCCXXXVI

4. Schreibe mit römischen Zahlzeichen. Kein Zeichen darf mehr als dreimal nebeneinander stehen.

a) 17; 31   b) 53; 112   c) 713; 832   d) 1832; 2053   e) dein Geburtsjahr

5. a) Am Schloss in Darmstadt findet man nebenstehende Inschrift[1]. Addiere die Werte der
großen Buchstaben, dann erhältst du die
Jahreszahl der Wiedererbauung.

b) Schreibe die Jahreszahl der Wiedererbauung
mit römischen Zahlzeichen auf.

AB ERNESTO LVDoVICo
LanDgraVio hassIae
praesens arX
LoCo aLterIVs
VVLCanI fVrore abreptae
eXstrVCta est

LVL **6.** Scherzhaftes mit römischen Zahlzeichen.

a) Die Hälfte von „zwölf" ist „sieben". Wie ist das möglich?
b) Kannst du mit vier Streichhölzern „tausend" legen?
c) Zeige mit Streichhölzern: „zwei und eins ist sechs".
d) Nimm von „neun" eins weg, dann hast du „zehn".

7. Lege mit Streichhölzern die Zahlen 4, 19 und 54 mit römischen Zahlzeichen. Kannst du durch
Umlegen eines Hölzchens auch größere Zahlen darstellen?

---

[1] Bedeutung des Chronogramms: Von Ernst Ludwig/Landgraf Hessens/wurde diese Burg/an Stelle der anderen/durch Feuer zerstörten/errichtet.

1. Schreibe die Stufenzahlen des Zehnersystems bis 1 Billion in Worten.

2. Bis eine Million schreibt man die Zahlworte aneinander. Schreibe in Worten.
a) 12
   315
b) 12 300
   324 000
c) 907 000
   1 200 000

3. Schreibe die Zahlen aus der Stellenwerttafel mit den Abkürzungen und in 3er-Blöcken.

4. Schreibe in 3er-Blöcken und lies die Zahlen.
a) 12034670
   305780129
b) 1357000890
   1037419300000

5. Zeichne den Zahlenstrahl in dein Heft und ergänze die fehlenden Zahlen.

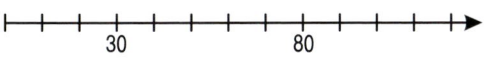

30   80

6. Welche natürlichen Zahlen liegen zwischen
a) 19996 und 20005
b) 3989 und 4000
c) 335793 und 335801
d) 4444998 und 4445005

7. a) Lies die Werte ab für A, B, C und D.
b) Zwischen welchen Zahlen liegt E?

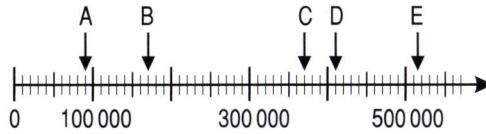

A   B   C D   E

0   100 000   300 000   500 000

8. Kleiner, größer oder gleich? Setze ein: <, >, =.
a) 608 ■ 615
b) 852 ■ 851
c) 1000 ■ 10 · 100
d) 100 · 100 ■ 1 Mio

9. Runde die Zahlen
a) auf Tausender: 2307   12905   139501
b) auf Hunderter: 491   1249   49970
c) auf Zehner: 17   349   7896

10. Runde die Flusslängen auf 10 km. Zeichne ein Balkendiagramm (1 cm für 100 km).
Rhein   1325 km   Neckar   371 km
Mosel   545 km   Lahn   245 km
Main   524 km   Nagold   92 km

11. Wie weit ist es ungefähr? (1 mm für 10 km)

a)   Düsseldorf – Bremen
b)   Stuttgart – Köln

Stufenzahlen im Zehnersystem

1   10   100   1000
1 Mio.   = 1000 · 1000   = 1 000 000
1 Mrd.   = 1000 · 1 Mio.   = 1 000 000 000
1 Billion = 1000 · 1 Mrd.
    = 1 000 000 000 000

Stellenwerttafel

Billionen	Milliarden	Millionen	Tausend				
Bio.	Mrd.	Mio.	T	H	Z	E	

			1	2	0	7	8	9	0	5	3	4	6
	1	0	0	2	6	9	0	0	1	4	0	7
3	2	6	7	3	1	0	0	3	8	7	6	0

12 Mrd. 78 Mio. 905 T 346 = 12 078 905 346

Jede **natürliche** Zahl lässt sich mit den **Ziffern** 0, 1, 2, 3, 4, 5, 6, 7, 8 und 9 schreiben.

Natürliche Zahlen lassen sich vergleichen und ordnen. Am **Zahlenstrahl** liegt von zwei Zahlen die kleinere Zahl links von der größeren.

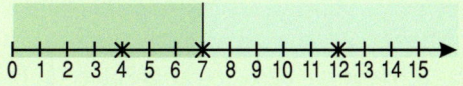

0 1 2 3 4 5 6 7 8 9 10 11 12 13 14 15

4 < 7 „4 ist kleiner als 7"
12 > 7 „12 ist größer als 7"

Man **rundet ab,** wenn die nächstfolgende Ziffer 0, 1, 2, 3 oder 4 ist.
Man **rundet auf,** wenn die nächstfolgende Ziffer 5, 6, 7, 8 oder 9 ist.

genaue Zahl	gerundet auf Tausender	gerundet auf Hunderter	gerundet auf Zehner
8457	8000	8500	8460

Zahlen kann man in **Diagrammen** (Schaubildern) darstellen, z.B. in Balkendiagrammen:

1 cm für 100 km
Luftlinie Berlin - Hannover

Luftlinie Berlin - Stuttgart

TESTEN · ÜBEN · VERGLEICHEN

TÜV

1. Welchen Stellenwert hat die unterstrichene Ziffer?   a) 23 4<u>5</u>6 000   b) 10 9<u>8</u>7 643 210

2. Schreibe mit Ziffern in 3er-Blöcken.
a) zweihundertzwanzigtausendfünfhundert   b) sieben Millionen fünfzehntausendeins

3. Lies die markierten Zahlen vom Zahlenstrahl ab.

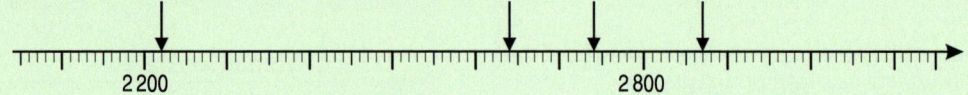

4. Runde 76 563 210   a) auf Hunderter,   b) auf Zehntausender.

5. Schreibe die Zahl mit Ziffern auf.   a) 1 HT 5 T 1 Z   b) 52 Mio. 42 T 6 E

6. Ordne die Zahlen der Größe nach. Beginne mit der kleinsten Zahl.
5 460, 5 046, 5 406, 4 560, 6 540, 5 604

7. Bei der Klassensprecherwahl der Klasse 5a erhielt Ulrike 3 Stimmen. Notiere die Zahl der Stimmen, die Dieter, Uta und Kerstin jeweils erhalten haben.

8. In der Klasse 5b gewinnt Tobias mit 7 Stimmen die Klassensprecherwahl. Emily erhält 5, Tim und Marita erhalten je 4 Stimmen. Zeichne ein Balkendiagramm (1 cm für eine Stimme).

9. Schreibe die nächsten zwei Zahlen auf.   a) 11, 16, 15, 20, 19, …   b) 45, 30, 60, 45, 75, …

10. Schreibe als Zahlwort: a) 15 324   b) 2 501 071

11. Schreibe mit Ziffern in 3er-Blöcken:
achthundertdreiundvierzig Millionen siebenhundertneuntausendzweihundertsechzig

12. Schreibe die jeweils kleinste und größte Zahl auf, die auf Hunderter gerundet folgende Zahl ergibt:
a) 31 000   b) 270 500

13. Schreibe mit Ziffern auf:
a) die kleinste 4-stellige Zahl ohne 0,   b) die größte 6-stellige Zahl ohne 9.

14. a) Schreibe mit Ziffern im Zehnersystem: XIV   MDCCCLXV
b) Schreibe mit römischen Zahlzeichen: 1959   2009

15. Wertstoffsammlung: Runde alle Angaben auf hundert Tonnen und ordne sie nach der Größe.
1 836 500 kg Kunststoffe   1 277 900 kg Metalle
21 298 100 kg Papier und Pappe   7 326 400 kg Glas

16. a) Schreibe 153 als Zweierzahl.   b) Schreibe die Zweierzahl 1011101 als Zehnerzahl.

Addition und Subtraktion

2

Bundesjugendspiele – Leichtathletik
Wettkampfkarte – Mädchen

50 m

13,4	13,3	13,2	13,1	13,0	12,9	12,8	12,7	12,6	12,5	12,4	12,3	12,2	12,1	12,0	11,9	11,8	11,7	11,6	11,5	11,4	11,3	11,2	11,1	11,0
2	6	10	15	19	23	28	32	37	41	46	51	56	61	66	71	76	81	87	92	98	103	109	115	121

10,9	10,8	10,7	10,6	**10,5**	10,4	10,3	10,2	10,1	10,0	9,9	9,8	9,7	9,6	9,5	9,4	9,3	9,2	9,1	9,0	8,9	8,8	8,7	8,6	8,5
127	133	139	146	**152**	153	166	172	179	187	194	201	203	217	225	233	241	249	258	267	276	285	294	304	314

8,4	8,3	8,2	8,1	8,0	7,9	7,8	7,7	7,6	7,5	7,4	7,3	7,2	7,1	7,0	6,9	6,8	6,7	6,6	6,5	6,4	6,3			
324	334	344	355	366	377	389	401	413	426	438	452	465	479	493	508	523	538	554	571	588	605			

Weitsprung

1,21	1,25	1,29	1,33	1,37	1,41	1,45	1,49	1,53	1,57	1,61	1,65	1,69	1,73	1,77	1,81	1,85	1,89	1,93	1,97	2,01	2,05	2,09	2,13	2,17
3	11	20	28	37	45	53	61	68	76	84	91	99	106	113	121	128	135	142	149	155	162	169	175	182

2,21	2,25	2,29	2,33	2,37	2,41	2,45	2,49	2,53	2,57	2,61	2,65	2,69	**2,73**	2,77	**2,81**	2,85	2,89	**2,93**	2,97	3,01	3,05	3,09	3,13	3,17
168	195	201	208	214	220	226	232	238	245	250	256	262	**268**	274	**280**	285	291	**297**	302	308	313	319	324	330

3,21	3,25	3,29	3,33	3,37	3,41	3,45	3,49	3,53	3,57	3,61	3,65	3,69	3,73	3,77	3,81	3,85	3,89	3,93	3,97	4,01	4,05	4,09	4,13	4,17
335	340	346	351	356	362	367	372	377	382	387	392	397	402	407	412	417	422	427	432	437	441	446	451	456

4,21	4,25	4,29	4,33	4,37	4,41	4,45	4,49	4,53	4,57	4,61	4,65	4,69	4,73	4,77	4,81	4,85	4,89	4,93	4,97	5,01	5,05	5,09	5,13	5,17
460	465	470	474	479	483	488	493	497	502	506	511	515	519	524	528	533	537	541	546	550	554	558	563	567

5,21	5,25	5,29	5,33	5,37	5,41	5,45	5,49	5,53	5,57	5,61	5,65	5,69	5,73	5,77	5,81	5,85	5,89	5,93	5,97	6,01	6,05	6,09	6,13	6,17
571	575	580	584	588	592	596	600	604	608	613	617	621	625	629	633	637	641	645	648	652	656	660	664	668

6,21	6,25	6,29	6,33	6,37	6,41	6,45	6,49	6,53	6,57	6,61	6,65	6,69	6,73	6,77	6,81									
672	676	680	683	687	691	695	699	702	706	710	714	717	721	725	728									

Schlagball 80 g

4,5	5,0	5,5	6,0	6,5	7,0	7,5	8,0	8,5	9,0	9,5	10,0	10,5	11,0	11,5	12,0	12,5	13,0	13,5	14,0	14,5	15,0	15,5	16,0	16,5
11	24	36	48	60	71	81	92	102	111	121	130	139	147	156	164	173	181	188	196	204	211	218	226	233

17,0	17,5	18,0	18,5	19,0	19,5	**20,0**	20,5	21,0	**21,5**	**22,0**	22,5	23,0	23,5	24,0	24,5	25,0	25,5	26,0	26,5	27,0	27,5	28,0	28,5	29,0
240	247	253	260	267	273	**280**	286	292	**299**	**305**	311	317	323	329	334	340							379	384

29,5	30,0	30,5	31,0	31,5	32,0	32,5	33,0	33,5	34,0	34,5	35,0	35,5	36,0	36,5	37,0	37,5
389	395	400	409	410	415	420	425	430	435	440	445	450	455	459	464	469

42,0	42,5	43,0	43,5	44,0	44,5	45,0	45,5	46,0	46,5	47,0	47,5	48,0	48,5	49,0	49,5	50,…
510	514	518	523	527	531	536	540	544	548	552	557	561	565	569	573	

54,5	55,0	55,5	56,0	56,5	57,0	57,5	58,0	58,5	59,0	59,5	60,0	60,5	61,0	61,5	62,0	62,…
613	617	620	624	628	632	636	639	643	647	651	654	658	662	665	669	

67,0	67,5	68,0	68,5	69,0	69,5	70,0	70,5	71,0	71,5	72,0	72,5	73,0	73,5	74,0	74,5	75,…
705	708	712	715	718	722	725	729	732	735	739	742	746	749	752	756	

Name und Alter: Petra, 10 Jahre
Gesamtpunkte:

	Siegerurkunde	Ehrenurkunde
Mädchen 10 Jahre	625	825
11 Jahre	700	900
Jungen 10 Jahre	600	775
11 Jahre	675	875

> Bekommt Petra eine Urkunde?

> Der hat oben 51 Sitzplätze und unten 16.

> Da kommt unser Reisebus!

> Klasse 5a mit 29 und Klasse 5b mit 32 Schülerinnen und Schülern, bitte anstellen!

> Reichen die Sitzplätze?

Kopfrechnen

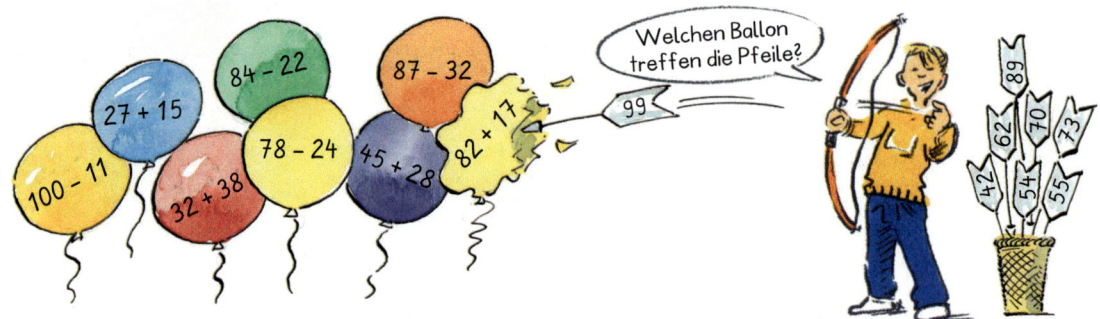

Addition			Subtraktion		
245 + 130 = 375			375 − 245 = 130		
Summand Summand Summe			Minuend Subtrahend Differenz		
von 245 und 130			von 375 und 245		

LVL **1.** Fragt euch gegenseitig die neuen Begriffe anhand von eigenen Beispielaufgaben ab.

2. Berechne die Summe. Schreibe die Aufgabe und das Ergebnis ins Heft.

    a) 30 + 80   b) 50 + 28   c) 64 + 15   d) 28 + 17   e) 420 + 340
        70 + 20   70 + 18   22 + 37   36 + 24   230 + 160

3. Berechne die Differenz. Schreibe die Aufgabe und das Ergebnis ins Heft.

    a) 90 − 30   b) 86 − 32   c) 80 − 26   d) 45 − 26   e) 460 − 120
        60 − 40   67 − 56   70 − 38   83 − 15   350 − 210

4. Welche Zahl fehlt hier?

    a) 40 + ■ = 66   b) 13 + ■ = 28   c) ■ + 17 = 34   d) ■ − 105 = 25
        70 − ■ = 57   29 + ■ = 50   ■ − 22 = 33   135 + ■ = 200

5. Kleiner, größer oder gleich? Schreibe ins Heft und setze <, > oder = ein.

    a) 15 + 20 ■ 45   b) 15 ■ 37 − 22   c) 100 − 32 ■ 132 − 62
        27 − 13 ■ 4   63 ■ 21 + 52   15 + 16 ■ 20 + 11

6. Schreibe als Rechenaufgabe mit Lösung in dein Heft.

7. a) Der Substrahend ist 78, der Minuend 111. Wie heißt die Differenz?
    b) Die Summe ist 1 471, ein Summand ist 894. Wie heißt der andere Summand?
    c) Welcher Minuend gehört zur Differenz 639 und zum Substrahend 583?

8. Zeichne ins Heft und fülle alle Schrankfächer mit passenden Aufgaben.

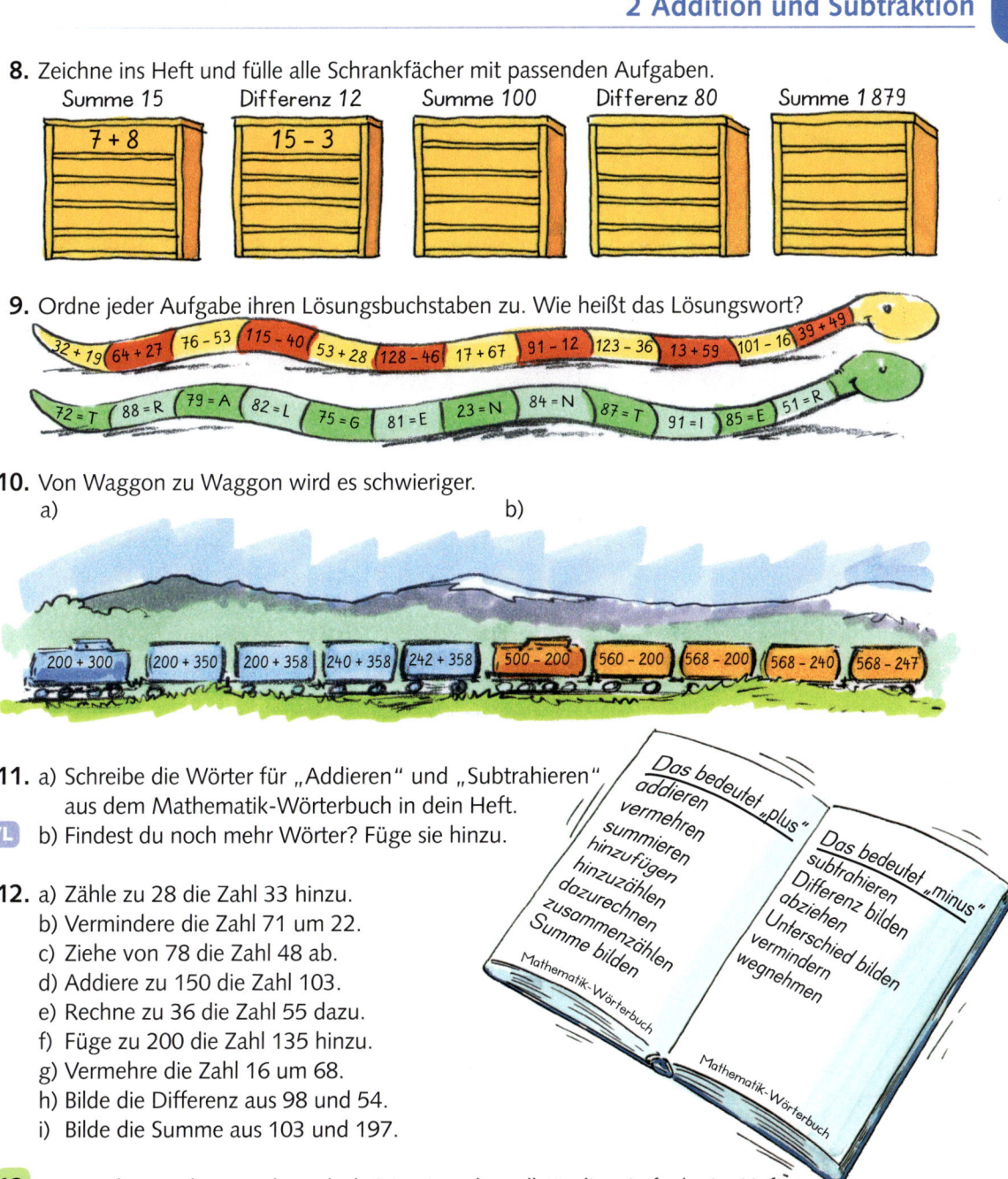

Summe 15 — 7 + 8

Differenz 12 — 15 – 3

Summe 100

Differenz 80

Summe 1 879

9. Ordne jeder Aufgabe ihren Lösungsbuchstaben zu. Wie heißt das Lösungswort?

32 + 19 | 64 + 27 | 76 – 53 | 115 – 40 | 53 + 28 | 128 – 46 | 17 + 67 | 91 – 12 | 123 – 36 | 13 + 59 | 101 – 16 | 39 + 49

72 = T | 88 = R | 79 = A | 82 = L | 75 = G | 81 = E | 23 = N | 84 = N | 87 = T | 91 = I | 85 = E | 51 = R

10. Von Waggon zu Waggon wird es schwieriger.

a)

b)

200 + 300 | 200 + 350 | 200 + 358 | 240 + 358 | 242 + 358 | 500 – 200 | 560 – 200 | 568 – 200 | 568 – 240 | 568 – 247

11. a) Schreibe die Wörter für „Addieren" und „Subtrahieren" aus dem Mathematik-Wörterbuch in dein Heft.

LVL b) Findest du noch mehr Wörter? Füge sie hinzu.

Das bedeutet „plus"
addieren
vermehren
summieren
hinzufügen
hinzuzählen
dazurechnen
zusammenzählen
Summe bilden

Das bedeutet „minus"
subtrahieren
Differenz bilden
abziehen
Unterschied bilden
vermindern
wegnehmen

Mathematik-Wörterbuch

12. a) Zähle zu 28 die Zahl 33 hinzu.
b) Vermindere die Zahl 71 um 22.
c) Ziehe von 78 die Zahl 48 ab.
d) Addiere zu 150 die Zahl 103.
e) Rechne zu 36 die Zahl 55 dazu.
f) Füge zu 200 die Zahl 135 hinzu.
g) Vermehre die Zahl 16 um 68.
h) Bilde die Differenz aus 98 und 54.
i) Bilde die Summe aus 103 und 197.

13. Was verbirgt sich unter dem Klecks? Notiere die vollständige Aufgabe im Heft.

a)
2 3 + ■ = 5 7
■ + 8 6 = 1 0 0
■ – 1 2 = 6 2
9 3 – ■ = 7 8

b)
1 2 4 + 3 5 = ■
2 5 0 – ■ = 3 0
2 4 1 ■ 2 8 = 2 1 3
■ + 1 1 9 = 3 0 7

c)
7 6 + ■ = 9 9
9 1 + ■ 0 = 1 5 1
8 7 – 5 3 = ■
■ – 2 8 0 = 1 3 3

LVL **14.** Stelle zwei Fragen und berechne jeweils die Lösung.
a) Das Handballspiel zwischen VfL und TuS endete 28 : 33.
b) Beim Basketball: Das Spiel zwischen den Scatern und den Rollern endete 78 : 123.

15. a) Addiere die Summe aus 67 und 94 und die Differenz der Zahlen 216 und 145.
b) Der Minuend ist die Summe der Zahlen 86 und 245. Der Subtrahend ist die Summe der Zahlen 131 und 78. Wie heißt die Differenz?

Addition und Subtraktion am Zahlenstrahl

LVL **1.** a) Schreibt eine Rechenaufgabe zu den Sprüngen des Frosches und formuliert einen Antwortsatz.
b) Zeichnet ein Bild für einen Vorwärtssprung (Start bei Null) und anschließendem Rückwärtssprung auf eine OH-Folie und stellt die Aufgabe der Klasse vor.

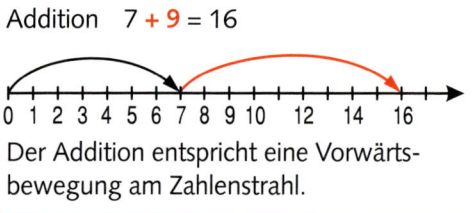

Addition $7 + 9 = 16$

Der Addition entspricht eine Vorwärts-
bewegung am Zahlenstrahl.

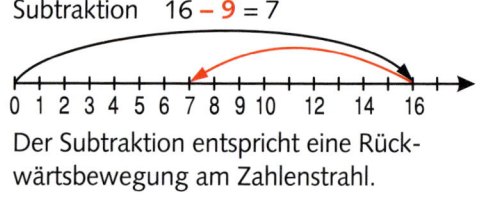

Subtraktion $16 - 9 = 7$

Der Subtraktion entspricht eine Rück-
wärtsbewegung am Zahlenstrahl.

2. Welche Aufgabe ist hier gezeichnet? Schreibe die Rechenaufgabe in dein Heft.
a)
b)

3. Stelle die Aufgabe am Zahlenstrahl dar. Wähle für eine Einheit eine Kästchenbreite.
a) $6 + 5$ b) $17 - 4$ c) $4 + 11$ d) $14 - 9$ e) $2 + 13$ f) $12 - 6$

4. Welche Aufgabe ist hier gezeichnet?
a)
b)
c)
d)

5. Stelle die Aufgabe am Zahlenstrahl dar. Wähle eine geeignete Einteilung.
a) $30 + 90$ b) $70 - 50$ c) $350 + 850$ d) $74 - 51$ e) $2\,500 - 1\,800$

6. Jan möchte in drei Tagen 175 km fahren. Gib drei mögliche Tagesstrecken an, von denen sich die kürzeste und die längste um weniger als 20 km unterscheiden.

7. a) Ute legte an 3 Tagen insgesamt 167 km mit dem Fahrrad zurück, am letzten Tag 53 km und am ersten Tag 7 km weniger als am letzten Tag. Wieviel Kilometer fuhr sie am 2. Tag?
b) Kai radelte 4 Tage lang, jeden Tag 8 km mehr als am Tag zuvor. Insgesamt waren es 220 km. Mit welcher Strecke hat Kai am ersten Tag begonnen?

LVL **8.** Zu jeder zweistelligen Zahl aus verschiedenen Ziffern gibt es eine Partnerzahl mit vertauschten Ziffern. Als Differenz zwischen Zahl und Partnerzahl (größere minus kleinere) treten nur 8 Zahlen auf. Wie heißen sie und welche gemeinsame Eigenschaft haben sie?

Operatoren und Umkehroperatoren

LVL **1.** Mona meint, dass sich der Junge das letzte Würfeln hätte sparen können. Zeichne die letzten beiden Züge in einem Bild mit Operatoren. Vergleicht anschließend untereinander.

Die Subtraktion ist die Umkehrung der Addition und die Addition die Umkehrung der Subtraktion. Zu jedem **Plus-** oder **Minusoperator** gibt es einen **Umkehroperator.**

Beispiele:

$$46 \underset{-20}{\overset{+20}{\rightleftarrows}} 66 \qquad \begin{matrix}46 + 20 = 66\\66 - 20 = 46\end{matrix} \qquad 73 \underset{+15}{\overset{-15}{\rightleftarrows}} 58 \qquad \begin{matrix}73 - 15 = 58\\58 + 15 = 73\end{matrix}$$

---

2. Bestimme die fehlenden Zahlen.

a) $127 \xrightarrow{+3} \blacksquare \xrightarrow{+40} \blacksquare$

b) $84 \xrightarrow{+16} \blacksquare \xrightarrow{-80} \blacksquare$

c) $58 \xrightarrow{+12} \blacksquare \xrightarrow{+23} \blacksquare$

d) $158 \xrightarrow{-58} \blacksquare \xrightarrow{-23} \blacksquare$

e) $65 \xrightarrow{-25} \blacksquare \xrightarrow{+22} \blacksquare$

f) $49 \xrightarrow{+31} \blacksquare \xrightarrow{+28} \blacksquare$

3. Bestimme den Umkehroperator, dann die fehlende Zahl.

a) $\blacksquare \underset{\blacksquare}{\overset{+16}{\rightleftarrows}} 69$

b) $\blacksquare \underset{\blacksquare}{\overset{+34}{\rightleftarrows}} 139$

c) $\blacksquare \underset{\blacksquare}{\overset{-48}{\rightleftarrows}} 80$

$$\blacksquare \underset{\blacksquare}{\overset{-70}{\rightleftarrows}} 125$$
$$125 + 70 = 195 \quad 195 - 70 = 125$$

4. Katrin wohnt in der 13. Etage. Sie fährt sehr gern Fahrstuhl.

a) Von ihrer Etage fährt sie erst 8 Etagen aufwärts, dann 5 Etagen abwärts und noch 3 Etagen aufwärts. Wen besucht Katrin?
Stelle die Fahrstuhlfahrt als Operatorkette dar.

$$13 \xrightarrow{\blacksquare} \blacksquare \xrightarrow{\blacksquare} \blacksquare \ldots$$

LVL b) Erfinde selbst zwei Fahrstuhlfahrten von Katrin und lasse dann deine Mitschülerinnen und Mitschüler herausfinden, wen Katrin besucht.

14. Etage	Lisa
12. Etage	Jens
19. Etage	Steffi
15. Etage	Marcus
13. Etage	Katrin

5. Wie viel war es vorher? Bestimme die unbekannte Zahl mit Hilfe des Umkehroperators.

a)

Ich habe 57 Murmeln gewonnen. Jetzt habe ich 138 Murmeln.

b)
Ich habe gerade 143 € ausgegeben. Jetzt habe ich nur noch 94 €.

c)

Jetzt bin ich auf Seite 348. Aber das Buch hat 577 Seiten.

Rechenregeln

LVL **1.** Wer hat Recht? Oder haben beide Recht? Notiert für beide Lösungen die Rechenwege im Heft.

> Was in der Klammer steht, wird zuerst ausgerechnet.
> Sonst wird schrittweise von links nach rechts gerechnet.
>
> ① $12 - (3 + 2)$ ② $20 - (10 + 2) - 6$ ③ $12 - 3 + 2$
> $\quad = 12 - \quad 5$ $\quad = 20 - \quad 12 \quad - 6$ $\quad = \quad 9 \quad + 2$
> $\quad = \quad 7$ $\quad = \quad 2$ $\quad = 11$

2. Rechne aus. Berechne zuerst, was in der Klammer steht.

a) $36 + (17 - 7)$ b) $(25 + 32) - 17$ c) $(149 + 51) - 61$ d) $14 + (62 - 42) + 19$
e) $65 - (24 + 16)$ f) $46 + (32 + 28)$ g) $238 + (48 + 57)$ h) $78 - (23 + 47) + 110$

3. Rechne aus und vergleiche.

a) $24 - (13 - 6)$ b) $63 - 14 + 9$ c) $23 + (18 + 27)$ d) $78 - 36 - 16$
$\quad 24 - 13 - 6$ $\quad 63 - (14 + 9)$ $\quad 23 + 18 + 27$ $\quad 78 - (36 - 16)$

4. Schreibe für das Restgeld einen Rechenweg mit Klammern und einen ohne Klammern:
Herr Klein kauft für 12 € Fleisch, für 7 € Käse und für 9 € Getränke.
Er zahlt mit einem 10-€-Schein und einem 20-€-Schein.

5. Ordne der sprachlichen die richtige mathematische Schreibweise zu. Du erhältst ein Lösungswort.

> ① Addiere zur Zahl 57 die Summe von 28 und 13.
> ② Addiere zur Differenz von 57 und 28 die Zahl 13.
> $(57 - 28) - 13$ N
> $(57 + 28) + 13$ S
> ③ Subtrahiere von der Differenz von 57 und 28 die Zahl 13.
> ④ Addiere zur Summe von 57 und 28 die Zahl 13.
> $57 - (28 + 13)$ E
> ⑤ Subtrahiere von 57 die Differenz von 28 und 13.
> ⑥ Subtrahiere von 57 die Summe von 28 und 13.
> $57 - (28 - 13)$ T
> $(57 + 28) - 13$ R
> ⑦ Subtrahiere die Zahl 13 von der Summe von 57 und 28.
> $57 + (28 + 13)$ M
> $(57 - 28) + 13$ O

6. Hier hat das „Klammer-Monster" jeweils 2 oder 4 Klammerzeichen entfernt. Setze diese Zeichen wieder so, dass das Gleichheitszeichen stimmt.

a) $84 - 35 + 6 - 19 + 4 = 20$ b) $73 - 27 - 8 + 6 + 9 = 23$
c) $31 - 15 - 6 + 2 - 18 = 2$ c) $69 - 16 + 17 + 8 - 29 - 4 = 19$

Rechengesetze – Rechenvorteile

LVL 1. a) Erklärt die jeweils unterschiedlichen Rechenwege. Entscheidet, welchen Rechenweg ihr vorteilhafter findet.

b) Denkt euch zu jedem Rechenweg zwei weitere Aufgaben aus und lasst sie von den anderen lösen.

Kommutativgesetz	**Assoziativgesetz**
Beim Addieren dürfen die Zahlen beliebig vertauscht werden.	Beim Addieren dürfen Klammern beliebig gesetzt oder auch weggelassen werden.

$$4 + 17 = 17 + 4 = 21 \qquad (25 + 98) + 3 = 25 + (98 + 3) = 25 + 101 = 126$$
$$73 + 68 + 27 = 73 + 27 + 68 = (73 + 27) + 68 = 100 + 68 = 168$$

2. Vertausche die Summanden so, dass du geschickt rechnen kannst.

a) 49 + 27 + 11   b) 248 + 13 + 27 + 12   c) 154 + 58 + 22 + 36
d) 35 + 15 + 64   e) 156 + 17 + 44 + 33   f) 581 + 73 + 19 + 27

> **TIPP**
> Summanden kann man in jeder beliebigen Reihenfolge addieren.

3. Setze die Klammern so, dass du geschickt rechnen kannst.

a) 83 + 25 + 75   b) 128 + (12 + 35)   c) (45 + 23) + 37   d) 137 + 23 + 77
e) 67 + 44 + 16   f) 256 + (44 + 89)   g) 78 + (22 + 93)   h) 251 + 19 + 48

4. Mona kennt viele Wege zum Ergebnis. Prüfe nach.

5. Schreibe mindestens drei Rechenwege und das Ergebnis auf.

a) 78 + 26   b) 29 + 85   c) 36 + 77
d) 156 + 45   e) 188 + 24   f) 179 + 82
g) 49 + 195   h) 56 + 299   i) 74 + 388

Mona					
	88 +	24 =			
88 +	20 +	4	=		
88 +	4	+	20 =		
88 +	2	+	22 =		
88 +	12 +	12 =			

LVL 6. Überlege zusammen mit anderen: Die Zahlen von 1 bis 19 sollen geschickt addiert werden. Schreibe dazu die Zahlen einzeln auf Kärtchen und lege immer zwei davon untereinander. Findest du weitere Zahlenreihen, die du geschickt addieren kannst?

7. Vertausche und setze Klammern so, dass du geschickt rechnen kannst.

a) 592 + 35 + 65 + 408   b) 771 + 69 + 29 + 131   c) 86 + 814 + 79 + 121
d) 77 + 95 + 23 + 18 + 32   e) 95 + 33 + 51 + 5 + 67   f) 58 + 23 + 77 + 97 + 42

BLEIB FIT!

Die Ergebnisse der Aufgaben 1 bis 8 ergeben vier deutsche Bundesländer.

1. Berechne im Kopf.
a) 18 + 23 = ■
b) 55 + 37 = ■
c) ■ + 13 = 85
d) 4 + ■ = 21

2. Berechne im Kopf.
a) 18 · 5
b) 12 · 11
c) 26 · 6

3. Berechne im Kopf.
a) 95 : 5
b) 126 : 3
c) 135 : 9

4. Lies die Zahlen am Zahlenstrahl ab.

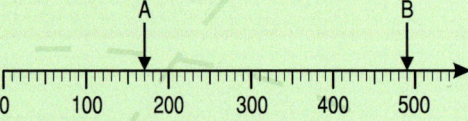

5. Wie heißt der fehlende Vorgänger/Nachfolger?
a) 3 998   3 999   ■
b) ■   8 100   8 101

6. Schreibe in Ziffern.
a) zweitausendfünfhundert
b) eintausendsiebenhundertelf
c) zwei Millionen vierhunderttausend

7. Ordne die Zahlen, die kleinste zuerst.
a) 10 101   11 001   10 110
b) 5160   651   5061

8. Welche Aussagen sind richtig?
(1) 2244 < 2340   (2) 1 Mrd. 25 T = 1 025 000
(3) 1350 > 1503   (4) 3 Mio. 107 T > 3 007 000

9. Runde.
a) 124   auf Zehner
b) 1 259   auf Hunderter
c) 23 509   auf Tausender

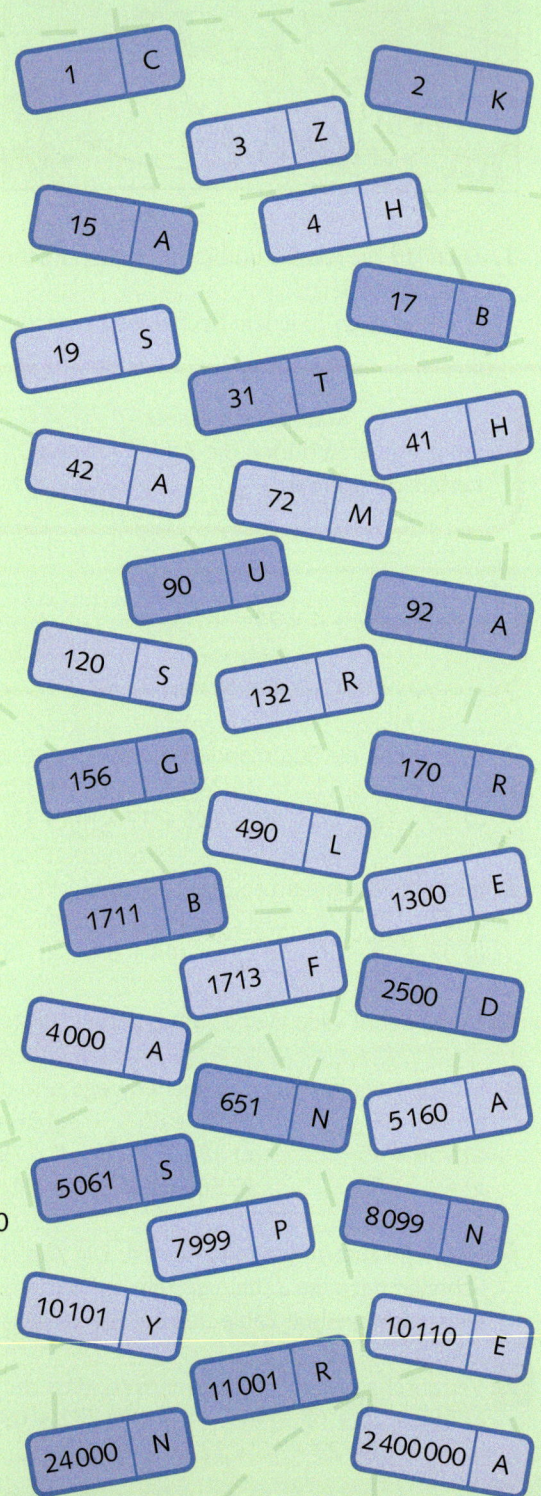

Schriftliches Addieren

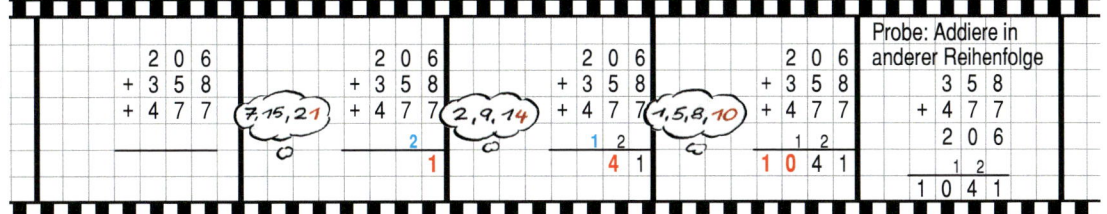

	Probe: Addiere in anderer Reihenfolge
2 0 6 + 3 5 8 + 4 7 7 *(7, 15, 21)*	2 0 6 + 3 5 8 + 4 7 7 *(2, 9, 14)* 2 1	2 0 6 + 3 5 8 + 4 7 7 *(1, 5, 8, 10)* 1 2 4 1	2 0 6 + 3 5 8 + 4 7 7 1 2 1 0 4 1	3 5 8 + 4 7 7 2 0 6 1 2 1 0 4 1

LVL **1.** Erklärt euch gegenseitig die einzelnen Rechenschritte, die im Film dargestellt sind.

2. Addiere schriftlich. Achte auf den Übertrag.

a) 534
+ 243

b) 326
+ 463

c) 234
+ 432

d) 3 064
+ 5 826

e) 6 347
+ 2 072

f) 49 382
+   939

3. a) 357
+ 436
+ 108

b) 242
+ 397
+ 432

c) 768
+ 156
+ 684

d) 2 307
+   885
+   964

e) 5 926
+ 2 264
+   581

f) 53 287
+ 37 813
+ 13 488

4. Berechne die Summen, dann ordne der Größe nach. Du erhältst ein Lösungswort.

U 425 + 234	M 529 + 298	S 132 + 255	E 357 + 471	M 149 + 678

5. a) 326 + 58   b) 5 264 + 348   c) 78 + 5 067
    d) 453 + 775   e) 369 + 2 670   f) 432 + 3 624

H	Z	E
	3	2	6
+		5	8

6. a) 3 594 + 5 489   b) 608 + 2 953   c) 6 389 + 546
    d) 625 + 7 699   e) 3 507 + 438   f)   78 + 4 835

LVL **7.** Überlege dir drei Fragen und berechne die Lösungen:
Zur Nachmittagsvorstellung am Sonntag besuchten
428 Kinder und 354 Erwachsene den Zirkus. In die
Abendvorstellung gingen 812 Personen. Am Samstag
zuvor besuchten insgesamt 1 680 Personen den Zirkus.
Beide Vorstellungen waren ausverkauft.

8. a) 12 + 4 120 + 41 200   b) 123 + 1 230 + 12 300
       34 + 4 340 + 43 400   423 + 4 230 + 42 300
     456 + 4 560 + 45 600   567 + 5 670 + 56 700

9. a)   3 5 ■
       +   ■ 4 3
          1 0 ■ 5

b)   5 8 ■ ■
      + 2 6 3 5
        ■ ■ 7 6

c)   1 3 4 5
    + 5 2 6 4
      ■ ■ ■ ■

d)   4 ■ 8 7
    +   3 ■ 9
      4 6 4 6

e)   5 2
      + 6 8 3
         ■ ■ ■

LVL **10.** Aus den sechs Ziffernkärtchen sollen zwei dreistellige Zahlen zusammengesetzt werden.
     a) Die Summe der beiden Zahlen ist so groß wie möglich.
     b) Die Summe der beiden Zahlen ist so klein wie möglich.
     c) Es kommt kein Übertrag beim Addieren vor.
     d) Die Summe der beiden Zahlen ist möglichst nah an 1 000.
     e) Die Summe der beiden Zahlen enthält zwei Nullen.

Überschlagsrechnen

Alles zusammen für 825 €?

Flachbild-
Monitor   159 €
Computer 329 €
Drucker   178 €

Ich runde auf glatte Hunderter und überschlage dann im Kopf!

LVL   **1.** Kann der Gesamtpreis 825 € stimmen? Rechne im Kopf und präsentiere dein Ergebnis.

> Um das Ergebnis ungefähr abschätzen zu können, führt man eine Überschlagsrechnung durch.
> Dazu rundet man die Zahlen so, dass man im Kopf rechnen kann.

① 381 + 549
  Überschlag: 400 + 500 = 900
  genau: 381
         + 549
         ‾‾‾‾‾
          1 1
          930

② 2834 + 276 + 4586
  Überschlag: 3000   genau: 2834
             +   0   +   276
             + 5000   + 4586
             ‾‾‾‾‾‾‾‾   ‾‾‾‾‾‾‾‾
               8000   1 1 1
                                  7696

2. Führe erst eine Überschlagsrechnung durch. Rechne auch genau.

a) 358	b) 564	c) 236	d) 4268	e) 5982	f) 628
+ 116	+ 217	+ 345	+ 1267	+ 2326	+ 216

3. Überschlage erst den Rechnungsbetrag. Rechne dann genau.

a)
Photo-Blitz
369,– €
+ 18,– €
+ 146,– €

b)
Schuh-Land
126,– €
+ 63,– €
+ 78,– €

c)
Flotte-Lotte
148,– €
+ 24,– €
+ 168,– €

d)
Comput-Freak
639,– €
+ 109,– €
+ 218,– €

4. Reicht das Geld? Wo genügt der Überschlag, wo musst du genau rechnen?

a)

b)
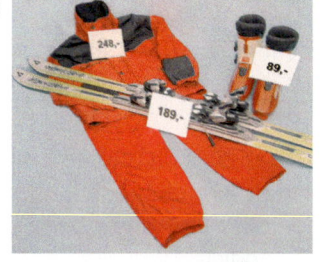

c)
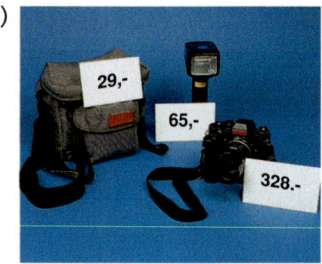

Wegnehmen – Ergänzen

Setzt euch in Gruppen aus jeweils drei Kindern zusammen, besprecht die einzelnen Arbeitsbögen nacheinander, löst die Aufgaben und präsentiert eure Überlegungen und Ergebnisse in der Klasse.

Arbeitsbogen 1

1. Leni ist bei den beiden Subtraktionsaufgaben unbewusst ganz unterschiedlich vorgegangen: Einmal hat sie ergänzt und einmal weggenommen. Erklärt!

2. Denkt euch drei Subtraktionsaufgaben aus, bei denen man besser ergänzt, und drei andere Subtraktionsaufgaben, bei denen man besser wegnimmt.

Arbeitsbogen 2

1. Erklärt, was Havva zwischen ihren beiden Antworten überlegt hat.

2. a) Denkt euch Subtraktionsaufgaben aus, bei denen man Havvas Trick anwenden kann.
   b) Beschreibt eine Regel, die Havva bei ihrem Trick angewendet hat.

Arbeitsbogen 3

1. Beurteilt die Überlegungen und Lösungen von Dirk und Manuel.

2. Beschreibt eine Regel, die man zur Vereinfachung von Additionsaufgaben anwenden kann.

Arbeitsbogen 4

1. Banu und Christine haben die schriftliche Subtraktion unterschiedlich kennengelernt. Beide kommen zum richtigen Ergebnis. Erklärt ihre Rechenschritte.

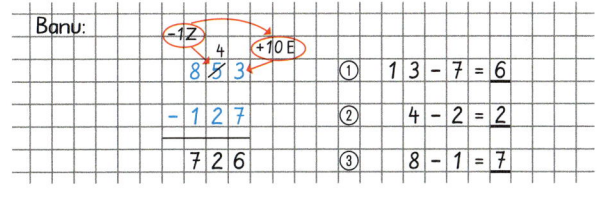

2. Rechnet die Aufgabe einmal wie Banu und einmal wie Christine.
   a) 782 – 549   b) 1274 – 838

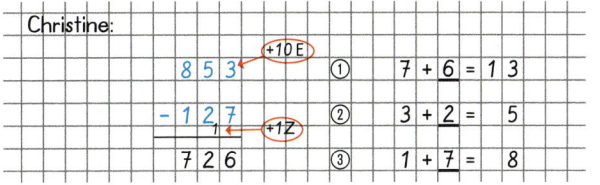

Schriftliches Subtrahieren

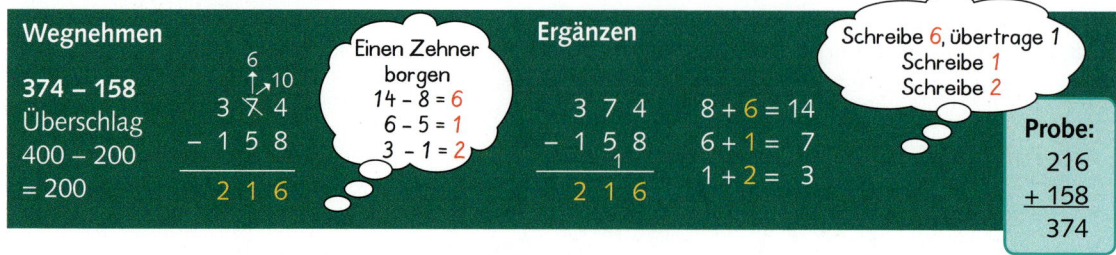

Wegnehmen	Ergänzen	
374 − 158		Einen Zehner borgen		Ergänzen		Schreibe 6, übertrage 1, Schreibe 1, Schreibe 2

Wegnehmen

374 − 158
Überschlag
400 − 200
= 200

```
      6 ↑10
    3 ⊀ 4
  − 1 5 8
  ─────────
    2 1 6
```

Einen Zehner borgen
14 − 8 = 6
6 − 5 = 1
3 − 1 = 2

Ergänzen

```
    3 7 4      8 + 6 = 14
  − 1 5 8      6 + 1 =  7
      1        1 + 2 =  3
  ─────────
    2 1 6
```

Schreibe 6, übertrage 1
Schreibe 1
Schreibe 2

Probe:
```
    216
  + 158
  ─────
    374
```

LVL 1. Erklärt euch gegenseitig beide Methoden zur Subtraktion. Welche Methode ist dir lieber?

2. Subtrahiere. Kontrolliere durch Überschlag oder Probe.

   a)　458
   　− 23

   b)　564
   　− 261

   c)　968
   　− 427

   d)　4628
   　−　512

   e)　2357
   　− 1024

   f)　49388
   　− 30016

3. a)　554
   　− 36

   b)　847
   　− 392

   c)　756
   　− 278

   d)　8307
   　−　885

   e)　5901
   　− 2294

   f)　43283
   　− 37813

4. Schreibe richtig untereinander. Kontrolliere durch Überschlag oder Probe.

   a) 354 − 49　　　　　b) 634 − 351　　　　　c) 5364 − 538　　　　　d) 537 − 58

5. a) 4325 −　627　　　b) 5371 − 788　　　c) 4584 − 2873　　　d) 2408 −　863
   e) 4247 − 1360　　　f) 7638 − 357　　　g) 3523 −　948　　　h) 2306 − 1223

6. a)　　　　　b)　　　　　c)　　　　　d)　　　　　e)

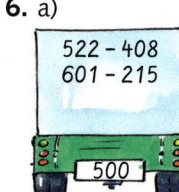

| a) 522 − 408 / 601 − 215 → 500 | b) 867 − 793 / 762 − 336 → 500 | c) 960 − 795 / 863 − 328 → 700 | d) 1000 − 443 / 921 − 478 → 1000 | e) 2500 − 197 / 5346 − 2649 → 5000 |

Auf den Nummernschildern steht die Summe der beiden Ergebnisse!

7. Familie Pfaff aus Konstanz möchte sich in den Sommerferien die deutsche Hauptstadt Berlin anschauen. In Nürnberg machen sie Zwischenstation. Wie viele Kilometer müssen sie von Nürnberg noch nach Berlin fahren?

8. Frau Herzog kauft ein neues Auto für 21360 €. Für ihr altes Auto bekommt sie noch 3550 €, und sie hat 19278 € gespart.

9. Die Zugspitze ist der höchste Berg Deutschlands mit 2963 m, der Montblanc der höchste Berg der Alpen und 1844 m höher als die Zugspitze. Der Mount Everest ist der höchste Berg der Erde mit 8848 m. Wie groß ist der Höhenunterschied zwischen Mount Everest und Montblanc?

10. Von Stuttgart über den Persischen Golf und Bangkok nach Neuseeland sind es 18687 Flugkilometer. Bis zur ersten Zwischenlandung werden 5068 geflogen, von dort bis Bangkok sind es 4982 km. Wie weit fliegt man von Bangkok nach Neuseeland?

LVL **11.** Anna, Udo und Mike haben dieselbe Aufgabe gerechnet, jeder anders. Welcher Weg gefällt dir am besten? Besprich die Vor- und Nachteile der drei Wege mit anderen.

12. Überschlage das Ergebnis. Rechne dann genau.

a) $789 - 38 - 87$ b) $848 - 246 - 163$ c) $648 - 217 - 328$
d) $629 - 349 - 78$ e) $946 - 485 - 94$ f) $809 - 65 - 587$

13. a) $853 - 75 - 678$ b) $629 - 396 - 182$ c) $648 - 317 - 89$
d) $609 - 84 - 232$ e) $367 - 52 - 216$ f) $809 - 205 - 169$

> Überschlagsrechnung:
> Runde so, dass du im Kopf rechnen kannst.
> Beispiel:
> $789 - 238 - 87$
> $\approx 800 - 200 - 100 = 500$

14. Eine fünfköpfige Familie geht in die Pizzeria. Jeder bestellt eine Pizza und ein Getränk. Die Pizzas kosten je nach Belag von 7,50 € bis 9,80 €, die Getränke von 1,70 € bis 2,80 €. Überschlage den Betrag der Gesamtrechnung.

15. Frau Söhrens hat auf ihrem Konto 12 628 €. Davon soll sie die drei Rechnungen bezahlen.

16. Die Firma Falco muss für einen Auftrag 7 450 Faltkartons herstellen. Der Auftrag kann in drei Tagen erledigt werden. Wie viele Faltkartons müssen am dritten Tag noch produziert werden? Überschlage erst und rechne dann genau.

17. a) Berechne die Differenz aus der Zahl 2 532 und der Summe aus 734 und 254.
b) Addiere die Zahlen 347 und 486. Subtrahiere anschließend die Summe von 1 055.
c) Subtrahiere von der Zahl 4 156 die Differenz von 3 156 und 2 423.
d) Berechne die Differenz von der Summe von 476 und 532 und der Summe von 351 und 238.

18. Herr Löhr hat leider den Kontoauszug beim Öffnen der Post beschädigt.
Finde heraus, welcher Betrag durch Überweisung abgebucht wurde und wie hoch der neue Kontostand ist.

19. Bestimme „■": $34\,568 - (■ + 5\,182) - 7\,631 = 12\,492$

LVL

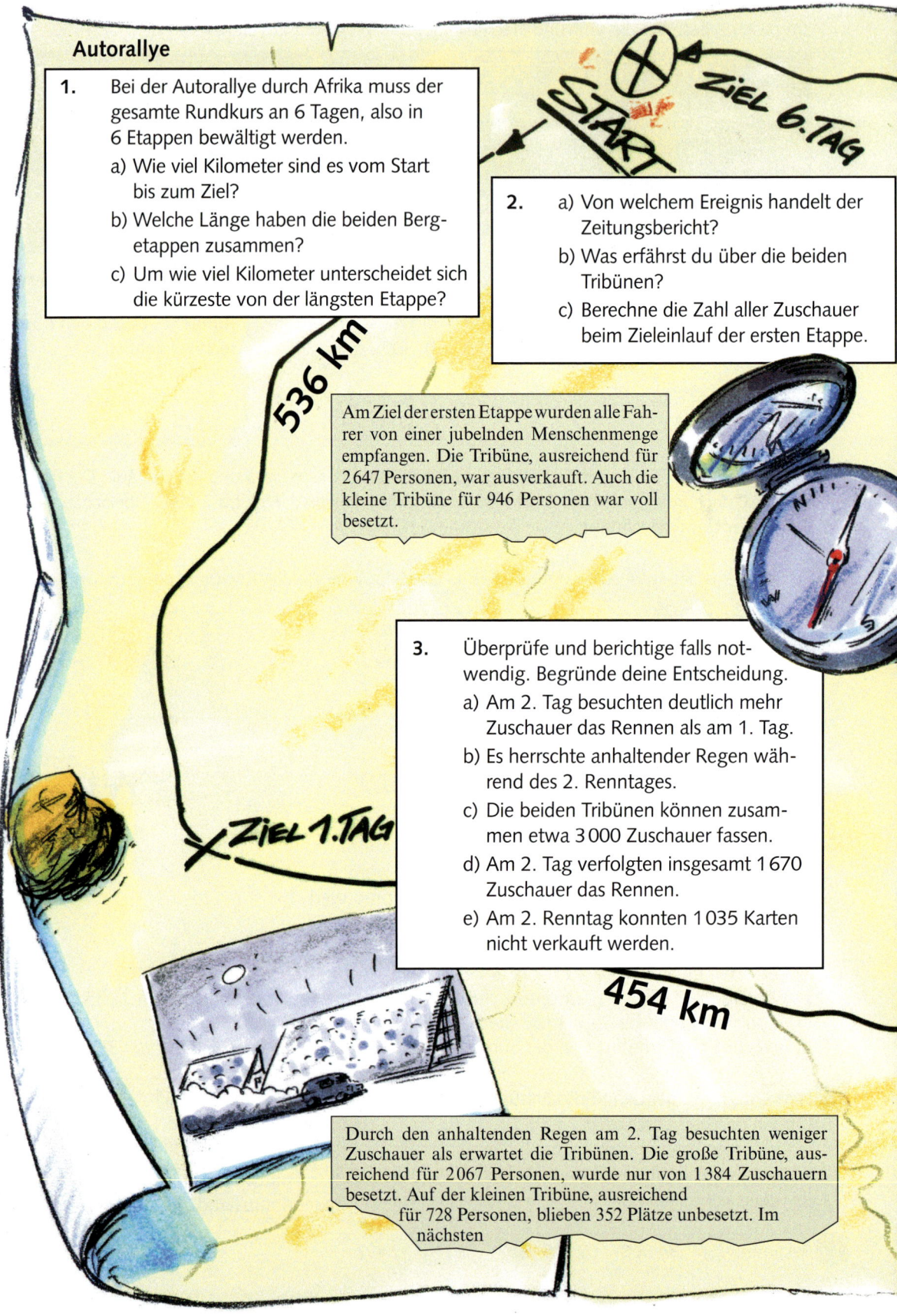

Autorallye

1. Bei der Autorallye durch Afrika muss der gesamte Rundkurs an 6 Tagen, also in 6 Etappen bewältigt werden.

a) Wie viel Kilometer sind es vom Start bis zum Ziel?

b) Welche Länge haben die beiden Berg-etappen zusammen?

c) Um wie viel Kilometer unterscheidet sich die kürzeste von der längsten Etappe?

2. a) Von welchem Ereignis handelt der Zeitungsbericht?

b) Was erfährst du über die beiden Tribünen?

c) Berechne die Zahl aller Zuschauer beim Zieleinlauf der ersten Etappe.

ZIEL 6. TAG

START

536 km

Am Ziel der ersten Etappe wurden alle Fahrer von einer jubelnden Menschenmenge empfangen. Die Tribüne, ausreichend für 2 647 Personen, war ausverkauft. Auch die kleine Tribüne für 946 Personen war voll besetzt.

3. Überprüfe und berichtige falls notwendig. Begründe deine Entscheidung.

a) Am 2. Tag besuchten deutlich mehr Zuschauer das Rennen als am 1. Tag.

b) Es herrschte anhaltender Regen während des 2. Renntages.

c) Die beiden Tribünen können zusammen etwa 3 000 Zuschauer fassen.

d) Am 2. Tag verfolgten insgesamt 1 670 Zuschauer das Rennen.

e) Am 2. Renntag konnten 1 035 Karten nicht verkauft werden.

ZIEL 1.TAG

454 km

Durch den anhaltenden Regen am 2. Tag besuchten weniger Zuschauer als erwartet die Tribünen. Die große Tribüne, ausreichend für 2 067 Personen, wurde nur von 1 384 Zuschauern besetzt. Auf der kleinen Tribüne, ausreichend für 728 Personen, blieben 352 Plätze unbesetzt. Im nächsten

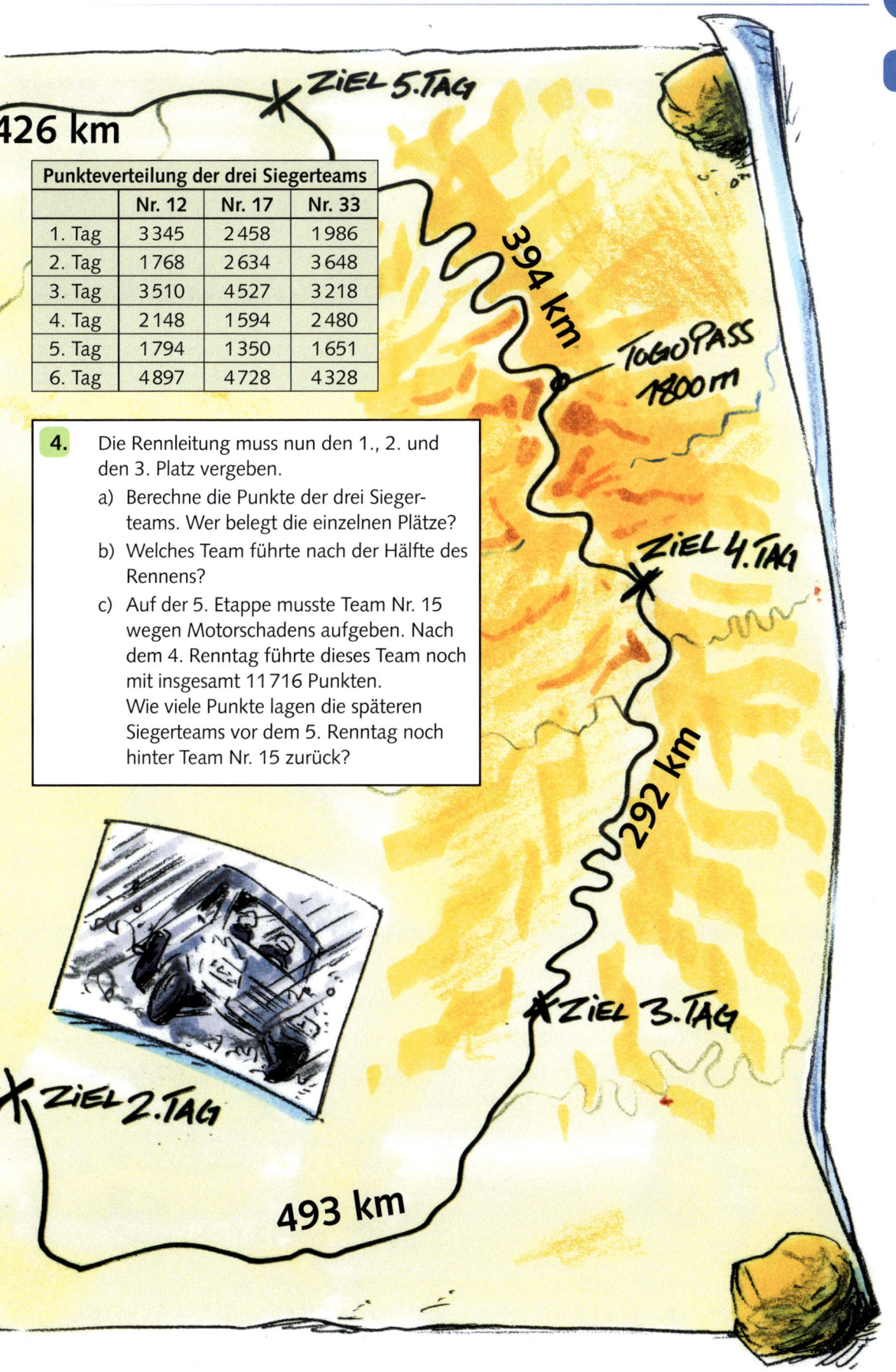

LVL

ZIEL 5.TAG

426 km

394 km

TOGO PASS 1800 m

Punkteverteilung der drei Siegerteams			
	Nr. 12	Nr. 17	Nr. 33
1. Tag	3 345	2 458	1 986
2. Tag	1 768	2 634	3 648
3. Tag	3 510	4 527	3 218
4. Tag	2 148	1 594	2 480
5. Tag	1 794	1 350	1 651
6. Tag	4 897	4 728	4 328

4. Die Rennleitung muss nun den 1., 2. und den 3. Platz vergeben.

a) Berechne die Punkte der drei Siegerteams. Wer belegt die einzelnen Plätze?

b) Welches Team führte nach der Hälfte des Rennens?

c) Auf der 5. Etappe musste Team Nr. 15 wegen Motorschadens aufgeben. Nach dem 4. Renntag führte dieses Team noch mit insgesamt 11 716 Punkten.
Wie viele Punkte lagen die späteren Siegerteams vor dem 5. Renntag noch hinter Team Nr. 15 zurück?

ZIEL 4.TAG

292 km

ZIEL 3.TAG

ZIEL 2.TAG

493 km

Sachrechnen mit Geldbeträgen

> Beim Addieren und Subtrahieren von Geldbeträgen schreibt man **Komma unter Komma.**
> Dann rechnet man wie mit natürlichen Zahlen.
>
> Lena hat 32,75 €, davon gibt sie 17 € aus. Wie viel Geld bleibt übrig?
>
> Überschlag:
> 30 € – 20 € = 10 €
>
> ```
>    32,75 €
> – 17,00 €
>   15,75 €
> ```
>
> Probe
> ```
>    15,75 €
> + 17,00 €
>   32,75 €
> ```
>
> Es verbleiben 15,75 €.

 1. Partnerarbeit: Erklärt euch gegenseitig, weshalb in der Rechnung statt 17 € der Betrag in der Form 17,00 € notiert wird.

2. Überschlage zunächst das Ergebnis. Dann rechne genau.

a) 137,38 €
   + 24,15 €

b) 64,50 €
   – 9,86 €

c) 7,79 €
   + 8,46 €

d) 263,50 €
   – 79,90 €

3. Wie viel Euro besitzen die Schülerinnen und Schüler?

TINA 56,92 € SPARBUCH 234,80 €

MAX 9,57 € SPARBUCH 361,84 €

INGA 132,50 € 12,77 € SPARBUCH 1258,62 €

UWE 58,87 € 7,28 € SPARBUCH 253,58 €

4. Überschlage den Rechnungsbetrag. Rechne dann genau.

Ihr Kaufmann
17,48 €
9,62 €

Fahrradfritze
127,50 €
34,85 €

Getränke-Shop
12,37 €
9,54 €

Eisbar
8,75 €
4,30 €
3,45 €

HEIMWERKER
58,59 €
36,99 €
7,85 €

5. Ilona kauft ein T-Shirt für 14,95 € und ein Paar Jeans für 49,50 €. Sie bezahlt mit einem 100-€-Schein. Wie viel Euro bekommt sie zurück? Überschlage, dann rechne genau.

> Beim Überschlag auf ganze Euro-Beträge runden.
> 14,95 € ≈ 15 €
> 49,50 € ≈ 50 €

6. Reicht das Geld? Wie viel Euro sind es zu viel oder zu wenig?

a)

Kaufzentrum
Abteilung Lebensmittel
Wurstwaren 12,78 €
Backwaren 9,85 €

SUMME

b)

Kaufzentrum
Abteilung Elektrobedarf
Stehlampe 149,90 €
Glühlampen 6,87 €

SUMME

c)

Kaufzentrum
Abteilung Tierbedarf
Hundeknochen 5,78 €
Halsband 24,90 €
Korb 59,80 €

7. a) 368,47 € – 141,59 € – 64,77 €

b) 4185,79 € – 2463,85 € – 965,33 €

c) 800 € – 165,43 € – 7,68 € – 91,10 €

d) 1200 € – 417,61 € – 321,44 € + 85,96 €

1. Bilde die Summe von
a) 30 und 70, b) 26 und 32, c) 48 und 26.

2. Bilde die Differenz von
a) 90 und 50, b) 75 und 24, c) 52 und 37.

3. Addiere zu 37 die Zahl 25.

4. Subtrahiere von 27 die Zahl 18.

5. Rechne aus.
a) $23 \xrightarrow{+8} \blacksquare$ b) $46 \xrightarrow{+18} \blacksquare$
c) $57 \xrightarrow{-5} \blacksquare$ d) $63 \xrightarrow{-15} \blacksquare$

6. Bestimme die Zahl mit dem Umkehroperator.
a) $\blacksquare \xrightarrow{+35} 80$ b) $\blacksquare \xrightarrow{-9} 32$
c) $\blacksquare \xrightarrow{-22} 50$ d) $\blacksquare \xrightarrow{+24} 78$

7. a) Ich denke mir eine Zahl und addiere 24. Mein Ergebnis lautet 47.
b) Von meiner gedachten Zahl subtrahiere ich 33 und erhalte 56.

8. a) $8 - (2 + 5)$ b) $20 - (16 - 8) + 10$
  $14 - (13 - 9)$ $67 + 33 - (12 + 18)$

9. Fasse geschickt zusammen, dann rechne.
a) $8 + 3 + 7$ b) $23 + 16 + 4$
  $59 + 41 + 27$ $99 + 11 + 29$

10. Wie kannst du vertauschen? Rechne geschickt im Kopf.
a) $79 + 17 - 9$ b) $127 - 73 - 27$
  $138 + 53 - 38$ $509 - 91 - 9$

11. Überschlage zunächst und rechne dann genau.
a) $372 + 451$ b) $41\,187 + 95 + 1\,228$
c) $457 - 183$ d) $28\,584 - 238 - 1\,347$
e) $12\,041 + 99\,887$ f) $34\,806 - 1\,487 - 17\,054$

12. a) Subtrahiere von 40 € den Betrag 16,38 €.
b) Addiere zu 105,40 € den Betrag 228 €.

13. Tobias hat für 26,54 € Lebensmittel, für 15,30 € Getränke und für 5,52 € Schulsachen eingekauft. Er hat 50 € dabei.

14. a) $8156 - 712 - 1\,448 - 2\,033 - 961$
b) $29\,238 - 5\,144 - 7\,581 - 3\,876$

Addition: $25 + 40 = 65$
65 ist die **Summe** von 25 und 40.
Subtraktion: $65 - 25 = 40$
40 ist die **Differenz** von 65 und 25.

Jede Addition oder Subtraktion kann mit **Operatoren** geschrieben werden.
$20 \xrightarrow{+7} 27$ $13 \xrightarrow{-6} 7$
$20 + 7 = 27$ $13 - 6 = 7$

Zu jedem **Plus- oder Minusoperator** gibt es einen **Umkehroperator**.
$46 \underset{-20}{\overset{+20}{\rightleftarrows}} 66$ $37 \underset{+11}{\overset{-11}{\rightleftarrows}} 26$

Was in Klammern steht, wird zuerst berechnet, sonst schrittweise von links nach rechts.
$43 - (13 + 10) = 43 - 23 = 20$
$43 - 13 + 10 = 30 + 10 = 40$

Beim Addieren dürfen …
Zahlen vertauscht werden   Klammern beliebig gesetzt werden

Kommutativgesetz **Assoziativgesetz**
$4 + 17 = 17 + 4$ $(18 + 17) + 3 = 18 + (17 + 3)$

Schriftliche Addition
$264 + 98 + 109$

Überschlag:
$300 + 100 + 100 = 500$

```
   264
 +  98
 + 109
   1 2
   471
```

Schriftliche Subtraktion
$252 - 37$

Wegnehmen   Ergänzen

```
  4
 2̶5̶2   12 – 7 = 5      252    7 + 5 = 12
 – 37   4 – 3 = 1     –  37    4 + 1 =  5
 215    2 – 0 = 2         1
                       215    0 + 2 =  2
```

$543 - 227 - 168$
Überschlag: 1. Methode 2. Methode

```
– 500      543    316     227    543
– 200    – 227  – 168   + 168  – 395
– 200        1     11       1     11
  100      316    148     395    148
```

1. Bestimme die unbekannte Zahl.
   a) ■ + 38 = 109   b) ■ + 78 = 235   c) ■ − 112 = 464

2. a) 78 − 26 + 22   b) 68 − (18 + 23)   c) 53 − 16 + 14

3. Subtrahiere schriftlich und überprüfe dein Ergebnis durch eine Probe.
   a) 468 − 127   b) 1 657 − 408   c) 20 348 − 18 971

4. Überschlage und rechne dann genau.
   a) 213 + 446 + 320   b) 8 504 + 1 774 + 647   c) 8 437 − 562 − 1 043

5. Ein Tankwagen ist mit 9 780 l Rapsdiesel beladen und muss zwei Kunden beliefern.
   Bei der ersten Tankstelle werden 3 720 l geliefert, bei der zweiten 5 812 l.
   Mit wie viel Litern fährt der Tankwagen zurück?

6. Am Eis-Stadion gibt es zwei Parkplätze. Auf Platz 1 stehen 124 Autos, auf Platz 2 stehen
   15 Autos weniger. Wie viele Autos sind insgesamt geparkt?

7. Frau Berg kauft ein Auto für 18 270 €. Für den Einbau eines Navigationsgeräts muss sie noch
   350 € extra bezahlen. Ihr Händler nimmt ihr altes Auto für 5 880 € in Zahlung. Rechne aus,
   welchen Betrag Frau Berg noch zahlen muss.

8. Kontrolliere, ob das Ergebnis stimmt.
   a) 9 632 − 754 − 6 109 = 2 769   b) 20 025 − 102 − 9 756 = 11 167

9. Reicht das Geld? Wie viel Euro sind es zu viel oder zu wenig?

   a)
Käse	17,98 €
Wurst	8,79 €
Obst	3,98 €

   b)
Fahrrad	389,00 €
Helm	29,90 €
Schloss	19,50 €

10. Emily macht eine Fahrradtour. Jeden Abend schreibt sie den Stand
   ihres Kilometerzählers auf.
   a) Wie viele Kilometer ist sie am 3. Tag geradelt?
   b) Wie lang ist ihre Radtour insgesamt gewesen?

Start:	1 357
1. Tag	1 422
2. Tag	1 479
3. Tag	1 565
4. Tag	1 641

11. a) Berechne die Differenz aus der Zahl 4 321 und der Summe aus 1 042 und 583.
   b) Addiere zu 1 206 die Differenz aus 827 und 384.

12. Frau Rissler erhält monatlich 2 697 € ausgezahlt. Davon sind 820 € Miete zu zahlen. 640 €
   braucht sie für ihren Haushalt, 175 € für Strom, Wasser, Heizung und Telefon und außerdem
   noch 140 € für Benzin. In diesem Monat möchte sich Frau Rissler ein neues Fernsehgerät kaufen.
   Wie teuer darf es höchstens sein, damit ihr Monatsgehalt reicht? Begründe.

13. Setze Klammern, so dass das Gleichheitszeichen stimmt.
   a) 4 197 − 368 + 597 − 2 100 − 685 − 618 = 1 065
   b) 21 630 − 8 490 − 4 712 − 3 150 + 9 160 = 20 738

Körper, Flächen und Linien

3

Schreibe selbst solche Zettel.

PYRAMIDE
ECKEN:
KEGEL
FLÄCHE
KUGEL
FLÄCHE
KA

WÜRFEL
QUADER
FLÄCHEN:
ZYLINDER
FLÄCHE
KANTE
E

PRISMA
FLÄCHEN: 5
KANTEN: 9
ECKEN: 6

LVL

Bastelanleitung für Würfel und Quader

Würfel

① Zeichne das Netz (Maße beachten) mit Klebelaschen auf Karopapier.

② Falte und klebe zu einem Würfel.

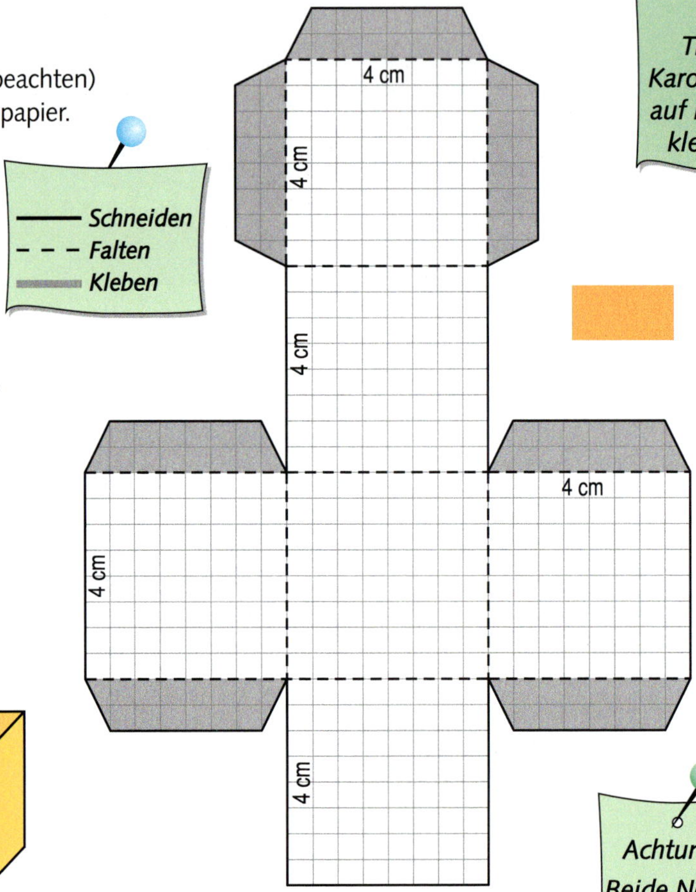

③ Bevor du den Deckel schließt, kannst du eine Überraschung in den Würfel packen.

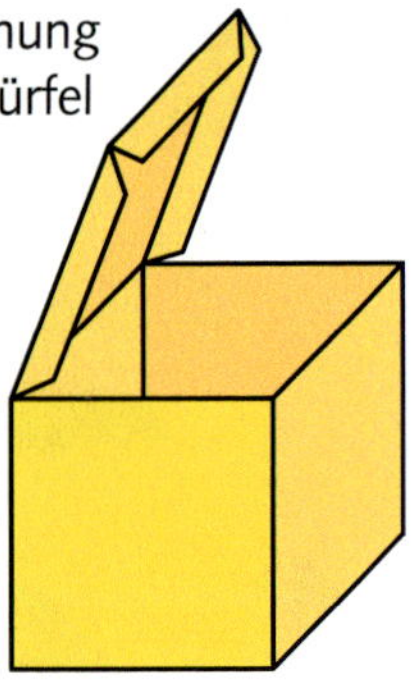

Tipp: Karopapier auf Karton kleben!

――― Schneiden
– – – Falten
▩▩▩ Kleben

4 cm

4 cm

4 cm

4 cm

4 cm

4 cm

Achtung: Beide Netze sind hier verkleinert!

Quader

① Zeichne das Netz (Maße beachten) mit Klebelaschen auf Karopapier.

② Falte und klebe zum Quader.

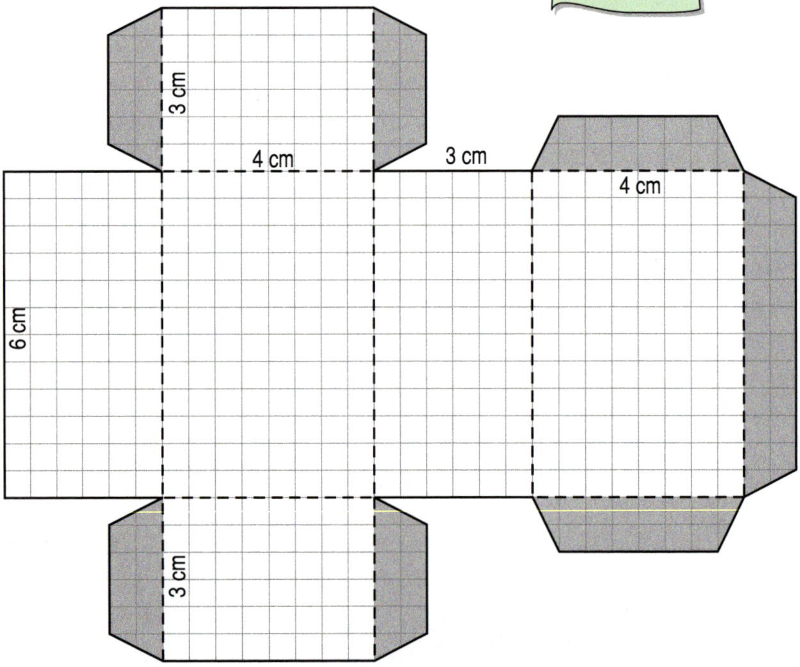

3 cm

4 cm   3 cm

4 cm

6 cm

3 cm

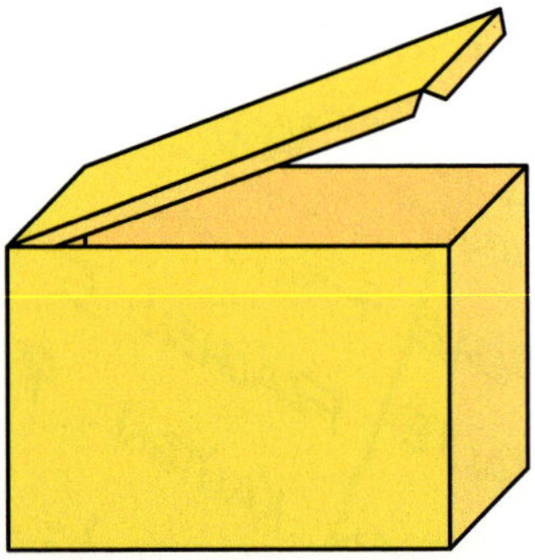

Vermischte Aufgaben

1. Zeichne das Netz, schneide es aus und falte es zu einem Würfel. Klebe mit Klebeband.

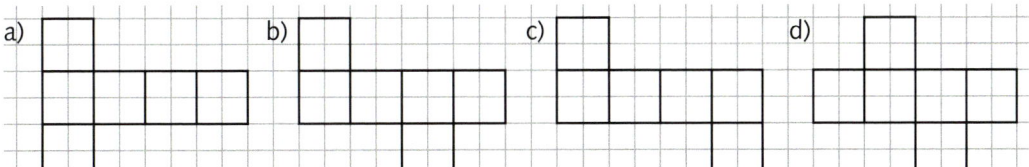

2. Stell dir vor, das Würfelnetz ist mit der Fläche G festgeklebt. Die anderen Flächen werden zu einem Würfel hochgefaltet. Welche Fläche ist dann am Würfel vorne, hinten, links, rechts oder oben? Schreibe wie im Beispiel.

1: links
2: hinten
3: rechts
4: oben
5: vorne

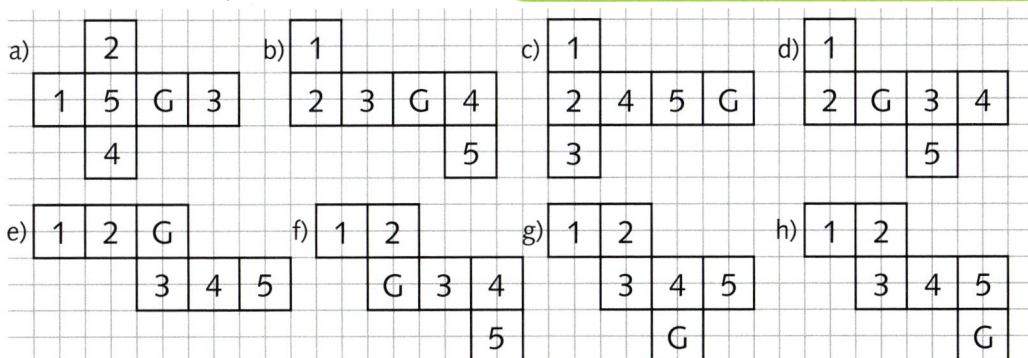

3. Prüfe, ob sich aus dem Netz wirklich ein Würfel falten lässt. Falte nur in Gedanken. Nur wenn du unsicher bist, kontrolliere durch Zeichnen, Ausschneiden und wirkliches Falten.

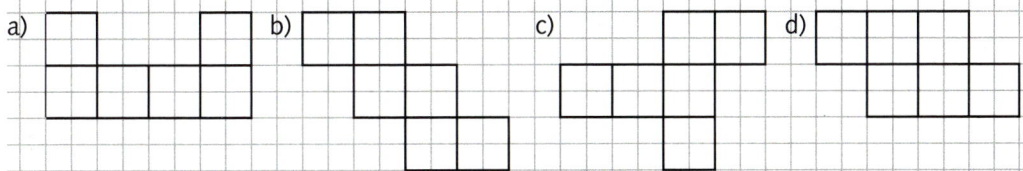

4. Zeichne das Würfelnetz ins Heft und färbe es (markierte Fläche D oben).

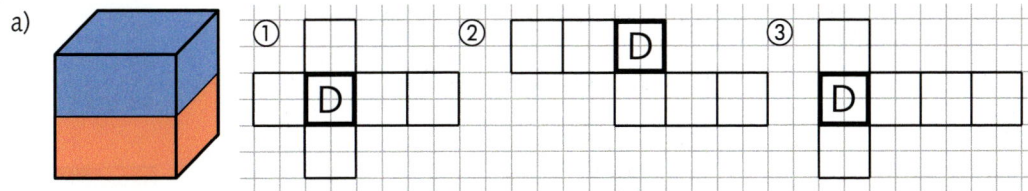

Die obere Hälfte ist blau, die untere Hälfte ist rot.

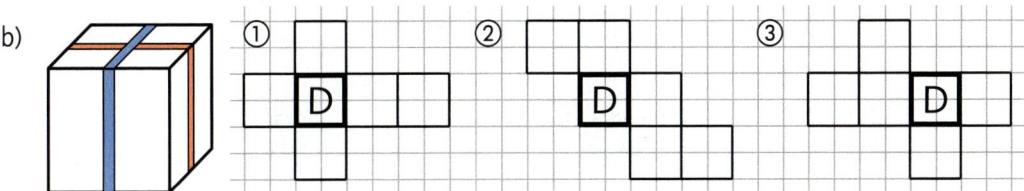

Gegenüberliegende Seiten sind gleich.

5. Zeichne das Netz, schneide es aus, falte es zu einem Quader. Klebe mit Klebeband.

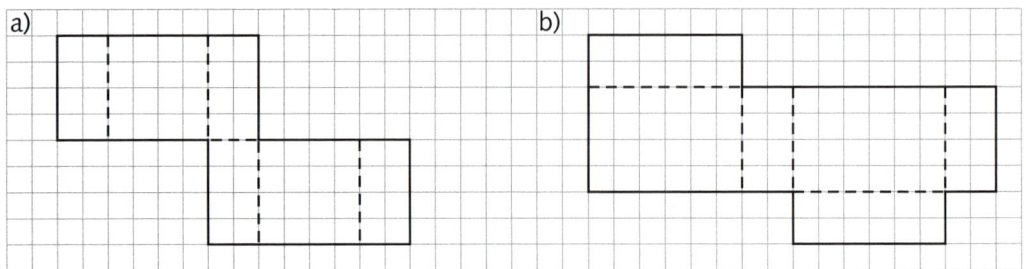

a)

b)

6. Prüfe, ob sich aus dem Netz wirklich ein Quader falten lässt. Falte nur in Gedanken. Nur wenn du unsicher bist, kontrolliere durch Zeichnen, Ausschneiden und wirkliches Falten.

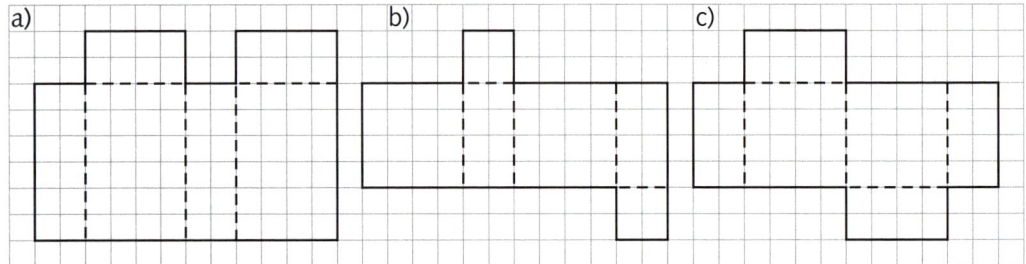

a)

b)

c)

7. Welcher Quader passt zu welchem Netz? Ordne zu.

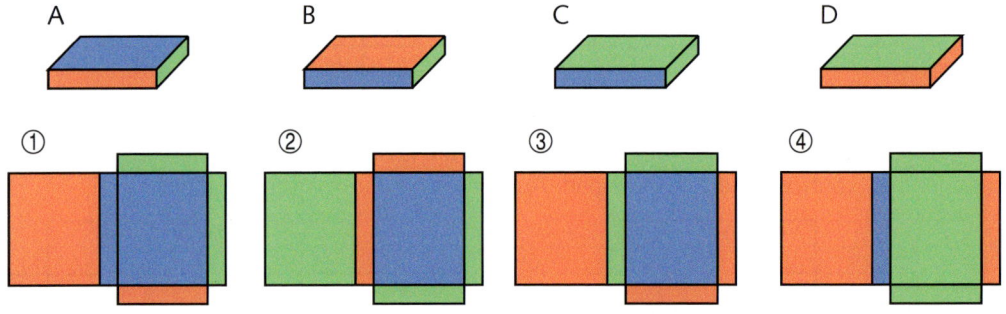

A   B   C   D

①   ②   ③   ④

8. Welche Netze passen zu den Würfeln? Ordne jedem Würfel mögliche Netze zu.

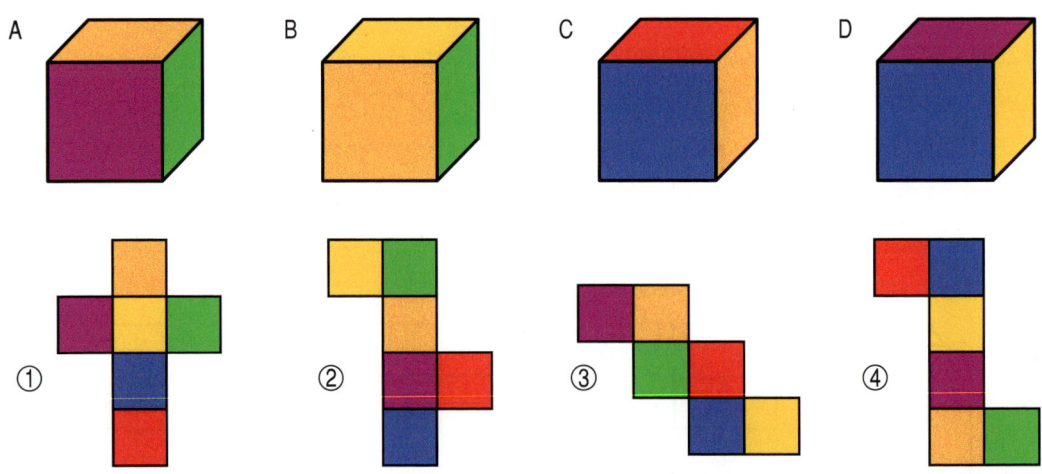

A   B   C   D

①   ②   ③   ④

LVL **9.** Wie viele gleiche Flächen kann ein Quader haben? Überlege, probiere, begründe.

BLEIB FIT!

Die Ergebnisse der Aufgaben 1 bis 8 ergeben vier deutsche Städte.

1. Runde.
   a) 235   auf Zehner
   b) 551   auf Hunderter
   c) 4948   auf Hunderter
   d) 450   auf Hunderter

2. Berechne.
   a) 135 + 97
   b) 269 + 26
   c) 47 + 135

3. Berechne.
   a) 339 – 95
   b) 567 – 332
   c) 894 – 99

4. a) Vermindere die Zahl 77 um 58.
   b) Addiere zu 158 die Zahl 79.
   c) Bilde die Differenz aus 87 und 55.
   d) Vermehre die Zahl 29 um 64.

5. Lies die Höhe des Berliner Fernsehturms und des Kölner Doms ab, runde auf 50 Meter.

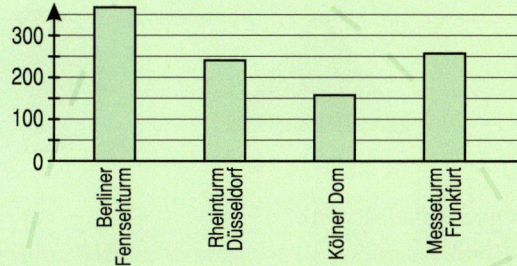

6. Berechne die fehlende Zahl.
   a) 345 + ♥ = 429
   b) ♥ – 87 = 235
   c) 23 + 129 = ♥

7. Julia kauft zwei Hefte für je 0,49 € und einen Stift für 3,98 €. Sie bezahlt mit einem 10-€-Schein. Wie viel Euro bekommt sie zurück?

8. Lies die Zahlen am Zahlenstrahl ab.

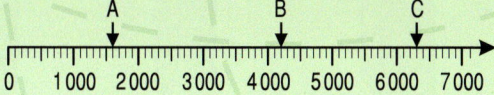

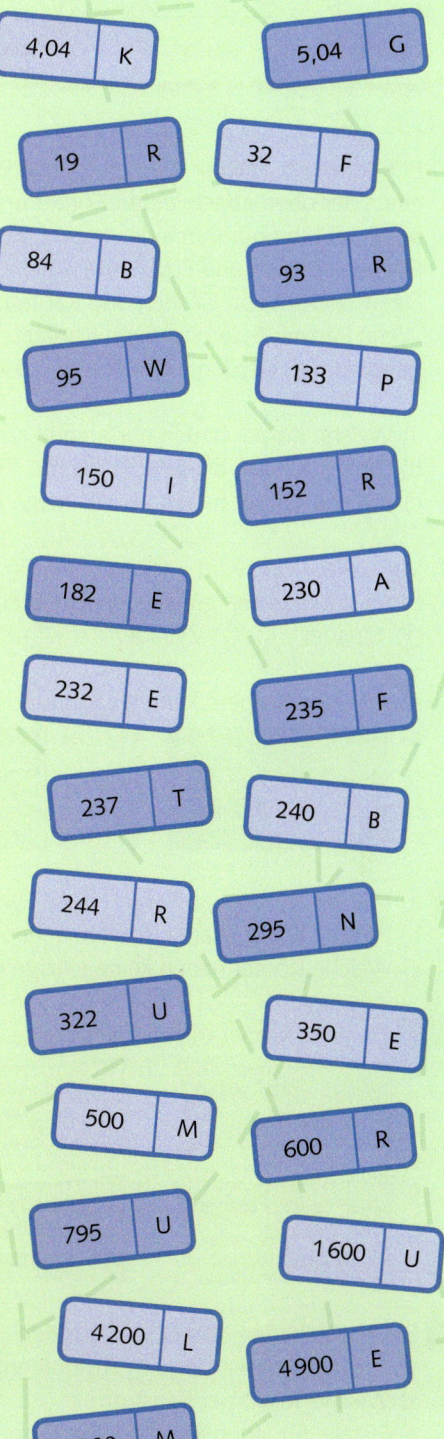

Flächen, Kanten und Ecken

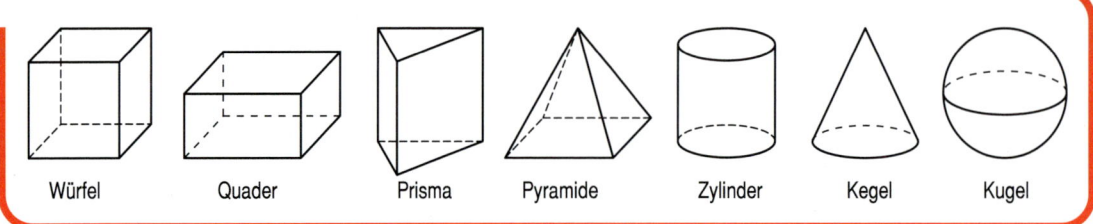

Würfel   Quader   Prisma   Pyramide   Zylinder   Kegel   Kugel

LVL **1.** Partnerarbeit: Partner A wählt (geheim) einen der oben abgebildeten Körper und beschreibt ihn nur durch die Anzahl der Flächen, Kanten und Ecken und durch Eigenschaften von Flächen und Kanten. Wenn Partner B den richtigen Körper genannt hat, werden die Rollen getauscht.

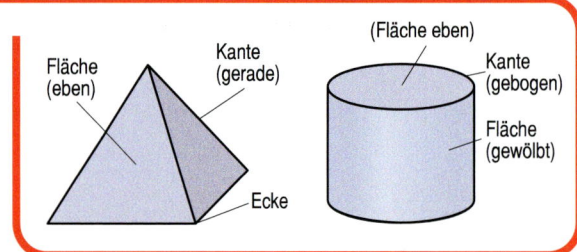

2. a) Welche Körper haben nur gerade Kanten?
b) Gibt es Körper, die sowohl gerade als auch gebogene Kanten haben?
c) Welche Körper haben keine einzige gerade Kante?

3. Verpackte Ware wird im Supermarkt in ein Regal einsortiert und gestapelt. Welche Verpackungsform ist besonders günstig, welche weniger günstig? Überlege und nenne Vor- und Nachteile.
① Quader   ② Zylinder   ③ Pyramide   ④ Würfel   ⑤ Kegel   ⑥ Kugel

4. Zu welchen Körpern kann die abgebildete Fläche gehören?
a)    b) 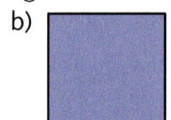   c) 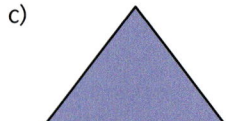   d)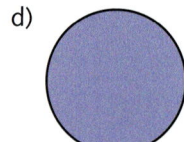

5. a) Welche Körper haben nur ebene Flächen?
b) Welche Körper haben sowohl ebene als auch gewölbte Flächen?
c) Welche Körper haben keine einzige ebene Fläche?

6. Auf welche Körper trifft die Kennkarte zu?
a) Alle zwölf Kanten sind gleich lang.
b) Es gibt zwei kreisförmige Flächen.
c) Es gibt genau 5 Ecken.
d) Es gibt nur eine Ecke.

e) Nur ebene Flächen mit jeweils 4 Eckpunkten.
f) Nur ebene Flächen und jede hat 3 oder 4 Eckpunkte.
g) Nur gerade Kanten und in jeder Ecke treffen sich drei.
h) Nur gerade Kanten, in einer einzigen Ecke treffen sich vier.

7. Die abgebildeten Körper sind aus den oben abgebildeten Körpern zusammengesetzt.
a) Welche Teilkörper siehst du?
b) Erstelle für jeden abgebildeten Körper eine Kennkarte zu Kanten, Ecken und Flächen.

I 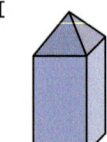   II    III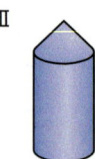

Senkrecht und parallel

LVL **1.** Partnerarbeit: Sucht Kanten im Klassenzimmer, die zueinander senkrecht, parallel oder
weder parallel noch senkrecht sind. Notiert mehrere Beispiele und stellt sie der Klasse vor.
(Ihr könnt diese Aufgabe auch als Spiel ausführen. Beispiel: „Ich sehe was, was du nicht siehst,
und das ist parallel und blau.")

> Zwei aneinanderstoßende Kanten eines
> Quaders sind **senkrecht** zueinander.
> Man schreibt: $a \perp b$ $c \perp d$
>
> Zwei gegenüberliegende Kanten eines
> Quaders sind **parallel** zueinander.
> Man schreibt: $x \parallel y$ $r \parallel s$

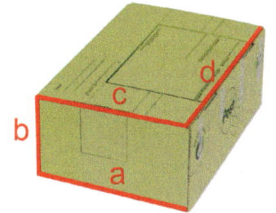
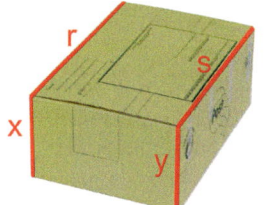

2. Welche der beschrifteten Kanten sind senkrecht zur Kante a, welche sind parallel zu a?

a) 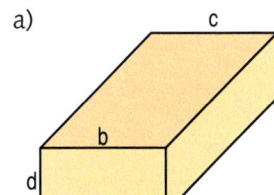   b) 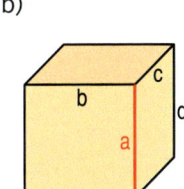   c) 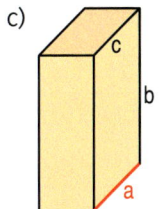   d)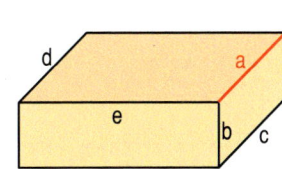

3. Schreibe ins Heft: senkrecht zueinander ($\perp$) oder nicht ($\not\perp$).

a) 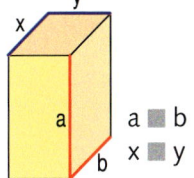   b) 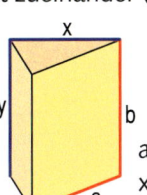   c) 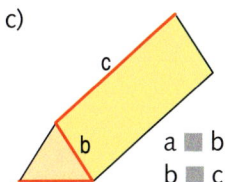   d)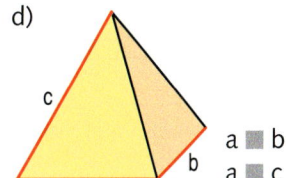

a ▦ b
x ▦ y

a ▦ b
x ▦ y

a ▦ b
b ▦ c

a ▦ b
a ▦ c

4. Schreibe ins Heft: parallel zueinander ($\parallel$) oder nicht ($\not\parallel$).

a) 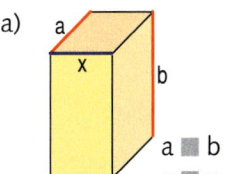   b)   c) 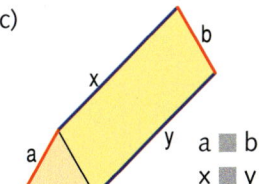   d)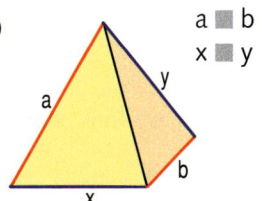

a ▦ b
x ▦ y

a ▦ b
x ▦ y

a ▦ b
x ▦ y

a ▦ b
x ▦ y

5. Parallele Kanten sollen gleich gefärbt werden, andere nicht. Wie viele Farben braucht man für
a) einen Würfel,   b) einen Quader,   c) ein Prisma,   d) eine Pyramide?

6. Gibt es Kanten, die weder parallel noch senkrecht zueinander sind bei
a) einem Würfel,   b) einem Quader,   c) einem Prisma,   d) einer Pyramide?

LVL **7.** Gibt es einen Körper mit 5 parallelen Kanten? Wenn du einen solchen Körper findest, skizziere ihn
auf einer Folie und stelle deine Skizze in der Klasse vor.

Basteln von Kantenmodellen

Du brauchst
- Trinkhalme auf gleiche Länge geschnitten (8 cm)
- Papier für die Ecken
- Lineal, Bleistift
- Schere, Klebstoff

Du brauchst
- Trinkhalme auf die verschiedenen Längen geschnitten (8 cm, 6 cm, 4 cm)
- Papier für die Ecken
- Lineal, Bleistift
- Schere, Klebstoff

① Schneide die Trinkhalme für Würfel und Quader zu.
Überlege zuvor, wie viele Trinkhalme du brauchst.

Wie viele Trinkhalme?
Wie viele Papierecken?

② Fertige die benötigten Papierecken für Würfel und Quader (siehe Film).
Überlege zuvor, wie viele Papierecken du brauchst.

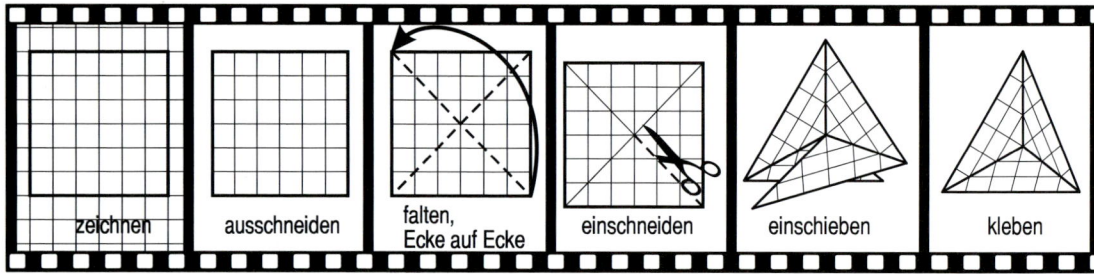

| zeichnen | ausschneiden | falten, Ecke auf Ecke | einschneiden | einschieben | kleben |

③ Baue Boden und Decke.

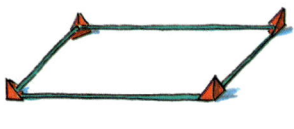

Klebstoff in die beiden unteren Kanten

Trinkhalme **gleich** weit hinein „auf Stoß"

Freie hintere Ecke mit Klebstoff füllen

④ Klebe die Trinkhalme an den Boden.

⑤ Endmontage: Setze die Decke auf.

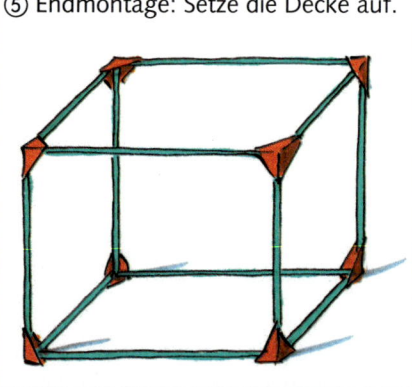

⑥ Bastle auf dieselbe Art das Kantenmodell einer Pyramide.

Lotrecht – waagerecht

> **Lotrecht:** senkrecht zur Erdoberfläche wie das Lot (Senkblei).
> **Waagerecht:** parallel zur Erdoberfläche wie die Wasserwaage.
> Lotrecht und waagerecht sind zueinander senkrechte Richtungen.

LVL **1.** Was haben die Begriffe „lotrecht" und „waagerecht" mit senkrecht und parallel zu tun? Welche Linien im Comic sind jeweils senkrecht zueinander, welche sind parallel, welche Linien sind lotrecht, welche waagerecht? Notiert im Heft und besprecht eure Ergebnisse in der Klasse.

2. In welchen Handwerksberufen braucht man regelmäßig Wasserwaage oder Senkblei?
Elektriker   Maurer   Friseur   Zimmermann   Fliesenleger   Schornsteinfeger   Tischler

LVL **3.** Welche der Dinge sollten waagerecht sein, welche besser nicht? Überlege und nenne Gründe.
Abflussleitung   Terrasse   Tischtennisplatte   Zimmerboden   Herdplatte   Zeichentischplatte

4. a)   b)   c)

Welche Linien sind lotrecht, welche waagerecht, welche zueinander senkrecht oder parallel?

LVL **5.** Bilddetektive an die Arbeit! Der Blick aus dem runden Bullauge ist richtig. Aber im Inneren der Schiffskajüte sind 7 Fehler. Versuche, sie alle zu finden. Vergleiche dann mit anderen, zusammen entdeckt ihr bestimmt alle. Aber passt auf, dass ihr nichts als Fehler notiert, was in Wirklichkeit richtig ist.

LVL **6.** Versuche mit anderen zusammen, ein eigenes Rätselbild mit Fehlern zu zeichnen.

WISSEN · ANWENDEN · VERNETZEN

WAV

1. Taschengeld

a) Merve bekam im Jahr 2014 insgesamt 240 Euro Taschengeld, gleichmäßig verteilt auf 12 Monate. Wie viel Euro Taschengeld bekam sie in einem Monat?

b) Das Säulendiagramm zeigt die Verwendung des Taschengeldes für verschiedene Bereiche. Allerdings fehlt die Säule für die Kino-Ausgaben. Wie viel Geld gab Merve für das Kino aus?

c) Im darauf folgenden Jahr sparte Merve sogar 96 €, obwohl ihr Taschengeld nicht erhöht wurde und sie auf keinen der übrigen Bereiche vollständig verzichtete. Zeichne ein dazu passendes Säulendiagramm.

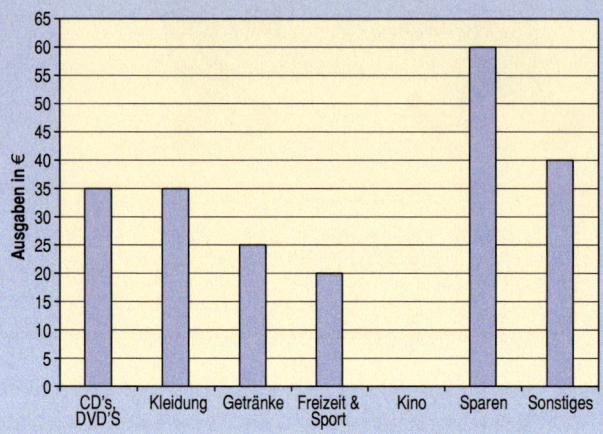

2. Merkwürdige Zahlen

Einige Wörter wie ANNA oder OTTO lauten vorwärts oder rückwärts gelesen gleich. Bob hat entdeckt, dass es auch Zahlen mit dieser besonderen Eigenschaft gibt, beispielsweise 121, 5335 oder 78487. Bob nennt alle vierstelligen Zahlen mit dieser Eigenschaft ANNA-Zahlen, wenn zusätzlich keine der Ziffern eine Null ist und mindestens zwei Ziffern der Zahl verschieden sind. Zum Beispiel ist 8228 eine ANNA-Zahl, jedoch nicht 8008 oder 8888.

a) Trage zehn weitere ANNA-Zahlen in einer Stellenwerttafel ein. Was fällt dir auf?

T	H	Z	E
4	2	2	4
1	8	8	1

b) Von einer ANNA-Zahl ist folgendes bekannt:
An der Hunderterstelle steht die Ziffer 3.
Die Ziffer an der Einerstelle ist um 1 kleiner als die an der Zehnerstelle.
Wie lautet die gesuchte Zahl?

c) Wie groß ist der Unterschied zwischen 4994 und der nächst größeren ANNA-Zahl?

d) Sara behauptet: „Aus den Ziffern 1, 2, 3, 4, 5, 6, 7, 8 und 9 lassen sich 90 verschiedene ANNA-Zahlen bilden." Stimmt das?

e) Das Geburtsjahr von Bobs großem Bruder ist auch eine ANNA-Zahl. Wie alt ist er?

f) Bob bastelt aus zwei ANNA-Zahlen Subtraktionsaufgaben, bei denen nur zwei verschiedene Ziffern auftauchen dürfen.
 – Baue nach diesem Muster fünf weitere Aufgaben und berechne die Differenz zwischen der größeren und der kleineren ANNA-Zahl.
 – Bei welcher von allen möglichen Aufgaben dieser Art ist die Differenz am größten?

$$2112 \qquad 3223$$
$$-1221 \qquad -2332$$

$$4224 \qquad 5335$$
$$-2442 \qquad -3553$$

3. Autotransporter

Wenn Neuwagen das Werk verlassen, werden sie per Lkw, Bahn, Binnenschiff oder Seeschiff transportiert. Von den Autowerken in Köln werden jedes Jahr 100 000 Autos mit dem Binnenschiff auf dem Rhein bis nach Rotterdam transportiert. Von dort werden die Autos dann auf Seeschiffe verladen und nach Übersee verschifft.

a) Ein Binnenschiff kann 550 Autos laden. Wie viele Fahrten sind erforderlich, um 100 000 Autos zu transportieren?

b) In den Seehäfen werden die Autos zunächst auf einem Parkplatz zwischengelagert. Schätze, wie viele Autos auf dem Bild zu sehen sind. Sind es etwa 20, 50, 200, 500, 2000 oder 5000?

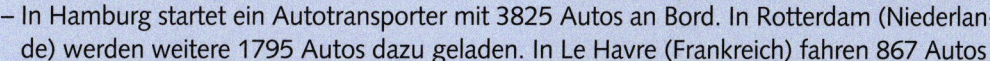

c) Dann fahren die Autos in den „Bauch" der riesigen Autotransporter. So ein Schiff kann mehrere tausend Autos transportieren.

– In Hamburg startet ein Autotransporter mit 3825 Autos an Bord. In Rotterdam (Niederlande) werden weitere 1795 Autos dazu geladen. In Le Havre (Frankreich) fahren 867 Autos von Bord, in Lissabon (Portugal) noch einmal 1365 Autos. Dann geht es weiter nach Valencia (Spanien). Mit wie vielen Autos an Bord kommt das Schiff in Valencia an?
– In Valencia werden wieder Autos an Bord genommen. Das Schiff startet dann mit 4200 Autos an Bord nach Shanghai (China). Wie viele Autos kamen in Valencia an Bord?

4. Streichholzspiele

Bei diesem Streichholzspiel gelten folgende Regeln:
• Auf beiden Seiten des grauen Spielfeldes liegen gleich viele Streichhölzer.
• Bei einer Aufgabe liegen in einer Streichholzschachtel stets gleich viele Streichhölzer.
Wie viele Hölzer liegen in der Streichholzschachtel?
Finde die Lösungen für die unten stehenden Aufgaben und notiere sie in einer Tabelle.

Nr.	linke Spielhälfte	rechte Spielhälfte
a)	▧ + ▧	6

a)
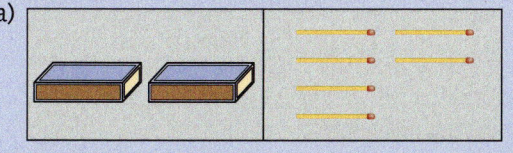

b)
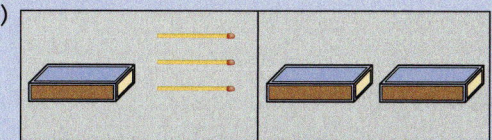

c)
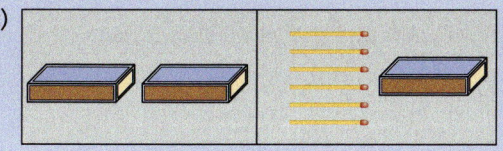

d)
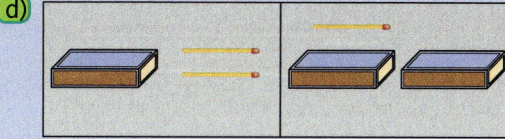

WISSEN · ANWENDEN · VERNETZEN

WAV

Rechteck und Quadrat

LVL **1.** Skizziere auf Karopapier die abgebauten Vorderflächen von Quader und Würfel. Kennzeichne jeweils gleich lange Seiten, zueinander parallele und senkrechte Seiten sowie rechte Winkel.

Die Flächen eines Quaders heißen **Rechtecke.** Gegenüberliegende Seiten eines Rechtecks sind gleich lang.

Die Flächen eines Würfels heißen **Quadrate.** Alle Seiten sind gleich lang.

Im Quadrat und Rechteck sind gegenüberliegende Seiten parallel zueinander. Benachbarte Seiten sind senkrecht zueinander; sie bilden einen **rechten Winkel** (⌐).

2. Zwei Karolängen sind 1 cm. Wie lang sind die Seiten
   a) des gezeichneten Rechtecks;
   b) des gezeichneten Quadrates?

3. Zeichne mit dem Lineal auf Karopapier:
   a) ein Quadrat mit 5 cm Seitenlänge;
   b) ein Rechteck mit Seitenlängen von 4 cm und 6 cm.

4. Ein Quader hat die Kantenlängen 3 cm, 4 cm und 5 cm. Wie viele verschiedene Seitenflächen gibt es? Zeichne von jeder Sorte eine auf Karopapier.

LVL **5.** Wo gibt es in deiner Umgebung rechteckige oder sogar quadratische Flächen? Nenne Beispiele.

6. Zeichne auf Karopapier (1 cm für 1 m) ein rechteckiges Rasenstück mit Seitenlängen von 8 m und 6 m und in der Mitte ein quadratisches Blumenbeet mit 3 m Seitenlänge. Die Seiten des Beetes sind parallel zu den Rasenkanten.

7. Zeichne mit einem Lineal (kein Geodreieck) auf Karopapier ein Quadrat, sodass keine seiner Seiten parallel zu Karolinien verläuft.

LVL **8.** a) „Würfel sind auch Quader, nämlich ganz besondere." Begründe, warum das richtig ist.
   b) Ist jedes Quadrat auch ein Rechteck? Begründe deine Meinung.
   c) Welche Aussagen stimmen?

   A: Rechtecke haben verschieden lange Seiten, Quadrate vier gleich lange Seiten.

   B: Quadrate sind Rechtecke mit vier gleich langen Seiten.

   C: Rechtecke mit mindestens drei gleich langen Seiten sind Quadrate.

Vermischte Aufgaben

1. Welche Körper haben die genannte Eigenschaft?
a) Er besitzt nur gerade Kanten. b) Er besitzt nur gebogene Kanten.
c) Er kann gerollt werden. d) Alle Flächen sind gleich.
e) Er hat nur Rechtecke als Flächen. f) In jeder Ecke treffen sich 3 Kanten.
g) Er hat 1 Ecke, 1 Kante, 2 Flächen. h) In einer Ecke treffen sich 4 Kanten.
i) Er hat 4 Dreiecksflächen. j) Er hat 2 Dreiecksflächen.
k) Er hat genau 3 Flächen. l) Er hat keine einzige Kante.
m) Er hat 9 Kanten. n) Er hat keine Ecke und drei Flächen.

2. Von wo blickt man in den Würfel, von vorne, hinten, rechts, links, …?

a)  b) 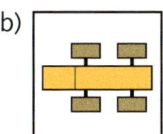 c)  d) 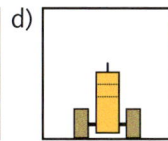 e)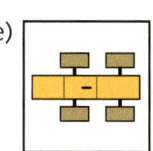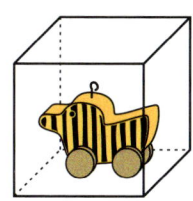

LVL 3. Man sagt „Würfel" oder „Kegel", aber stimmt das überhaupt? Notiere Gründe für deine Meinung.
a) Würfelzucker   b) Spielwürfel   c) Suppenwürfel   d) Lichtkegel   e) Kegelbahn

4. Aus dem Netz wird ein Würfel gefaltet. Notiere die Zahlenpaare der gegenüberliegenden Flächen.

a)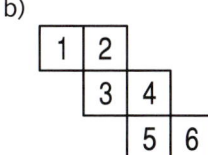
b)
c)
d)

TIPP

5. Lassen sich weitere Augenzahlen im Würfelnetz eintragen, sodass beim Falten ein Spielwürfel entsteht? Wenn ja, zeichne das Netz und trage die fehlenden Punkte ein. Wenn nein, begründe.

Gegenüberliegende Augenzahlen haben die Summe 7.

a) 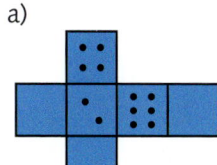 b) 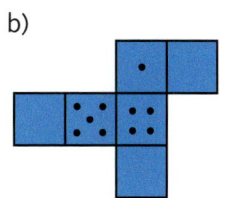 c) 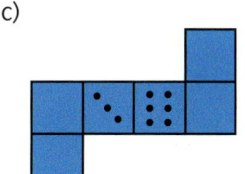 d)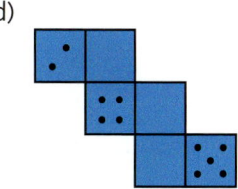

6. Eine quaderförmige Schachtel wird an den markierten Kanten zerschnitten und auseinander gefaltet. Zeichne das so entstehende Quadernetz auf Karopapier für die Kantenlängen 2 cm, 3 cm, 4 cm.

a)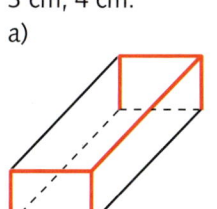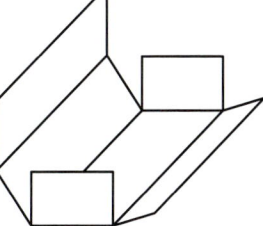
b)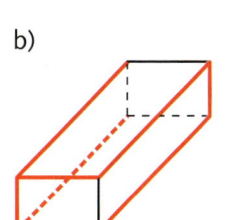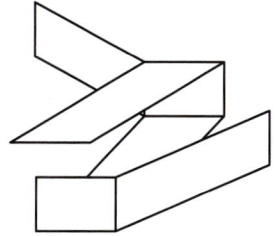

7. Welche der gekennzeichneten Linien sind lotrecht, welche sind waagerecht?

LVL **8.** Ist ein Blatt Briefpapier eine Fläche oder ein Körper? Überlege, sprich mit anderen, begründe.

9. Stell dir vor, du sollst aus einer Kartoffel mit einem Messer einen Körper mit ebenen Flächen schneiden. Wie oft musst du (mindestens) schneiden für
a) einen Würfel;   b) einen Quader;   c) ein Prisma;   d) eine Pyramide?

10. Beide Flächen gehören zu demselben Körper. Was für einer kann es sein?

a)   b)   c)

  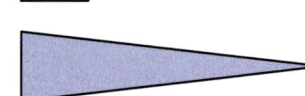

11. Welche Körper außer Würfel können quadratische Flächen haben und wie viele jeweils?

12. Aus einem Stück Draht sollen die Kanten für das Modell eines Körpers geschnitten werden.
Wie lang muss das ganze Stück Draht mindestens sein?
a) Würfel mit 5 cm   b) Quader mit 4 cm, 8 cm   c) Quader mit 6 cm, 6 cm
   Kantenlänge   und 3 cm Kantenlängen   und 4 cm Kantenlängen

13. Lisa sagt: „Jeder Würfel ist ein Quader, aber nicht jeder Quader ist ein Würfel." Stimmt das?

14. Prüfe für markierte Kanten: parallel oder senkrecht zueinander, waagerecht oder lotrecht?

a)   b)   c)

  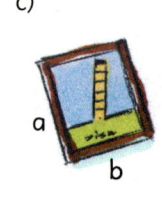 

15. Notiere alle Körperkanten, die zu der roten parallel sind, sowie alle, die zu ihr senkrecht sind.

a)   b)   c)   d)

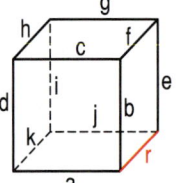 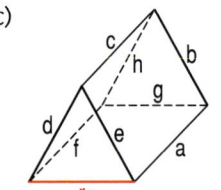 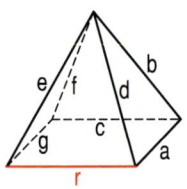

TESTEN · ÜBEN · VERGLEICHEN

TÜV

1. Lege eine Tabelle an und fülle sie aus.

Körper	Anzahl der		
	Flächen	Kanten	Ecken
Würfel			
Quader			

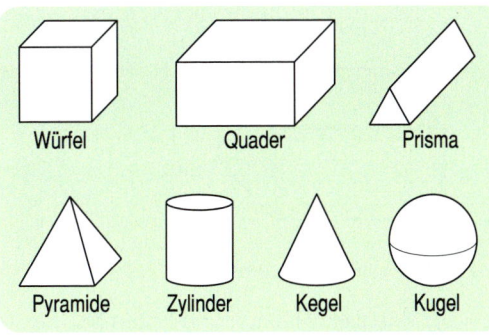

Würfel   Quader   Prisma

Pyramide   Zylinder   Kegel   Kugel

2. a) Welche Körper haben nur gerade Kanten?
  b) Welche Körper haben eine Ecke, in der
     4 Kanten aufeinanderstoßen?

3. Zeichne das Netz und prüfe, ob sich aus ihm
  ein Würfel falten lässt.

a)
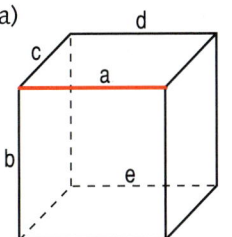

b)
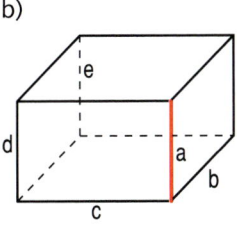

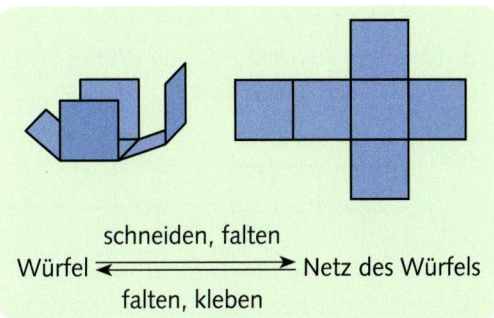

schneiden, falten

Würfel ⟷ Netz des Würfels

falten, kleben

4. Welche der bezeichneten Kanten sind senkrecht zur Kante a, welche sind parallel zu a?

a)
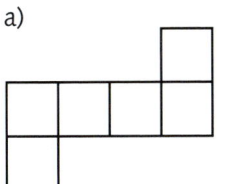

b)
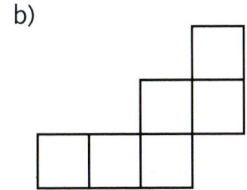

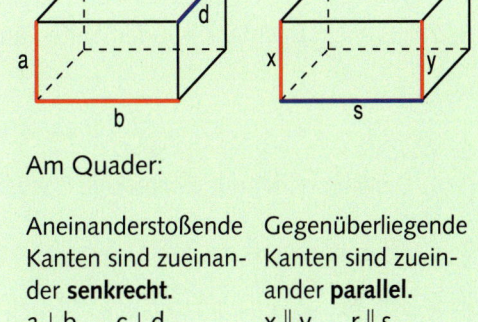

Am Quader:

Aneinanderstoßende Kanten sind zueinander **senkrecht**.
$a \perp b$ $c \perp d$

Gegenüberliegende Kanten sind zueinander **parallel**.
$x \parallel y$ $r \parallel s$

5.

a) Welche Linien sind waagerecht?
b) Welche Linien sind lotrecht?

lotrecht:
senkrecht zur
Erdoberfläche

waagerecht:
parallel zur
Erdoberfläche

l o t r e c h t

w a a g e r e c h t

6. Zeichne (auf Karopapier) ein Quadrat mit 4 cm
  Seitenlänge. Markiere zueinander parallele
  Seiten und alle rechten Winkel.

7. Wie viele quadratische Flächen hat ein Quader
  mit den Kantenlängen 4 cm, 6 cm und 4 cm?

8. Zeichne verschiedene Quadrate so, dass keine
  Seite auf den Karolinien verläuft.

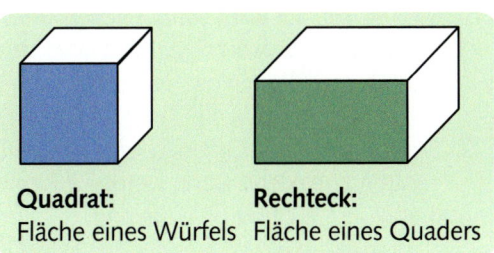

Quadrat:
Fläche eines Würfels

Rechteck:
Fläche eines Quaders

1. Wie heißt der Körper?

a) 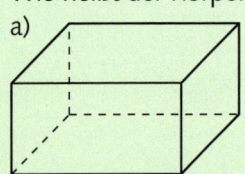 b) 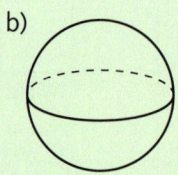 c) 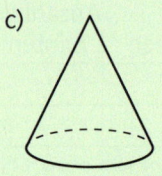 d)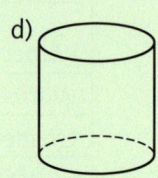

2. a) Wie viele Flächen und Kanten hat der Körper ①?

   b) Wie viele Flächen und Ecken hat der Körper ②?

① 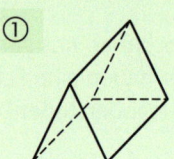 ②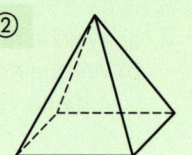

3. Lässt sich aus dem Netz ein Würfel falten?
Notiere „ja" oder „nein".

a) 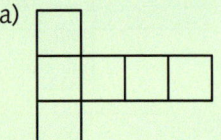 b) 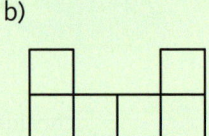 c) 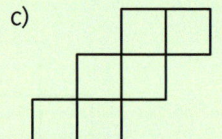 d)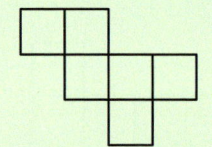

4. Welche der bezeichneten Kanten des Quaders sind senkrecht
zur Kante c, welche parallel zu c?
Schreibe in der Form   c ⊥ ▦   c ∥ ▦

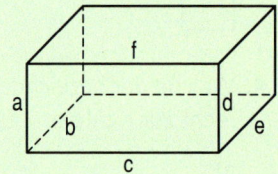

5. Zeichne ein Rechteck mit den Seitenlängen a = 5 cm und b = 3 cm.

6. Welcher Körper kann das sein?
a) Der Körper hat nur rechteckige Flächen.   b) Der Körper hat dreieckige und rechteckige Flächen.

7. Welcher Körper ist das?   a) Er hat nur zwei ebene Flächen.   b) Er hat nur eine einzige Fläche.

8. Aus einem Stück Draht sollen die Kanten für ein Quadermodell mit 4 cm, 6 cm und 8 cm Kantenlänge geschnitten werden. Wie lang muss der Draht mindestens sein?

9. Zeichne ein Netz eines Quaders mit den Kantenlängen 4 cm, 3 cm und 2 cm.

10. Das Würfelnetz ist mit der Grundfläche G festgeklebt.
Die anderen Flächen werden aufgefaltet zu einem Würfel.
Welche Fläche ist dann vorne, hinten, oben, rechts oder links?

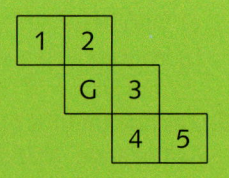

11. Stell dir vor, auf allen sechs Flächen eines Würfels wird je eine Pyramide
mit genau passender Grundfläche aufgesetzt. Wie viele Ecken,
Kanten und Flächen hat der Körper?

12. Stell dir vor, das Würfelnetz wird zum Würfel gefaltet und
zusammengeklebt. Dann werden zusammengeklebt
a und ▦;   c und ▦;   e und ▦;   n und ▦.

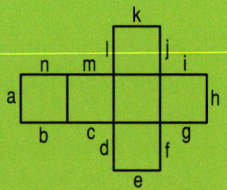

Multiplikation und Division

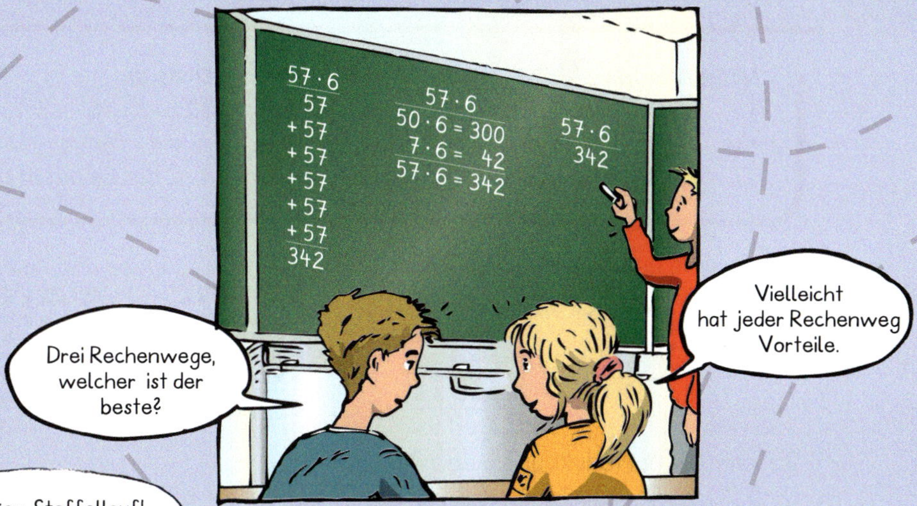

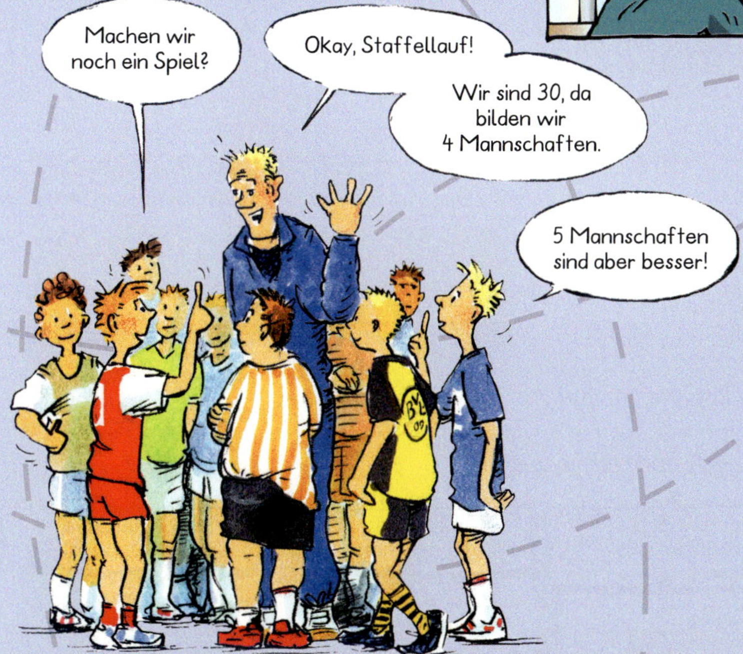

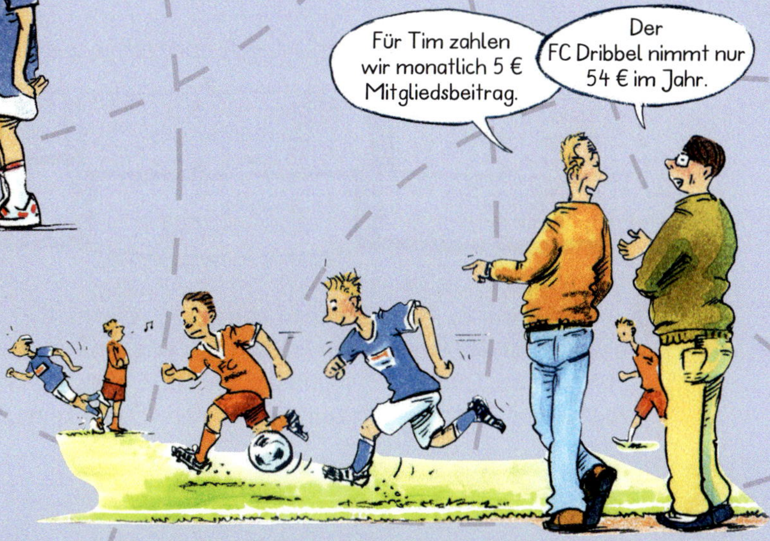

Multiplikation und Division

Multiplikation	**Division**
4 · 8 = 32	32 : 8 = 4
Faktor Faktor Produkt	*Dividend Divisor Quotient*
32 ist das **Produkt** der *Faktoren* 4 und 8.	4 ist der **Quotient** der Zahlen 32 und 8.

---

1. Wie viele Punkte sind es? Schreibe als Multiplikationsaufgabe und berechne.

a)  b) 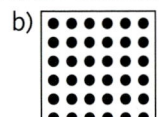 c) 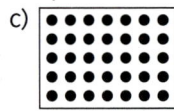 d) 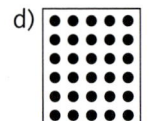 e)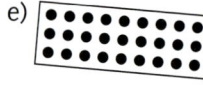

2. Schreibe als Produkt und berechne.

a) 7 + 7 + 7 + 7 + 7 + 7   b) 3 + 3 + 3   c) 8 + 8 + 8 + 8 + 8   d) 6 + 6 + 6 + 6 + 6 + 6 + 6 + 6

e) 5 + 5 + 5 + 5 + 5   f) 9 + 9 + 9 + 9   g) 4 + 4 + 4 + 4 + 4 + 4   h) 7 + 7 + 7 + 7 + 7 + 7 + 7

3. Berechne die Produkte.

a) 3 · 6	b) 4 · 8	c) 8 · 3	d) 6 · 6	e) 3 · 9	f) 5 · 8	g) 6 · 7	h) 7 · 8
5 · 7	2 · 9	7 · 3	9 · 6	7 · 9	9 · 4	8 · 9	4 · 9

4. Berechne die Quotienten.

a) 25 : 5	b) 49 : 7	c) 32 : 8	d) 64 : 8	e) 45 : 9	f) 28 : 4	g) 81 : 9	h) 56 : 7
16 : 4	54 : 6	27 : 3	48 : 6	63 : 7	72 : 9	40 : 5	42 : 6

LVL **5.** Fragt euch gegenseitig die neuen Begriffe anhand von eigenen Beispielen ab.

6. Schreibe die Rechenaufgaben ins Heft und rechne aus.

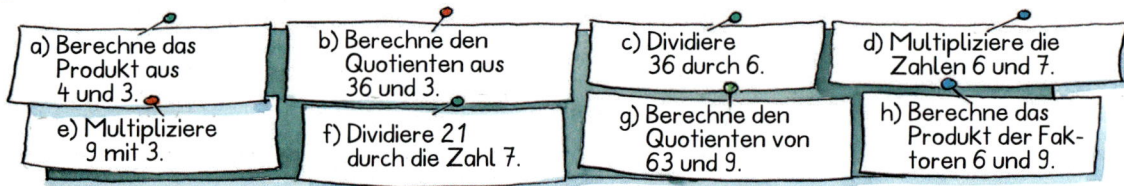

a) Berechne das Produkt aus 4 und 3.

b) Berechne den Quotienten aus 36 und 3.

c) Dividiere 36 durch 6.

d) Multipliziere die Zahlen 6 und 7.

e) Multipliziere 9 mit 3.

f) Dividiere 21 durch die Zahl 7.

g) Berechne den Quotienten von 63 und 9.

h) Berechne das Produkt der Faktoren 6 und 9.

7. a) Der Divisor ist 7, der Dividend beträgt 56. Wie groß ist der Quotient?

b) Das Produkt lautet 60, ein Faktor ist 3. Wie groß ist der zweite Faktor?

c) Wenn der Quotient 9 ist und der Divisor 4, welchen Wert hat dann der Dividend?

d) Welcher Divisor gehört zum Quotienten 15 und zum Dividend 75?

8. a) Im Videoraum des Museums sind 7 Reihen zu je 9 Sitzplätzen. Wie viele Plätze sind es?
b) Im Lager stehen 6 Reihen zu je 8 Kisten Äpfeln. Wie viele Kisten sind es?
c) Beim Staffellauf starten 7 Mannschaften mit je 4 Kindern. Wie viele Kinder nehmen teil?
d) Auf dem Backblech liegen 8 Reihen zu je 9 Plätzchen. Wie viele sind es?

9. a) Verdopple die Zahl 60.
b) Dividiere 56 durch 8.
c) Bilde das Produkt aus 8 und 9.
d) Berechne das Dreifache von 25.
e) Multipliziere die Zahlen 6 und 7.
f) Verdreifache die Zahl 21.

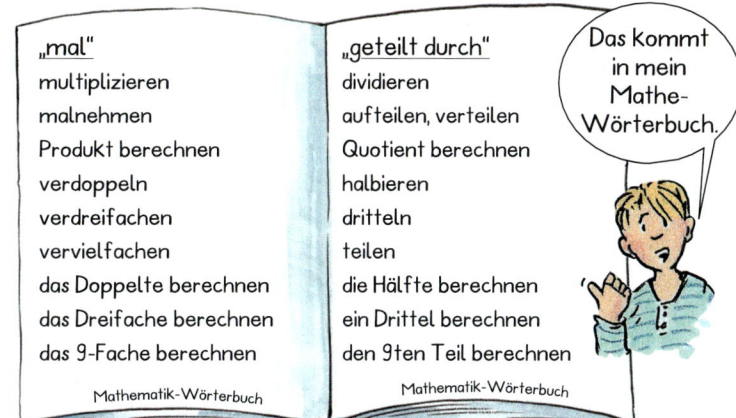

„mal"	„geteilt durch"
multiplizieren	dividieren
malnehmen	aufteilen, verteilen
Produkt berechnen	Quotient berechnen
verdoppeln	halbieren
verdreifachen	dritteln
vervielfachen	teilen
das Doppelte berechnen	die Hälfte berechnen
das Dreifache berechnen	ein Drittel berechnen
das 9-Fache berechnen	den 9ten Teil berechnen
Mathematik-Wörterbuch	Mathematik-Wörterbuch

Das kommt in mein Mathe-Wörterbuch.

10. a) Berechne den Quotienten aus 48 und 6.
b) Berechne ein Viertel von 36.
c) Wie groß ist der 10. Teil von 80?
d) Halbiere die Zahl 52.
e) Berechne das 10-Fache von 7.
f) Teile 400 durch 25.

11. Wie viele sind es? Schreibe als Rechenaufgabe und rechne aus.
a) Benjamin hat 200 Sticker. Seine Schwester Anna besitzt doppelt so viele.
b) In Julias Klasse sind 27 Kinder. Ein Drittel davon fährt mit dem Bus zur Schule.
c) Indra hat 24 Modellautos. Den vierten Teil davon schenkt sie ihrem kleinen Bruder.
d) Auf einer Maxi-Single sind 4 Titel. Eine Doppel-CD hat 9-mal so viele.
e) Unter 4 Spielern werden 32 Spielkarten gleichmäßig aufgeteilt.
f) Timo möchte sich eine CD für 18 € kaufen. Seine Mutter sagt: „Ich gebe dir die Hälfte."
g) Christina ist 9 Jahre alt. Ihre Mutter ist viermal so alt.
h) Claudia bekommt im Monat 20 € Taschengeld. Ein Fünftel davon gibt sie für Süßigkeiten aus.

12. Übertrage ins Heft und fülle die freien Felder aus.

■ · ■ = ■

a)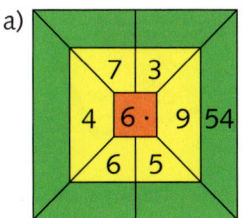
b)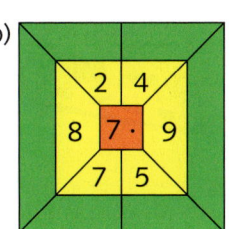
c)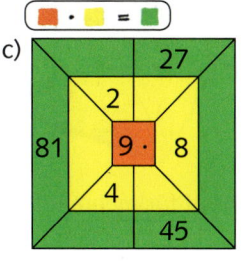
d)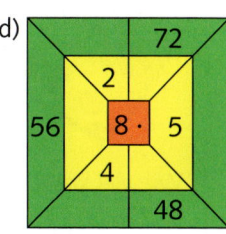

13. a) $480 : 6 = ■$
e) $■ : 8 = 30$
i) $720 : 8 = ■$
b) $160 : ■ = 8$
f) $■ : 4 = 75$
j) $450 : ■ = 9$
c) $■ : 50 = 7$
g) $360 : ■ = 4$
k) $560 : 70 = ■$
d) $819 : 9 = ■$
h) $■ : 7 = 62$
l) $273 : ■ = 3$

14. Denke dir zu jeder Rechnung eine Textaufgabe aus, deren Lösung das freie Feld ist.
a) $3 · 4 = ■$
b) $36 : 6 = ■$
c) $5 · ■ = 35$
d) $■ : 9 = 3$

LVL **15.** Überlege und begründe:
a) Welche besonderen Eigenschaften haben Null und Eins bei Multiplikation und Division?
b) Warum gibt es kein Ergebnis für Divisionen wie 5 : 0 oder 0 : 0?

Durch Null kann man nicht dividieren!

Großes Einmaleins

LVL
1. Denk dir eine passende Aufgabe aus und präsentiere sie der Klasse.

2. a) 5 · 13   b) 7 · 12   c) 2 · 19   d) 4 · 16   e) 8 · 13
     3 · 18   3 · 14   5 · 17   6 · 15   6 · 18

3. Ordne die Ergebnisse der Größe nach, das Kleinste zuerst, und du bist schnell am Ziel.

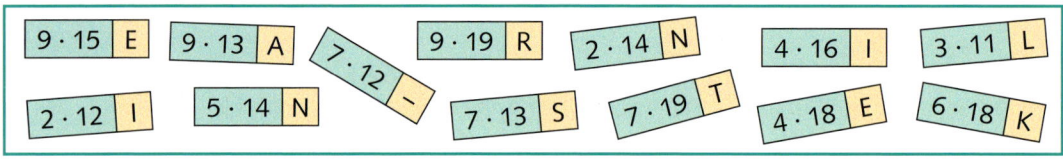

9 · 15 E   9 · 13 A   7 · 12 -   9 · 19 R   2 · 14 N   4 · 16 I   3 · 11 L

2 · 12 I   5 · 14 N   7 · 13 S   7 · 19 T   4 · 18 E   6 · 18 K

4. a) Am Fußballturnier des SC Winterberg nehmen 8 Mannschaften teil. Jede Mannschaft tritt mit 13 Spielern an. Wie viele Spieler sind am Turnier beteiligt?
b) Ein Band Ponygeschichten kostet 17 €. Kirsten möchte 4 Bände kaufen. Wie teuer ist das?

5.

Wie viel kostet der Eintritt für mehrere Personen?
a) Zirkus: 4 Pers.   b) Zoo: 5 Pers.   c) Kino: 8 Pers.   d) Freizeitpark: 7 Pers.
e) Kino: 3 Pers.   f) Freizeitpark: 4 Pers.   g) Zoo: 6 Pers.   h) Zirkus: 9 Pers.

6. a) ■ · 12 = 72   b) ■ · 15 = 75   c) ■ · 18 = 54   d) ■ · 16 = 128
     ■ · 15 = 105   ■ · 13 = 52   ■ · 14 = 28   ■ · 17 = 153

7. a) Eine Blumenhändlerin hat einen Bund mit 120 Rosen. Wie viele Sträuße mit jeweils 15 Rosen kann sie binden?
b) Am Eishockeyturnier nehmen 6 Mannschaften teil. Alle haben dieselbe Anzahl Spieler. Insgesamt sind es 90 Spieler.

8. Im Supermarkt gibt es Tierkarten zum Sammeln. Für je 5 € Einkaufswert gibt es eine Tüte mit 3 Sammelkarten. Familie Bensch macht am Samstag ihren Wocheneinkauf. Die Rechnung ist 125 € hoch. Wie viele neue Sammelkarten bekommt Tochter Linda?

Quadratzahlen

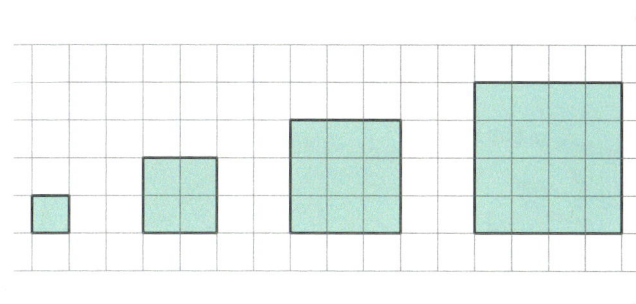

LVL **1.** Besprecht in Partnerarbeit das Bild und beantwortet die Fragen.

> Multipliziert man eine Zahl mit sich selbst, so nennt man das Ergebnis **Quadratzahl.**
>
> Beispiel: **16** ist die **Quadratzahl von 4,** denn $4 \cdot 4 = 16$.
>
> Man schreibt auch: $4 \cdot 4 = 4^2$ und spricht: *„vier hoch zwei"* oder *„vier Quadrat".*

2. Zeichne in dein Heft mindestens 3 verschieden große Quadrate. Zeichne sie genau auf Kästchenlinien. Aus wie vielen Kästchen bestehen deine Quadrate? Schreibe die Zahlen in die Quadrate.

3. Gibt es Quadrate mit so vielen Kästchen?
a) 12 Kästchen   b) 25 Kästchen   c) 49 Kästchen   d) 55 Kästchen   e) 64 Kästchen

4. Schreibe in dein Heft. Ergänze die fehlenden Quadratzahlen.
a) $1 \cdot 1 = 1^2 = 1$ $2 \cdot 2 = 2^2 = \blacksquare$ …………… $10 \cdot 10 = 10^2 = 100$
b) $11 \cdot 11 = 11^2 = 121$ $12 \cdot 12 = 12^2 = \blacksquare$ …………… $20 \cdot 20 = 20^2 = 400$

5. Corinna und Melanie wollen alle Quadratzahlen bis 100 legen.
a) Welche Ziffern brauchen sie gar nicht?
b) Welche Ziffern brauchen sie mehrfach?

6. Zwischen welchen zwei Quadratzahlen liegt das Ergebnis der Multiplikationsaufgabe?
a) $3 \cdot 4$ b) $8 \cdot 9$ c) $4 \cdot 5$ d) $9 \cdot 10$
e) $7 \cdot 8$ f) $5 \cdot 6$ g) $10 \cdot 11$ h) $6 \cdot 7$

7. a) $100 = \blacksquare^2$ b) $36 = \blacksquare^2$ c) $49 = \blacksquare^2$ d) $400 = \blacksquare^2$ e) $10\,000 = \blacksquare^2$
f) $169 = \blacksquare^2$ g) $225 = \blacksquare^2$ h) $324 = \blacksquare^2$ i) $256 = \blacksquare^2$ j) $12\,100 = \blacksquare^2$

LVL **8.** Das Quadrat einer Zahl ist gleich dem Doppelten dieser Zahl. Welche Zahl kann es sein?

LVL **9.** Schreibe ab und ergänze drei passende Zahlen.
a) 1, 2, 5, 10, 17, 26, 37, …   b) 0, 3, 8, 15, 24, …   c) 8 100, 10 000, 12 100, 14 400, …

LVL **10.** Francesco hat sich genauer mit dem Thema Quadratzahlen befasst und gelesen, dass sich jede natürliche Zahl als Summe von höchstens 4 Quadratzahlen schreiben lässt. Er überprüft dies an den Zahlen 50 bis 60. Das kannst du auch, notiere dein Ergebnis.

Kopfrechnen mit Zehnern, Hundertern und Tausendern

LVL **1.** Jan meint, die Zwischensummen kann er schnell berechnen. Wie macht er das wohl?

Eine Zahl wird mit 10, 100 oder 1000 multipliziert, indem man 1, 2 oder 3 Nullen anhängt.

$7 \cdot 10 = 70$ $7 \cdot 100 = 700$ $7 \cdot 1000 = 7000$

Z	E
	7

$\cdot 10$

| 7 | 0 |

H	Z	E
		7

$\cdot 100$

| 7 | 0 | 0 |

T	H	Z	E
			7

$\cdot 1000$

| 7 | 0 | 0 | 0 |

Eine Zahl wird durch 10, 100 oder 1000 dividiert, indem man 1, 2 oder 3 Endnullen weglässt.

$3000 : 10 = 300$ $3000 : 100 = 30$ $3000 : 1000 = 3$

T	H	Z	E
3	0	0	0

$: 10$

| 3 | 0 | 0 |

T	H	Z	E
3	0	0	0

$: 100$

| 3 | 0 |

T	H	Z	E
3	0	0	0

$: 1000$

| 3 |

2. Multipliziere jede Zahl mit 10, 100 und 1000.

   a) 4   b) 18   c) 30   d) 92   e) 300   f) 240   g) 547

3. Dividiere jede Zahl durch 10, 100 und 1000.

   a) 8000   b) 2000   c) 90000   d) 74000   e) 46000   f) 300000   g) 472000

4. Berechne ein Zehntel (den zehnten Teil).

   a) 60   b) 520   c) 780   d) 500   e) 7300   f) 5000   g) 12500

5. Schreibe das Ergebnis in Ziffern und in Worten.

   a) $700 \cdot 100$ b) $600 \cdot 1000$ c) $3000 \cdot 1000$ d) $90000 \cdot 10000$

   e) $55 \cdot 1000$ f) $780 \cdot 1000$ g) $4200 \cdot 1000$ h) $7000 \cdot 100000$

6. a) $800 : \blacksquare = 8$ b) $700 \cdot \blacksquare = 7000$ c) $30000 : \blacksquare = 300$ d) $400 \cdot \blacksquare = 40000$

   e) $\blacksquare : 100 = 25$ f) $\blacksquare \cdot 10 = 20000$ g) $\blacksquare : 1000 = 70$ h) $\blacksquare \cdot 1000 = 30000$

   i) $\blacksquare : 9 = 100$ j) $20 \cdot \blacksquare = 200$ k) $\blacksquare : 600 = 100$ l) $500 \cdot \blacksquare = 5000$

7. Multipliziere schrittweise.

   a) $3 \cdot 40$ b) $9 \cdot 200$ c) $60 \cdot 50$ d) $80 \cdot 30$

   e) $7 \cdot 300$ f) $8 \cdot 30$ g) $40 \cdot 400$ h) $50 \cdot 300$

   i) $12 \cdot 12000$ j) $15 \cdot 15000$ k) $110 \cdot 1100$ l) $1400 \cdot 9000$

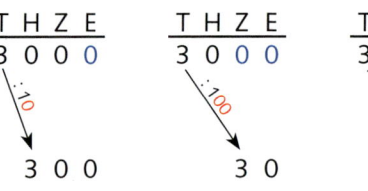

8. Dividiere schrittweise.

   a) $2400 : 80$ b) $3600 : 200$ c) $6300 : 90$

   d) $3500 : 70$ e) $8100 : 900$ f) $45000 : 50$

   g) $16900 : 130$ h) $25600 : 1600$ i) $37500 : 150$

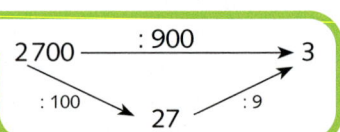

Operatoren

Berechne das Produkt aus 27 und 105. Dividiere anschließend das Ergebnis durch 27.

LVL **1.** Stellt in Partnerarbeit die Aufgabe mit Operatoren dar. Besprecht die Lösung der Aufgabe.

Die Division ist die Umkehrung der Multiplikation und die Multiplikation die Umkehrung der Division.

$$5 \xrightleftharpoons[: 3]{\cdot 3} 15 \qquad 27 \xrightleftharpoons[\cdot 9]{: 9} 3$$

2. Bestimme zuerst den Umkehroperator und dann die gesuchte Zahl.

a) ▩ $\xrightleftharpoons{\cdot 5}$ 35   b) ▩ $\xrightleftharpoons{: 8}$ 4   c) ▩ $\xrightleftharpoons{\cdot 7}$ 49   d) ▩ $\xrightleftharpoons{\cdot 3}$ 36

3. Löse mit den Umkehroperatoren.

a) ▩ $\xrightarrow{\cdot 2}$ ▩ $\xrightarrow{\cdot 8}$ 48   b) ▩ $\xrightarrow{: 9}$ ▩ $\xrightarrow{: 3}$ 3

c) ▩ $\xrightarrow{\cdot 2}$ ▩ $\xrightarrow{\cdot 3}$ 24   d) ▩ $\xrightarrow{: 7}$ ▩ $\xrightarrow{: 5}$ 2

e) ▩ $\xrightarrow{\cdot 4}$ ▩ $\xrightarrow{\cdot 5}$ 100   f) ▩ $\xrightarrow{: 3}$ ▩ $\xrightarrow{: 2}$ 25

▩ $\xrightarrow{\cdot 4}$ ▩ $\xrightarrow{\cdot 8}$ 64
▩ $\xrightarrow{\cdot 4}$ 8 $\xleftarrow{: 8}$ 64
2 $\xleftarrow{: 4}$ 8 $\xleftarrow{: 8}$ 64

4. Wie heißt die gesuchte Zahl? Schreibe zuerst mit Operatoren.

a) ▩ · 4 = 16   b) ▩ : 4 = 19   c) ▩ : 5 = 25
d) ▩ · 18 = 54   e) ▩ : 12 = 6   f) ▩ : 8 = 7
g) ▩ · 16 = 144   h) ▩ : 7 = 15   i) ▩ : 17 = 119

▩ · 12 = 48
▩ $\xrightleftharpoons[: 12]{\cdot 12}$ 48
4 · 12 = 48

5. Schreibe mit Gleichheitszeichen und bestimme die Zahl.

a) Das 3-Fache einer Zahl ist 210.
b) Der 8-te Teil einer Zahl ist 9.
c) Der 5-te Teil einer Zahl ist 7.

Das 5-Fache einer Zahl ist 130.
▩ · 5 = 130

6. Wie heißt die gesuchte Zahl? Löse mit dem Umkehroperator.

a) Wenn man die gesuchte Zahl verdoppelt, erhält man 18.
b) Der sechste Teil der gesuchten Zahl ist 4.
c) Multipliziert man die gesuchte Zahl mit 7, erhält man 56.
d) Dividiert man die gesuchte Zahl durch 5, erhält man 9.
e) Das Dreifache der gesuchten Zahl ist 24.
f) Ein Viertel der gesuchten Zahl ist das 3-Fache von 3.
g) Das 8-Fache der gesuchten Zahl ist die Hälfte von 144.
h) Ein Neuntel der gesuchten Zahl ist ein Viertel von 60.
i) Die Hälfte vom Doppelten der Zahl ist 135.

Lösungen

BLEIB FIT!

Die Ergebnisse der Aufgaben 1 bis 8 ergeben drei in Deutschland heimische Tiere.

1. Berechne im Kopf.

a) 35 · 7   b) 13 · 6   c) 24 · 8
d) 19 · 5   e) 108 : 12   f) 123 : 3
g) 225 : 5   h) 2478 : 7

2. Welche Geraden sind parallel?

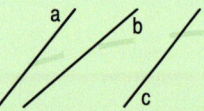

a ‖ b (10)
a ‖ c (20)
b ‖ c (30)

3. Kann man aus diesem Netz einen Quader falten?

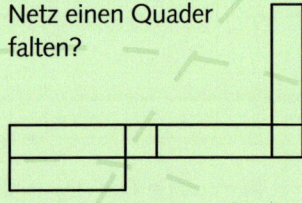

ja   (23)
nein (33)

4. Schreibe in Ziffern.

a) vierundvierzigtausendneunhundertsieben
b) zweitausendneunundachtzig
c) vierhundertsiebenundzwanzig

5. Runde auf den angegebenen Stellenwert.

a) 145 (auf Zehner)   b) 249 (auf Hunderter)
c) 550 (auf Hunderter)

6. Ordne die Kärtchen. Schreibe die Zahl mit Ziffern.

a) 5 T 2 Z 1 E 4 H   b) 9 H 0 Z 7 E 1 T

7. Schreibe richtig untereinander und berechne.

a) 235 + 75 + 23 +129   b) 346 + 25 + 123 + 13

8. Lies die Anzahl der Tore von Achim und Jan aus dem Säulendiagramm ab.

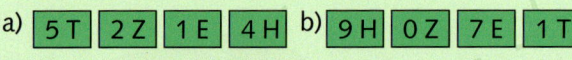

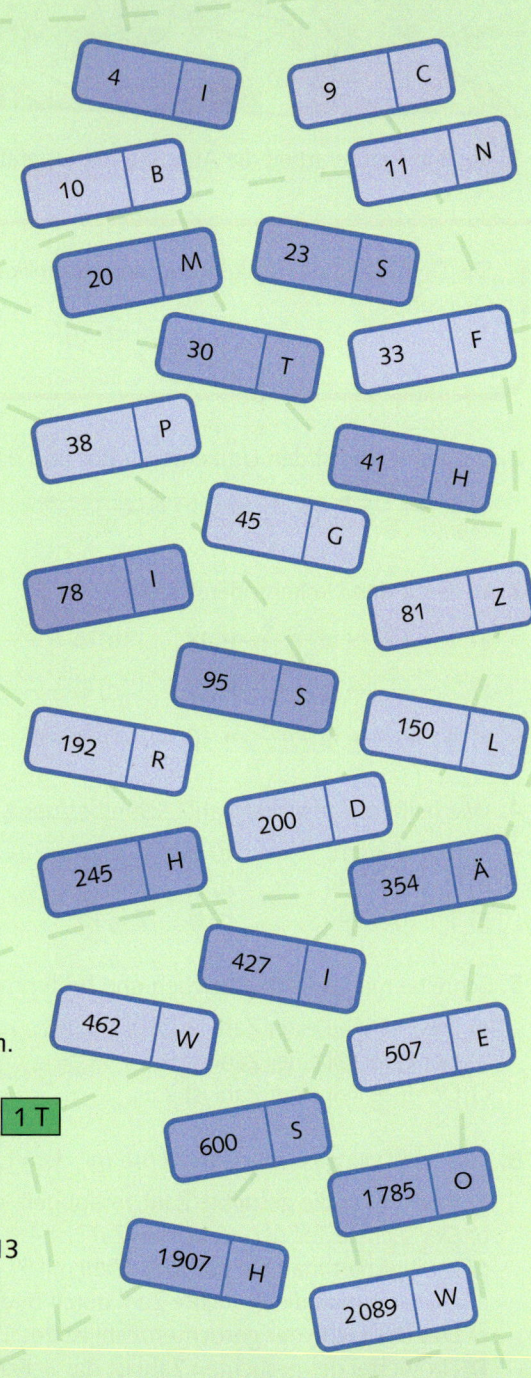

Halbschriftliches Multiplizieren

Kannst du das rechnen?

Ist ganz einfach.

$7 \cdot 40 = 280$

Halb im Kopf ...

$7 \cdot 3 = 21$

... halb geschrieben.

Beides addieren.

Beispiel
7 · 43
=

Beispiel
7 · 43
= 280 +

Beispiel
7 · 43
= 280 + 21

Beispiel
7 · 43
= 280 + 21
= 301

LVL

1. Gruppenarbeit: Erklärt euch anhand der Bildfolge das halbschriftliche Multiplizieren. Das älteste Mitglied der Gruppe stellt den anderen eine passende Aufgabe. Löst sie schrittweise.

2. Rechne halbschriftlich wie oben im Comic.

a) 3 · 36	b) 4 · 53	c) 4 · 89	d) 8 · 33	e) 5 · 83	f) 7 · 38
2 · 59	6 · 48	3 · 77	9 · 37	6 · 47	9 · 43
4 · 26	5 · 69	7 · 28	4 · 68	3 · 94	4 · 74

3. 53 Schülerinnen und Schüler der 5. Klassen der Lonseeschule fahren zusammen zum Münster nach Ulm.
   a) Für die Fahrt zahlt jeder Schüler 3 €. Wie viel € sind es für alle zusammen?
   b) Eine Besteigung des Kirchturms kostet pro Person 2 €. Wie viel € sind insgesamt zu zahlen?
   c) Herr Rösler spendiert den 26 Schülerinnen und Schülern seiner Klasse einen Eisbecher zu 3 €. Wie viel zahlt er?

4. Ein Kegelklub fährt mit 8 Personen nach Heidelberg. Bezahlt wird aus der Kegelkasse. Wie viel € sind jeweils zu zahlen?
   a) Eine Stadtrundfahrt kostet 15 € pro Person.
   b) Eine Theaterkarte kostet 34 €.
   c) Ein Ausflug nach Ladenburg kostet für eine Person 16 €.

5. Rechne halbschriftlich auch mit Hunderterzahlen.

a) 3 · 247	b) 8 · 271	c) 5 · 342	d) 8 · 423	e) 6 · 472	f) 7 · 323
4 · 283	6 · 325	7 · 382	4 · 644	5 · 362	8 · 217

6. Ordne jeder Aufgabe einen Buchstaben zu. Du erhältst einen angenehmen Schultag.

6 · 522	3 · 320	4 · 213	8 · 761	7 · 314	4 · 826	3 · 937	7 · 777	4 · 434

5439 A	2198 E	3132 W	6088 D	1736 G	852 N	960 A	2811 T	3304 R

LVL **7.** Herr Nölle plant mit seinen beiden Kindern 2 Urlaubswochen und hat sich einige Angebote besorgt. Stelle zwei Fragen und gib die Lösungen dazu an.

Camping Edelweiß
Wohnung: 27 € pro Tag

Ferienanlage Enzian
Wohnung: 43 € pro Tag

Sporthotel Alpenblick
Wohnung: 69 € pro Tag

Rechenregeln

$$48 : (17 - 9) = 48 : 8 = 6 \qquad 81 : 9 + 5 \cdot 7 = 9 + 35 = 44 \qquad 64 - 40 - 7 = 24 - 7 = 17$$

 1. Notiere die Beispielaufgaben im Heft und unterstreiche jeweils den Rechenschritt, der zuerst ausgeführt wurde. Ergänze drei eigene Beispiele.

Was in Klammern steht, wird zuerst berechnet. | Punktrechnung (· und :) geht vor Strichrechnung (+ und −). | Sonst wird von links nach rechts gerechnet.

2. a) $4 \cdot (13 + 7)$ b) $5 \cdot (33 - 27)$ c) $64 : (6 + 2)$ d) $60 : (49 - 29)$ e) $24 : (8 + 4)$
f) $7 \cdot (32 + 68)$ g) $7 \cdot (65 - 56)$ h) $100 : (26 + 24)$ i) $800 : (26 - 18)$ j) $200 : (68 - 18)$

3. a) $(7 + 8) \cdot (12 + 8)$ b) $(23 - 19) \cdot (38 - 26)$ c) $(21 + 27) : (17 - 9)$
d) $(23 + 27) \cdot (22 - 18)$ e) $(42 - 34) \cdot (25 + 15)$ f) $(64 - 8) : (23 - 16)$

4. a) 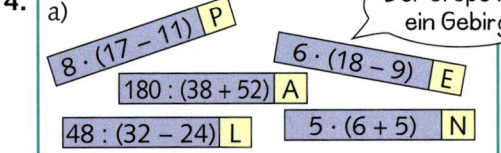   *Der Größe nach ein Gebirge.*   b)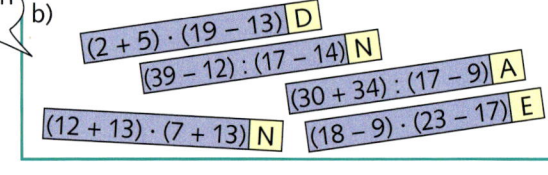

5. a) $38 + 5 \cdot 9$ b) $95 - 5 \cdot 7$ c) $42 + 64 : 8$ d) $85 - 36 : 6$ e) $34 + 5 \cdot 7$
f) $8 \cdot 9 + 3 \cdot 8$ g) $8 \cdot 6 - 5 \cdot 5$ h) $54 : 6 + 42 : 7$ i) $72 : 9 - 42 : 6$ j) $7 \cdot 8 - 5 \cdot 7$

6. a) 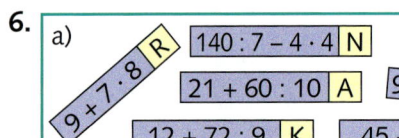   *Der Größe nach ein Fluß.*   b)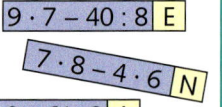

7. a) $120 - 60 - 12$ b) $56 : 8 \cdot 9$ c) $3 \cdot 12 : 9$ d) $78 + 22 - 39$ e) $180 - 90 - 17$
f) $48 : 6 \cdot 4$ g) $80 - 26 - 30$ h) $28 + 22 - 39$ i) $4 \cdot 14 : 8$ j) $49 : 7 \cdot 14$

8. a) $14 + 3 \cdot (18 - 11)$ b) $(35 - 14) + 6 \cdot (19 - 12)$
c) $15 - 48 : (32 - 26)$ d) $56 : 7 - (13 - 8)$
e) $13 + 84 : (12 - 5)$ f) $(76 + 24) : 5 + 3 \cdot 8$
g) $87 - 5 \cdot (34 - 22)$ h) $3 \cdot (7 \cdot 9 - 6 \cdot 8)$

$$15 + 36 : (15 - 3)$$
$$= 15 + 36 : 12$$
$$= 15 + 3 = 18$$

 9. Mit welchen Rechenzeichen wird das Ergebnis von 40 ▪ 8 ▪ 2 möglichst groß (möglichst klein)?

10. Hier hat das „Klammer-Monster" Klammern entfernt. Setze sie wieder so, dass es stimmt.
a) $5 \cdot 4 + 3 \cdot 2 - 1 = 69$ f   b) $48 : 6 - 3 : 1 + 3 = 4$ f   c) $77 - 2 : 15 : 5 - 8 \cdot 3 = 1$ f
$12 \cdot 9 - 6 : 3 + 1 = 9$ f $12 + 8 \cdot 9 - 24 : 6 = 100$ f $18 + 7 \cdot 5 - 3 + 8 \cdot 7 = 88$ f

11. Überlege, probiere und notiere. Kannst du jede Zahl von 0 bis 10 mit +, −, ·, : und genau vier Vieren darstellen? Beispiel: $0 = 44 - 44$ oder $0 = 4 : 4 - 4 : 4$.

Vorteilhaftes Rechnen

Vertauschen	Ausklammern	Ausmultiplizieren

$$5 \cdot 6 \cdot 2 \qquad 5 \cdot 6 \cdot 2 \qquad\qquad 3 \cdot 6 + 2 \cdot 6 \qquad 3 \cdot 6 + 2 \cdot 6 \qquad\qquad (4 + 2) \cdot 15 \qquad (4 + 2) \cdot 15$$
$$= 30 \cdot 2 \qquad = 5 \cdot 2 \cdot 6 \qquad = 18 + 12 \qquad = (3 + 2) \cdot 6 \qquad = 6 \cdot 15 \qquad = 4 \cdot 15 + 2 \cdot 15$$
$$= 60 \qquad = 10 \cdot 6 = 60 \qquad = 30 \qquad = 5 \cdot 6 = 30 \qquad = 90 \qquad = 60 + 30 = 90$$

LVL

1. a) Besprecht in der Gruppe, welche Rechenwege im Kasten zu welcher Sachsituation oben passen.
b) Erklärt euch gegenseitig, für welche Rechenschritte die Bezeichnungen Vertauschen, Ausklammern und Ausmultiplizieren verwendet werden.

TIPP

$2 \cdot 5 = 10$
$4 \cdot 25 = 100$
$8 \cdot 125 = 1000$

2. a) $2 \cdot 5 \cdot 39$ b) $4 \cdot 25 \cdot 19$ c) $125 \cdot 14 \cdot 8$ d) $20 \cdot 47 \cdot 5$
$58 \cdot 5 \cdot 2$ $32 \cdot 25 \cdot 4$ $8 \cdot 19 \cdot 125$ $5 \cdot 31 \cdot 4$
$67 \cdot 2 \cdot 5$ $18 \cdot 8 \cdot 25$ $125 \cdot 31 \cdot 8$ $50 \cdot 8 \cdot 20$

3. Rechne auf zwei verschiedene Arten (ohne und mit Ausklammern).
a) $5 \cdot 3 + 7 \cdot 3$ b) $5 \cdot 8 + 4 \cdot 8$ c) $13 \cdot 5 - 3 \cdot 5$ d) $20 \cdot 6 - 11 \cdot 6$
e) $6 \cdot 7 + 5 \cdot 7$ f) $15 \cdot 6 + 5 \cdot 6$ g) $12 \cdot 9 - 3 \cdot 9$ h) $15 \cdot 4 - 5 \cdot 4$

4. Rechne auf zwei verschiedene Arten (ohne und mit Ausmultiplizieren).
a) $(7 + 8) \cdot 3$ b) $(12 + 8) \cdot 7$ c) $(9 - 7) \cdot 11$ d) $(16 - 6) \cdot 5$ e) $(8 + 9) \cdot 3$
f) $(9 + 6) \cdot 4$ g) $(5 + 3) \cdot 9$ h) $(8 - 6) \cdot 7$ i) $(20 - 8) \cdot 4$ j) $(17 - 2) \cdot 4$
k) $(4 + 8) \cdot 5$ l) $(3 + 12) \cdot 4$ m) $(9 - 5) \cdot 15$ n) $(18 - 7) \cdot 6$ o) $(13 + 8) \cdot 5$

5. Wähle den leichteren Rechenweg.
a) $20 \cdot 3 + 9 \cdot 3$ b) $28 \cdot 14 + 12 \cdot 14$ c) $28 \cdot 13 - 26 \cdot 13$ d) $80 \cdot 8 - 12 \cdot 8$
$16 \cdot 7 + 14 \cdot 7$ $30 \cdot 12 + 7 \cdot 12$ $20 \cdot 17 - 3 \cdot 17$ $13 \cdot 15 - 11 \cdot 15$
$4 \cdot 8 + 9 \cdot 8$ $16 \cdot 13 + 14 \cdot 13$ $56 \cdot 16 - 54 \cdot 16$ $40 \cdot 7 - 15 \cdot 7$

6. Wähle den leichteren Rechenweg.
a) $(67 + 23) \cdot 8$ b) $(75 + 25) \cdot 13$ c) $(40 - 3) \cdot 7$ d) $(60 - 3) \cdot 4$ e) $(12 + 8) \cdot 7$
$(24 + 16) \cdot 7$ $(200 - 9) \cdot 5$ $(27 + 13) \cdot 8$ $(36 - 16) \cdot 9$ $(8 + 8) \cdot 7$
$(20 + 8) \cdot 9$ $(17 + 19) \cdot 2$ $(78 - 18) \cdot 6$ $(50 - 8) \cdot 7$ $(30 - 12) \cdot 5$

7. Suche dir einen möglichst geschickten Rechenweg.
a) $17 \cdot 50 + 2 \cdot 83 \cdot 25$ b) $28 \cdot 9 \cdot 2 - 3 \cdot 18 \cdot 6$ c) $28 \cdot 9 + 7 \cdot 8 \cdot 4 + 3 \cdot 28$
d) $(5 + 24) \cdot 7 - 12 \cdot 6 \cdot 2$ e) $6 \cdot 12 \cdot 15 + 5 \cdot 9 \cdot 8 \cdot 7$ f) $82 \cdot 17 + 3 \cdot 9 \cdot 6 + 18 \cdot 8$

Kopfrechentricks

Die beiden Aufgaben auf dieser Seite solltet ihr in Partnerarbeit oder in kleinen Gruppen von drei Kindern lösen.

Ihr dürft euch zur Lösung aller Aufgaben Notizen machen, aber nicht schriftlich rechnen und auch keinen Taschenrechner benutzen.

Stellt eure Überlegungen danach in der ganzen Klasse vor.

1. Rechts seht ihr Kinder aus 5. Klassen, die Rechenaufgaben gestellt bekommen, die man eigentlich nicht im Kopf lösen kann.

Die Kinder wenden aber in Gedanken mathematische Gesetzmäßigkeiten als Tricks an und können damit die Aufgaben im Kopf lösen.

a) Beschreibt mit Worten, welche Gesetzmäßigkeiten sie jeweils angewendet haben.

b) Denkt euch zu jedem Bild zwei Aufgaben aus, die mit einem gleichartigen Trick bei guter Konzentration im Kopf gelöst werden können.

2. „10!" wird „Zehn Fakultät" gesprochen und bedeutet das Produkt aus allen natürlichen Zahlen von 1 bis 10:
$$10! = 1 \cdot 2 \cdot 3 \cdot 4 \cdot 5 \cdot 6 \cdot 7 \cdot 8 \cdot 9 \cdot 10$$

a) Überschlagt im Kopf, wie viel 10! ungefähr ist. Benutzt dabei folgenden Hinweis: $7 \cdot 8 \cdot 9$ ist ungefähr 500.

b) Ein normaler Arbeitstag für Erwachsene hat rund 30 000 Sekunden. Begründet diese Angabe mit Kopfrechnen.

c) Angenommen, ihr wolltet alle natürlichen Zahlen von 1 bis 10! nacheinander aufsagen und brauchtet pro Zahlwort 5 Sekunden – wie viele Arbeitstage für Erwachsene (siehe Teilaufgabe b)) wärt ihr damit beschäftigt?

Rechengesetze

Assoziativgesetz
Beim Multiplizieren darf man beliebig Klammern setzen oder weglassen.

$$4 \cdot (5 \cdot 3) = (4 \cdot 5) \cdot 3$$
$$4 \cdot \; 15 \; = \; 20 \; \cdot 3$$

Kommutativgesetz
Beim Multiplizieren darf man die Faktoren vertauschen.

$$(4 \cdot 3) \cdot 5 = 5 \cdot (4 \cdot 3)$$
$$12 \; \cdot 5 = 5 \cdot \; 12$$

Distributivgesetz
Summen und Differenzen darf man gliedweise multiplizieren.

$$(8 + 4) \cdot 5 = 8 \cdot 5 + 4 \cdot 5$$
$$12 \; \cdot 5 = 40 \; + 20$$

Man darf Faktoren beliebig vertauschen und zusammenfassen.

 **1.** Gruppenarbeit: Jede Gruppe wählt eines der Gesetze und fertigt dazu ein Lernplakat. Achtet darauf, dass jedes Gesetz wenigstens einmal vorgestellt wird.

2. Vertausche und rechne geschickt.
a) $2 \cdot 7 \cdot 5 \cdot 8$ b) $4 \cdot 19 \cdot 2 \cdot 25$ c) $8 \cdot 12 \cdot 9 \cdot 125$ d) $20 \cdot 17 \cdot 5 \cdot 7$ e) $25 \cdot 8 \cdot 4 \cdot 15$
f) $5 \cdot 3 \cdot 9 \cdot 2$ g) $25 \cdot 17 \cdot 4 \cdot 3$ h) $7 \cdot 125 \cdot 13 \cdot 8$ i) $8 \cdot 5 \cdot 12 \cdot 20$ j) $16 \cdot 125 \cdot 2 \cdot 4$

3. Anja bekommt monatlich 10 € Taschengeld. Ihr kleiner Bruder Sven erhält 4 €.
a) Wie viel € bekommen sie in einem Jahr zusammen? Rechne auf zwei verschiedene Arten.
b) Wie viel € bekommt Anja in einem Jahr mehr als Sven? Rechne auf zwei verschiedene Arten.

4. Zerlege geschickt, damit du im Kopf rechnen kannst.
a) $25 \cdot 28$ b) $125 \cdot 48$ c) $25 \cdot 16$ d) $24 \cdot 25$ e) $32 \cdot 125$
f) $4 \cdot 75$ g) $56 \cdot 125$ h) $22 \cdot 50$ i) $12 \cdot 250$ j) $64 \cdot 250$
k) $16 \cdot 25$ l) $125 \cdot 64$ m) $125 \cdot 16$ n) $250 \cdot 24$ o) $125 \cdot 72$

TIPP
$$25 \cdot 44$$
$$= 25 \cdot 4 \cdot 11$$
$$= \; 100 \quad \cdot 11 = 1\,100$$

5. Rechne und vergleiche die Ergebnisse. Was stellst du fest? Formuliere selbst eine Regel.
a) $(8 + 14) : 2 \; ▉ \; 8 : 2 + 14 : 2$
b) $(77 - 14) : 7 \; ▉ \; 77 : 7 - 14 : 7$
c) $(36 + 12) : 4 \; ▉ \; 36 : 4 + 12 : 4$
d) $(81 - 18) : 9 \; ▉ \; 81 : 9 - 18 : 9$
e) $(75 + 25) : 5 \; ▉ \; 75 : 5 + 25 : 5$
f) $(54 - 12) : 6 \; ▉ \; 54 : 6 - 12 : 6$

6. a)

Vom kleinsten zum größten Ergebnis ein Fortbewegungsmittel.

b)

7. In jeder Rechnung wurde ein Fehler beim Anwenden der Rechengesetze gemacht.
Finde den Fehler und berichtige die Rechnung in deinem Heft.
a) $19 \cdot 40 + 32 \cdot 20 = 10 \cdot 20 + 9 \cdot 20 + 32 \cdot 20 = (10 + 9 + 32) \cdot 20 = 51 \cdot 20 = 1\,020$ f
b) $58 \cdot 3 + 4 \cdot 29 + 39 \cdot 58 = 29 \cdot 2 \cdot 3 + 4 \cdot 29$
$$= 29 \cdot (2 + 3 + 4) = 29 \cdot 7 = 30 \cdot 7 - 1 \cdot 7 = 203 \text{ f}$$
c) $100 + 29 \cdot 13 + 190 = 10 \cdot 10 + 10 \cdot 13 + 19 \cdot 13 + 19 \cdot 10$
$$= 10 \cdot (13 + 13 + 19 + 19) = 640 \text{ f}$$

LVL

Rechengeschichten

Notiere deinen Rechenweg mit Rechenzeichen und (falls nötig) mit Klammern und berechne das Ergebnis.

2. Für jedes von 25 Kindern sind 5 € Fahrtkosten und 4 € Eintritt zu zahlen.

3. Frau Dott kauft für jedes ihrer 4 Kinder 3 T-Shirts zum Preis von 5 € pro Stück.

1. Für jedes von 25 Kindern sind 4 € Eintritt zu zahlen. Zusätzlich kostet die Busmiete 35 €.

4. Herr Drop tauscht im Geschäft T-Shirts um, 3 für 6 € pro Stück gegen 3 für 8 € pro Stück.

5. Fünf Freunde gehen ins Kino (45 € für alle) und dann Pizza essen (30 €). Jeder zahlt den gleichen Teil.

6. Tim bezahlt im Buchladen 5 Taschenbücher zu je 9 € abzüglich eines Geschenkgutscheins von 30 €.

7. Jan will 4 Kinokarten zu je 7 € kaufen und freut sich, dass sie heute 2 € billiger sind als sonst.

8. Außer der Gruppeneintrittskarte für 50 € für den Erlebnispark sind noch 7 Einzelkarten zu je 3 € für die Delfinschau zu zahlen.

9. 6 Freunde bestellen beim „Pizza-Blitz" 3 Pizzas zu je 8 €. Die Kosten teilen sie gerecht.

Schreibe zu dem Rechenausdruck eine passende Aufgabe in der angedeuteten Sachsituation.

10. $5 \cdot (6 + 3)$
5 Freunde in einer Pizzeria ...

11. $4 \cdot 7 - 10$
Im Blumenladen mit 10 € Geschenkgutschein ...

12. $6 \cdot (16 - 4)$
4 € Preisnachlass im Erlebnispark ...

13. $100 - 25 \cdot 3$
25 Kinder besuchen ein Museum ...

14. $5 \cdot 7 \cdot 4$
Eine 4-köpfige Familie beim Fahrradverleih ...

15. $25 - 3 \cdot 4$
Maike hat 25 € und bezahlt ...

16. $44 + 12 \cdot 8$
Georg bekommt wöchentlich 8 € Taschengeld ...

17. $(18 + 3) : 3$
3 Kinder schenken ihrer Mutter ...

18. $5 \cdot 6 + 4 \cdot 12$
Frau Drop kauft 5 Paar Socken ...

19. $25 \cdot 7 + 25 \cdot 3$
25 Kinder auf Klassenausflug ...

20. $(2 \cdot 24) : 3$
2 Schachteln Pralinen werden verteilt ...

21. $7 \cdot 15 + 45$
7 Tage auf dem Campingplatz ...

Texte lesen, verstehen und bearbeiten

1. Petras Mutter ist Frau Schäfer. Frau Schäfer wohnt in einer 3-Zimmer-Wohnung. Von ihrem Mann lebt sie getrennt. Frau Schäfer arbeitet halbtags im Finanzamt. Gemeinsam mit Frau Schäfer leben in der Wohnung ihre drei Kinder. Sie heißen Tick, Trick und …

a) Wie heißt das dritte Kind von Frau Schäfer?
b) Hat jedes Kind von Frau Schäfer ein eigenes Zimmer?
c) Wie alt sind die Kinder von Frau Schäfer?

Hast du alle Fragen beantwortet? Bevor du mit deinen Nachbarn vergleichst, lies dir bitte die folgende Tabelle durch.

Wichtig für Frage a)	Wichtig für Frage b)	Wichtig für Frage c)	Für keine Frage wichtig
Frau Schäfer ist die Mutter von Petra. Zwei Kinder von Frau Schäfer heißen Tick und Trick.	Frau Schäfer lebt von ihrem Mann getrennt. Sie wohnt mit ihren drei Kindern zusammen. Die Wohnung hat drei Zimmer.		Frau Schäfer arbeitet halbtags im Finanzamt.

Prüfe mit Hilfe der Tabelle, ob du die drei Fragen noch einmal genauso wie oben beantworten würdest. Vergleiche dann deine Antworten mit denen deiner Nachbarn. Begründe bei unterschiedlichen Antworten dein Ergebnis.

2. Maxi hat heute seinen 11. Geburtstag. Er ist der blonde Junge auf dem Bild und heißt mit vollem Namen eigentlich Maximilian. Der 38-jährige Herr Jens Schmidt und dessen 3 Jahre jüngere Frau Babsy Schmidt sind Maxis Eltern.
Höhepunkt des Kindergeburtstages ist der Kinobesuch mit den Eltern. Zwei Kinder, die zum Geburtstag eingeladen sind, befinden sich bei der Aufnahme des rechten Bildes gerade auf der Toilette des Kinos.

TIPP

– Lies Text und Fragen *genau* durch.
– Betrachte das Bild *genau*.
– Lege dir im Heft eine Tabelle wie in Aufgabe 1 an.

a) Welcher Name steht auf Maxis Kinderausweis?
b) Wie viele Kinder sind zum Geburtstag gekommen?
c) Wie alt sind Maxi und seine Eltern zusammen?
d) Wie teuer ist der Eintritt für den Kinobesuch?

Schriftliches Multiplizieren

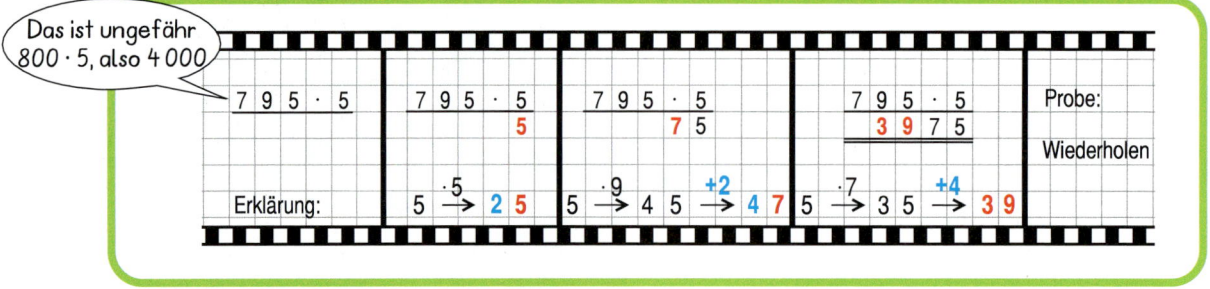

Das ist ungefähr 800 · 5, also 4 000

7 9 5 · 5	7 9 5 · 5	7 9 5 · 5	7 9 5 · 5	Probe:
	5	7 5	3 9 7 5	Wiederholen

Erklärung: $5 \xrightarrow{\cdot 5} 2\,5$ $\quad 5 \xrightarrow{\cdot 9} 4\,5 \xrightarrow{+2} 4\,7$ $\quad 5 \xrightarrow{\cdot 7} 3\,5 \xrightarrow{+4} 3\,9$

LVL 1. Denkt euch eine ähnliche Aufgabe aus, löst sie jeder für sich wie im Beispiel und kontrolliert euch gegenseitig.

2. Wie schwer ist die Ladung insgesamt?

a) 276 kg 276 kg   b) 138 kg / 138 kg 138 kg   c) 496 kg 496 kg / 496 kg 496 kg   d) 538 kg 538 kg / 538 kg 538 kg / 538 kg 538 kg

3.
a) 327 · 3	b) 549 · 9	c) 509 · 4	d) 1 257 · 2	e) 1 138 · 5	f) 2 374 · 5
g) 438 · 5	h) 603 · 7	i) 708 · 6	j) 3 128 · 8	k) 2 007 · 6	l) 3 307 · 6
m) 723 · 8	n) 777 · 8	o) 915 · 9	p) 4 247 · 6	q) 4 020 · 9	r) 8 009 · 3

4. a) Im Kino wurden 476 Karten zu je 7 € verkauft. Wie viel Euro wurden eingenommen?
   b) In einem Autowerk werden in einer Stunde 280 Autos produziert. Wie viele Autos werden in einer 8-stündigen Schicht fertig?

5. **Vom Kleinsten zum Größten: der totale Durchblick.**

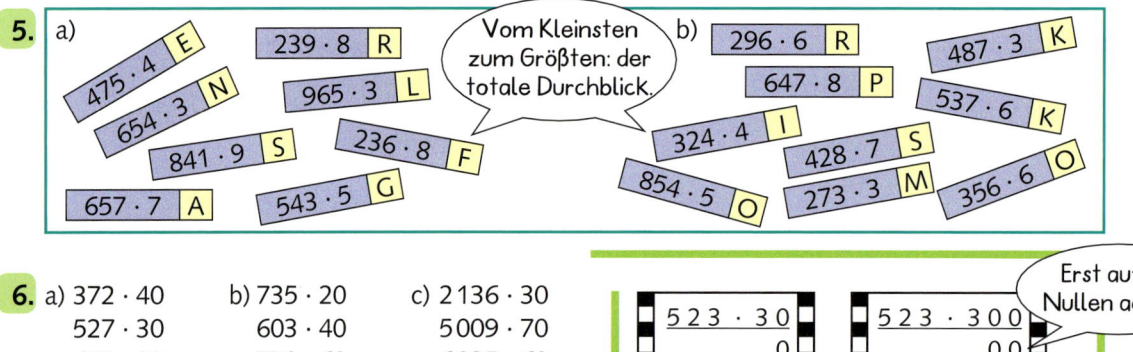

a) 475 · 4 E   239 · 8 R   654 · 3 N   965 · 3 L   841 · 9 S   236 · 8 F   657 · 7 A   543 · 5 G

b) 296 · 6 R   647 · 8 P   487 · 3 K   537 · 6 K   324 · 4 I   428 · 7 S   356 · 6 O   854 · 5 O   273 · 3 M

6.
a) 372 · 40	b) 735 · 20	c) 2 136 · 30
527 · 30	603 · 40	5 009 · 70
683 · 90	770 · 60	6 035 · 60
d) 235 · 300	e) 340 · 900	f) 2 133 · 200
351 · 500	507 · 600	5 036 · 400
558 · 800	952 · 700	3 004 · 500

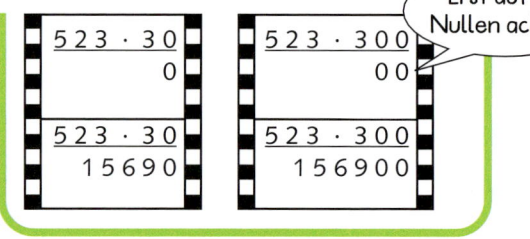

Erst auf die Nullen achten

5 2 3 · 3 0	5 2 3 · 3 0 0
0	0 0
5 2 3 · 3 0	5 2 3 · 3 0 0
1 5 6 9 0	1 5 6 9 0 0

7. Für eine Schulaula werden 300 Stühle zu 128 € das Stück gekauft. Wie hoch ist die Rechnung?

8. Fülle jeweils die Lücken mit den passenden Ziffern.

a)
	2	3		7	·	7
		1	6		1	

b)
			7	9	·	6
		2	7	4		

c)
	2		5		·	9
		2	1	2		2

Überschlagsrechnen

LVL **1.** Besprecht und notiert die Rechnung, mit der ihr die ungefähre Anzahl der verfügbaren Plätze schnell im Kopf ermitteln würdet.

TIPP

Mit einer Überschlagsrechnung kann man das Ergebnis ungefähr abschätzen. Man rechnet dazu (im Kopf) mit gerundeten Zahlen.

Oft genau genug und schnell und einfach.

(1) Aufgabe *Überschlag* genau: 689 · 8
   689 · 8 ≈ 700 · 8 = 5 600   5 512

(2) Aufgabe *Überschlag* genau: 549 · 7
   549 · 7 ≈ 500 · 7 = 3 500   3 843

2. Mache zuerst einen Überschlag, dann rechne genau.

a) 273 · 8   b) 993 · 6   c) 503 · 7   d) 1 248 · 3   e) 2 416 · 9   f) 5 903 · 7
g) 558 · 7   h) 854 · 4   i) 614 · 3   j) 2 590 · 5   k) 9 283 · 4   l) 2 116 · 5

3. Ordne jeder Aufgabe im Ballon die richtige Überschlagsrechnung zu.

Dann weißt du, wohin wir fliegen.

   439·7  429·6

| 5 000 · 6 | A | 400 · 7 | B | 700 · 6 | G | 400 · 6 | U | 500 · 7 | H | 4 000 · 7 | R | 800 · 6 | M |

4. Drei Aufgaben sind falsch gerechnet. Finde sie allein mit einer Überschlagsrechnung.

a) 6 2 3 · 8   b) 5 0 3 · 7   c) 4 8 9 · 6   d) 8 9 2 · 7   e) 6 1 4 · 4
       4 9 8 4   5 3 2 1   3 0 3 4   6 2 4 4   2 3 5 6

5. Mache erst eine Überschlagsrechnung, dann rechne auch genau.

a) Zur Aufführung der Theater-AG werden 372 Karten zu 3 € verkauft.
b) Die Firma Hesse kauft 8 Tintenstrahldrucker zu 319 € das Stück.
c) Für das Handballspiel wurden 1 231 Karten zu 9 € und 278 Schülerkarten zu 4 € verkauft.
d) Ein Lastwagen hat 6 Kisten, die jeweils 107 kg wiegen, und 5 Kisten zu je 285 kg geladen.

6. Setze > oder < ein. Entscheide allein mit einer Überschlagsrechnung.

a) 99 · 49 ▉ 5 000   b) 1 143 · 12 ▉ 10 000   c) 8 222 · 88 ▉ 841 672   d) 123 · 321 ▉ 321 123
   11 · 72 ▉ 769   2 352 · 31 ▉ 65 000   9 372 · 45 ▉ 52 468   884 · 357 ▉ 375 000

Schriftliches Multiplizieren mit mehrstelligen Zahlen

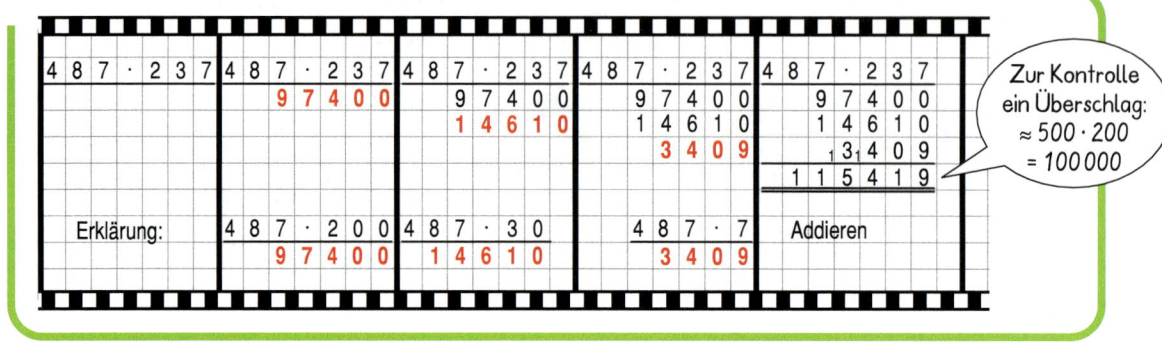

	487 · 237	487 · 237	487 · 237	487 · 237	487 · 237
		97400	97400	97400	97400
			14610	14610	14610
				3409	3409
					115419

Zur Kontrolle ein Überschlag:
≈ 500 · 200
= 100000

Erklärung: 487 · 200   487 · 30   487 · 7   Addieren
                   97400   14610   3409

LVL **1.** Erklärt euch gegenseitig die Rechenschritte und führt sie anschließend selbstständig aus.

2. a) 98 · 56   b) 38 · 27   c) 78 · 39   d) 722 · 42   e) 352 · 81   f) 276 · 99
   g) 78 · 92   h) 96 · 34   i) 46 · 44   j) 813 · 53   k) 436 · 78   l) 287 · 58

Der Größe nach ein Katzenname.

3. 386 · 92 E   439 · 53 I   532 · 96 D   384 · 49 F
         256 · 38 A   625 · 27 R   138 · 25 G   582 · 67 L

4. Die Reihenfolge der Faktoren ist für das Ergebnis gleichgültig. Ist sie es auch für die Arbeit beim Rechnen? Vergleiche.   a) 7 · 325 und 325 · 7   b) 3 · 2714 und 2714 · 3

TIPP
Die kleinere Zahl nach hinten!

5. Herr Muster fährt mit dem Auto zu seiner Arbeitsstelle. Die tägliche Fahrstrecke für Hin- und Rückfahrt beträgt 48 km. Wie viel Kilometer legt er in einem Jahr mit 243 Arbeitstagen zurück?

6. Sandras Ballettstunden kosten im Monat 105 €. Wie hoch sind die Kosten für ein Jahr?

7. Eine Pumpe fördert in einer Stunde 1325 l Wasser. Wie viel Wasser fördert sie an einem Tag?

8. a) 933 · 74   b) 696 · 21   c) 572 · 68   d) 376 · 28
   e) 342 · 53   f) 433 · 58   g) 357 · 59   h) 913 · 27
   i) 721 · 352   j) 741 · 321   k) 654 · 378   l) 529 · 332
   m) 533 · 426   n) 378 · 217   o) 258 · 123   p) 728 · 543

Ergebnisse
69042   237861   82026
18126   247212   10528
227058   14616   25114
            38896   253792
395304   21063   175628
24651   31734

9. a) 123 · 203   b) 432 · 303   c) 259 · 402
   d) 227 · 105   e) 389 · 207   f) 329 · 504

$$
\begin{array}{r}
548 \cdot 305 \\
\hline
164400 \\
0000 \\
+ \quad 2740 \\
\hline
167140
\end{array}
$$

Man muss Nullen beachten, aber nicht immer schreiben.

$$
\begin{array}{r}
548 \cdot 305 \\
\hline
1644 \\
+ \quad 2740 \\
\hline
167140
\end{array}
$$

10. a) 324 · 608   b) 476 · 209   c) 625 · 403
   d) 439 · 705   e) 583 · 304   f) 762 · 802
   g) 254 · 312   h) 408 · 307   i) 729 · 300

11. Eine Konzerthalle hat 1226 Sitzplätze. Für ein Konzert kosten die Karten 29 €. Wie hoch ist die Einnahme, wenn 232 Karten nicht verkauft werden? Überschlage und rechne anschließend genau.

12. Ein Fußballverein hat 972 Mitglieder, davon sind 552 Jugendliche. Der Jahresbeitrag beträgt 84 € für Erwachsene, für Jugendliche 39 €. Berechne die Jahreseinnahme aus Mitgliedsbeiträgen.

13.

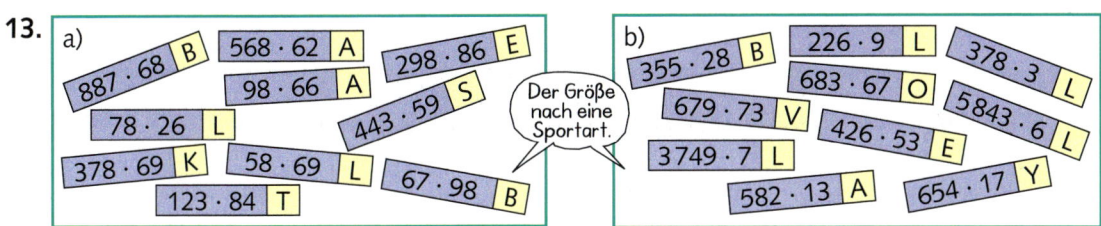

a) 887 · 68 B | 568 · 62 A | 298 · 86 E | 98 · 66 A | 443 · 59 S | 78 · 26 L | 378 · 69 K | 58 · 69 L | 67 · 98 B | 123 · 84 T — *Der Größe nach eine Sportart.*

b) 355 · 28 B | 226 · 9 L | 378 · 3 L | 683 · 67 O | 5843 · 6 L | 679 · 73 V | 426 · 53 E | 3749 · 7 L | 582 · 13 A | 654 · 17 Y

14. a) Wie viele Minuten hat ein Tag?   b) Wie viele Stunden hat ein Jahr (365 Tage)?

c) Jan wird heute 12 Jahre alt. Wie viele Wochen ist er alt? (1 Jahr = 52 Wochen)

15. a)   b)   c)

a) 3496, 2604, 246, 2792, 124 · 7

b) 146, 950, 216, 546, 578 · 26

c) 3285, 4068, 5283, 6066, 7092 · 89

16. a) Familie Schäfer kauft 6 Sessel. Wie teuer ist die Sitzgruppe, wenn ein Sessel 185 € kostet? Überschlage und rechne genau.

b) Frau Weber kauft 36 m Gardinenstoff und 36 m Spitze. 1 m Stoff kostet 21 € und 1 m Spitze 3 €. Wie viel muss sie bezahlen?

LVL 17. Im Schwimmbad wurden im Juni folgende Eintrittskarten verkauft:

Einzelkarten		Zehnerkarten		Familienkarten
Erw.	Kd.	Erw.	Kd.	
8461	12342	986	3285	6346

	Erwachsene	Kinder
Einzelkarte	5 €	3 €
Zehnerkarte	45 €	27 €
Familienkarte	11 €	

a) Wie hoch waren die Einnahmen durch den Verkauf von Familienkarten?

b) Stelle weitere Fragen und beantworte sie.

18. Herr Fleißig verdient im Monat 1937 €. Wie viel verdient er in einem Jahr, wenn er noch 325 € Urlaubs- und 750 € Weihnachtsgeld erhält?

19. Ein Landwirt liefert täglich im Durchschnitt 128 l Milch an eine Molkerei. Wie viel Liter Milch sind das in einem Jahr? Überschlage, rechne anschließend genau.

20. a) Der Mond umkreist die Erde mit einer Geschwindigkeit von 3672 km pro Stunde. Für einen Umlauf benötigt er 29 Tage und 12 Stunden. Welchen Weg legt er dabei zurück?

b) Die Erde kreist mit einer Geschwindigkeit von etwa 30 km pro Sekunde um die Sonne. Welchen Weg legt sie dabei an einem Tag zurück?

LVL 21. Begründe oder widerlege: „4-stellige Zahl mal 2-stellige ergibt immer ein 6-stelliges Produkt."

LVL 22. a)

```
   1        4        9       16
  1 1      4 4      9 9     1616
   1        4        9       16
 ─────    ─────    ─────   ─────
  121      484     1089     1936
= 11 · 11  = ?      = ?      = ?
```

Und wie soll das weitergehen?

b) 11 · 11   111 · 111
111 · 11   1111 ·
1111 · 11   111
11111 · 11   ...
...

Was fällt dir an den Ergebnissen auf?

Schriftliches Dividieren

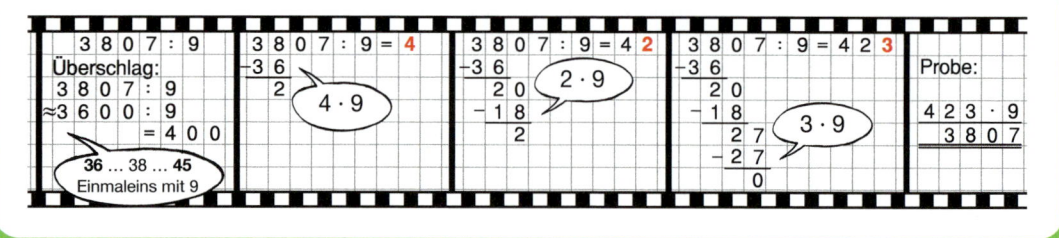

LVL **1.** Fertigt zu der Divisionsaufgabe ein Lernplakat und verseht es mit Sprechblasen. Rechnet hierzu die Aufgabe und denkt dabei laut, vielleicht so: „3 durch 9 geht nicht. In die 38 passt die 9 viermal, weil 4 mal 9 … . Rest … , 0 herunterholen, …"

2. Dividiere schriftlich. Mache vorher einen Überschlag und hinterher eine Probe.

a) 432 : 9   b) 581 : 7   c) 2048 : 8   d) 2740 : 4   e) 4470 : 6   f) 19548 : 6
g) 312 : 6   h) 688 : 8   i) 3206 : 7   j) 3265 : 5   k) 2556 : 3   l) 48160 : 5
m) 392 : 4   n) 882 : 6   o) 2961 : 3   p) 2912 : 8   q) 2478 : 7   r) 25928 : 8

3. a) Auf einem Bauernhof werden 785 kg Kartoffeln in 5 kg-Beutel gefüllt. Wie viele Beutel sind es?
b) Eine Pfadfindergruppe kauft für 396 € sechs gleiche Zelte. Wie teuer ist ein Zelt?
c) In einer Baumschule werden 136 Pappeln in 8 Reihen gepflanzt. Wie viele sind es in einer Reihe?

4. Dividiere 2520 durch   a) 2,   b) 3,   c) 4,   d) 5,   e) 6,   f) 7,   g) 8,   h) 9.

5. a) Vier Geschwister teilen sich eine Erbschaft von 30400 €. Wie viel Euro bekommt jedes?
b) Am Güterbahnhof werden 1440 Autos verladen, 8 pro Waggon. Wie viele Waggons sind nötig?
c) Eine Firma hat für 44517 € drei gleiche Pkws angeschafft. Wie teuer war ein Pkw?
d) 6 Personen teilen sich 51582 € Lottogewinn. Wie viel Euro bekommt jede Person?

6. Dividiere schriftlich. Achte besonders auf Nullen im Ergebnis.

a)   918 : 3   b) 21182 : 7   c) 20040 : 5
d) 2432 : 8   e) 63081 : 9   f) 32008 : 4
g) 3042 : 6   h) 28840 : 8   i) 36504 : 9
j) 3563 : 7   k) 24032 : 4   l) 30042 : 6
m) 4020 : 5   n) 30282 : 6   o) 24464 : 8
p) 2727 : 9   q) 28524 : 3   r) 36360 : 4

$$
\begin{array}{l}
1224 : 4 = 306 \\
\underline{-\,12} \\
02 \quad (3 \cdot 4) \\
\underline{-\,0} \\
24 \quad (0 \cdot 4) \\
\underline{-\,24} \\
0 \quad (6 \cdot 4)
\end{array}
$$

TIPP

Überschlag hilft Fehler vermeiden.

7.

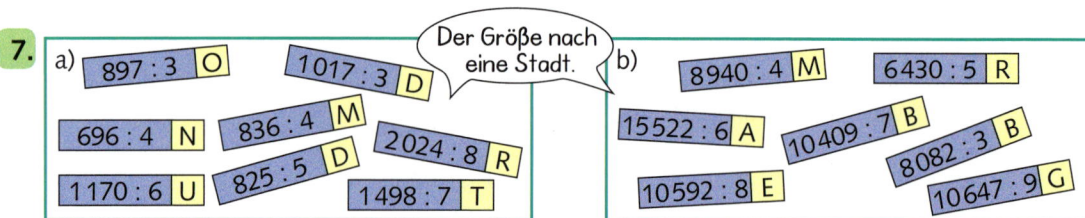

a) 897 : 3 **O**   1017 : 3 **D**   Der Größe nach eine Stadt.   b) 8940 : 4 **M**   6430 : 5 **R**
696 : 4 **N**   836 : 4 **M**   2024 : 8 **R**   15522 : 6 **A**   10409 : 7 **B**
1170 : 6 **U**   825 : 5 **D**   1498 : 7 **T**   10592 : 8 **E**   8082 : 3 **B**   10647 : 9 **G**

8. a) Bauer Heinrich möchte sein 552 m langes und 282 m breites Feld mit einem Zaun begrenzen, für den alle 6 m ein Pfosten errichtet werden muss. Wie viele Pfosten sind es insgesamt?
b) Eine Getränkefirma produziert pro Tag 16992 Flaschen Limonade. 6 Flaschen werden in einen Träger verpackt, 8 Träger bilden eine Palette. Wie viele Paletten werden pro Tag hergestellt?

Schriftliches Dividieren durch mehrstellige Zahlen (M)

8 8 9 1 : 1 7	8 8 9 1 : 1 7 = **5**	8 8 9 1 : 1 7 = 5 **2**	8 8 9 1 : 1 7 = 5 2 **3**	Probe:
Überschlag:	−8 5 ⟋⟍	−8 5	−8 5	
8 8 9 1 : 1 7	3 (5·17)	3 9 (2·17)	3 9	5 2 3 · 1 7
≈ 9 0 0 0 : 2 0		−3 4 ⟋⟍	−3 4	5 2 3
= 4 5 0		5	5 1 (3·17)	3 6 6 1
			−5 1 ⟋⟍	8 8 9 1
			0	

LVL **1.** Erklärt euch in der Gruppe den Ablauf des schriftlichen Dividierens mit mehrstelligen Zahlen so, dass ihr die Rechnung der Klasse an der Tafel präsentieren könnt.

2. Woran erkennst du, ob die erste Ergebnisziffer richtig oder falsch ist? Berechne das Ergebnis.

a)
7 3 2 8 : 1 6 = 3	7 3 2 8 : 1 6 = 4	7 3 2 8 : 1 6 = 5 . . . .
− 4 8 ← *16	− 6 4 ← *16	− 8 0 ← *16
2 5	9	

b)
8 8 4 8 : 1 4 = 7	8 8 4 8 : 1 4 = 5	8 8 4 8 : 1 4 = 6 . . . .
− 9 8 ← *14	− 7 0 ← *14	− 8 4 ← *14
	1 8	4

3. Dividiere schriftlich. Kontrolliere dein Ergebnis mit einer Probe.

a) 828 : 18   b) 3096 : 12   c) 9214 : 17   d) 13818 : 14   e) 11648 : 13
f) 884 : 13   g) 6870 : 15   h) 7648 : 16   i) 13632 : 16   j) 10422 : 18
k) 952 : 17   l) 6818 : 14   m) 3002 : 19   n) 12996 : 19   o) 11362 : 13

4. Achte besonders auf Nullen im Ergebnis. Kontrolliere durch Überschlag.

a) 1248 : 12   b) 3965 : 13   c)   8534 : 17   d) 3344 : 16
e) 4896 : 16   f) 7254 : 18   g)   9633 : 19   h) 8442 : 14
i) 7056 : 14   j) 5712 : 14   k) 120075 : 15   l) 51051 : 17
m) 8128 : 16   n) 7248 : 12   o) 65052 : 13   p) 65680 : 16

Ergebnisse

104   507   408
209   603   604 8005
504   4105   3003
306   508   5004
403   502

LVL **5.** Stelle eine Frage und schreibe deine Antwort auf.

a) Ein Fahrradhändler bekommt 15 gleiche Fahrräder zu einem Gesamtpreis von 5970 € geliefert.
b) Eine Kinokarte kostet 6 €, insgesamt kamen 2076 € in die Kasse.
c) 7310352 € im Jackpot! 16 Spieler knacken ihn und teilen sich den Gewinn.
d) Familie Luhmann mietet für drei Wochen eine Ferienwohnung und zahlt dafür 1323 €.

6.

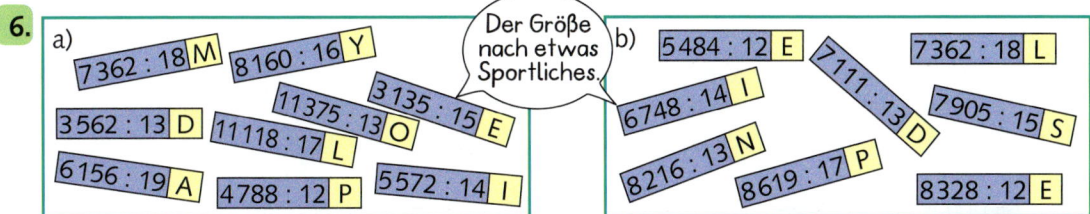

a)
7362 : 18 M   8160 : 16 Y
3135 : 15 E
11375 : 13 O
3562 : 13 D   11118 : 17 L
6156 : 19 A   4788 : 12 P   5572 : 14 I

Der Größe nach etwas Sportliches.

b)
5484 : 12 E   7362 : 18 L
7111 : 13 D   7905 : 15 S
6748 : 14 I
8216 : 13 N   8619 : 17 P
8328 : 12 E

LVL **7.** Könnt ihr Rikes Rechentrick erklären?
Nutzt den Trick, um die folgenden Aufgaben zu lösen.

Statt 5520 : 20 rechne ich einfach 552 : 2.

a) 5520 : 20   b) 11220 : 30   c) 21720 : 60
d) 29600 : 800   e) 25900 : 700   f) 18880 : 160
g) 41730 : 130   h) 83160 : 110   i) 481500 : 1500

8. Der erste Divisionsschritt ist sehr wichtig. Erkläre, dann rechne weiter.

a) <u>73</u>44 : 34 = ...   7344 : 34 = <u>2</u> ..   b) <u>234</u>6 : 46 = ...   2346 : 46 = <u>5</u> ..

9. a) 6144 : 24   b) 4095 : 65   c) 15600 : 48   d) 8745 : 33   e) 2400 : 96
f) 22403 : 43   g) 6888 : 28   h) 4316 : 83   i) 25704 : 27   j) 10621 : 43

10. Dividiere schriftlich. Kontrolliere dein Ergebnis mit einer Probe.
a) 5180 : 35   b) 13692 : 21   c) 10836 : 42   d) 16770 : 65   e) 38912 : 64
f) 6860 : 28   g) 18625 : 25   h) 25811 : 53   i) 22876 : 43   j) 30295 : 83

11. Ordne die Ergebnisse der Größe nach, das größte zuerst. Du erhältst eine Sportart.

a)
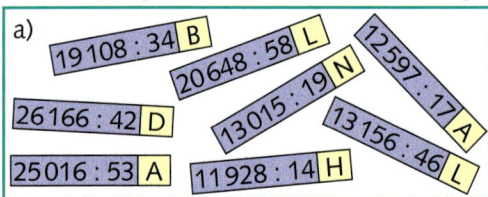

b)
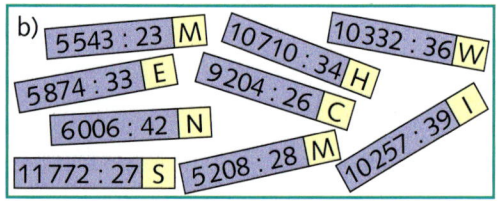

12. a) Ein Fahrradhändler bekommt 23 gleiche Fahrräder zu einem Gesamtpreis von 8027 € geliefert. Wie teuer ist ein Fahrrad im Einkauf?
b) Die Gesamtkosten der Klassenfahrt der 5b betragen 3712 €. In der Klasse sind 29 Schülerinnen und Schüler. Wie viel muss jeder bezahlen?

13. Mache erst eine Überschlagsrechnung. Runde dafür so, dass du mit dem kleinen Einmaleins im Kopf rechnen kannst.
a) 1248 : 52   b) 3233 : 61   c) 13608 : 72   d) 41125 : 47
e) 4294 : 38   f) 2052 : 19   g) 12354 : 58   h) 31833 : 81
i) 9637 : 23   j) 7098 : 39   k) 17952 : 51   l) 25080 : 88
m) 4944 : 48   n) 2478 : 42   o) 33777 : 81   p) 18850 : 58

> Zuerst die 2. Zahl runden. Und dann die 1. Zahl passend zum 1 x 1.
> 2552 : 56
> ≈ 2552 : 60
> ≈ 2400 : 60
> = 40

14. Überschlage erst und rechne dann genau.
a) 1 m Draht wiegt 21 g. Der gesamte Draht wiegt 3 kg 465 g. Wie viel Meter sind es?
b) Ein Radrennen geht über 28 Runden, insgesamt 79 km 800 m. Wie lang ist eine Runde?

15. Für eine Hochzeit soll die Stadthalle umgestaltet werden. Die Stühle, die gerade in 54 Reihen zu je 24 Stühlen stehen, sollen um runde Tische herum angeordnet werden. Wie viele Tische werden benötigt, wenn um einen Tisch herum 12 Stühle passen?

16. Rosa und Manal sind beste Freundinnen. Jeden Morgen treffen sie sich um 7:50 Uhr vor der Schule. Dafür muss Rosa um 7:33 Uhr ihr Haus verlassen. Manals Schulweg ist 7200 m lang und damit 5670 m länger als Rosas Weg. Sie fährt mit ihrem Fahrrad immer um 7:26 Uhr los. Wie viel Meter legen die beiden auf ihrem jeweiligen Schulweg durchschnittlich pro Minute zurück?

17. a) 31242 : 123   b) 204530 : 226   c) 255024 : 504   d) 159140 : 436
71500 : 220   134015 : 245   496620 : 620   295394 : 638

Division mit Rest

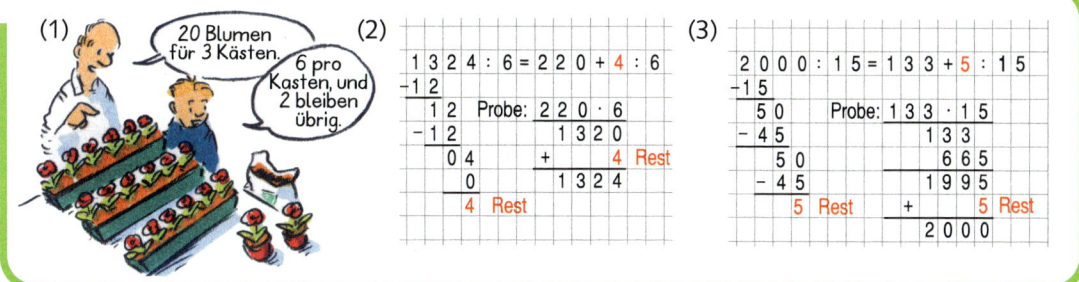

(1) 20 Blumen für 3 Kästen. 6 pro Kasten, und 2 bleiben übrig.

(2)
```
1 3 2 4 : 6 = 2 2 0 + 4 : 6
-1 2
    1 2    Probe:  2 2 0 · 6
  - 1 2                1 3 2 0
      0 4        +        4  Rest
        0              1 3 2 4
      4  Rest
```

(3)
```
2 0 0 0 : 1 5 = 1 3 3 + 5 : 1 5
-1 5
    5 0      Probe: 1 3 3 · 1 5
  - 4 5                  1 3 3
      5 0                6 6 5
    - 4 5              1 9 9 5
        5  Rest   +          5  Rest
                     2 0 0 0
```

LVL **1.** Erfindet zu den Beispielen (2) und (3) passende Rechengeschichten und stellt sie der Klasse vor.

2. a) 615 : 4 b) 327 : 5 c) 583 : 7 d) 856 : 6 e) 2417 : 4 f) 5782 : 8
   g) 285 : 6 h) 450 : 7 i) 973 : 4 j) 984 : 9 k) 6338 : 5 l) 4715 : 7

LVL **3.** Hier siehst du nur noch das Ergebnis. Was waren die zugehörigen Divisionsaufgaben?

a) =1232+5:6   b) =2562+3:8   c) =5328+2:3   d) =6744+7:12
e) =2308+4:9   f) =2509+3:7   g) =2140+4:6   h) =6336+8:14

4. Einige Aufgaben gehen auf, bei anderen bleibt ein Rest. Die Reste findest du in der Truhe.
   a) 621 : 9   b) 1295 : 3   c) 7657 : 13   d) 8742 : 17
      587 : 6   2048 : 8   3445 : 12   4875 : 15
   e) 932 : 7   f) 4718 : 4   g) 4349 : 14   h) 1298 : 19
      952 : 8   3256 : 6   4128 : 16   3458 : 18

5. Berechne die Anzahl Packungen und den Rest.
   a) 548 Eier in 6er-Kartons
   b) 349 Paprikaschoten in 3er-Netzen
   c) 1000 Tischtennisbälle in 6er-Schachteln
   d) 1400 Schreibhefte in 3er-Packs in Folie
   e) 5000 Saftflaschen in 12er-Kisten
   f) 2000 Deutschbücher in 24er-Kartons

Das bleibt alles übrig.

6. a) 3523 : 40 b) 8512 : 60 c) 7530 : 12 d) 1736 : 18 e) 27741 : 19
   f) 5710 : 20 g) 5728 : 40 h) 8425 : 11 i) 2583 : 16 j) 40038 : 14

7. a) 3000 Platten werden in 28er-Reihen verlegt. Wie viele Reihen und restliche Platten werden es?
   b) Busse, die je 52 Personen aufnehmen können, sollen 2138 Menschen transportieren.

8. Von einer 300 cm langen Holzleiste werden 35 cm lange Stücke abgesägt. Wie viele Stücke erhält man und wie viel Zentimeter bleiben übrig?

9. Ein Traktor hat 372 l Benzin im Tank. Im Durchschnitt verbraucht er 16 l pro Stunde. Wie viele Stunden und Minuten kann der Traktor noch fahren, bis der Tank leer ist?

LVL **10.** Auf dem Schulparkplatz stehen 35 Fahrzeuge. Es sind Fahrräder und Autos. Zusammen haben sie 94 Räder. Wie viele Fahrräder und Autos sind es?

Schwarzwaldhotel

Im Hochschwarzwald liegt das abgebildete Naturhotel, das dem Ehepaar Schuster gehört. Frau Schuster ist 46 Jahre alt, ihr Mann knapp 10 Jahre älter, sein Alter ist eine „Schnapszahl". Als ihr Sohn Michael geboren wurde, war Herr Schuster 32 Jahre alt. Michael wird zum Koch ausgebildet, und zwar in einem 4-Sterne-Hotel im Elsass. Das Naturhotel Schuster hat 26 Zimmer, davon sind 9 Zimmer Einzelzimmer. Im Hotel gibt es ein Restaurant, das ab 18 Uhr geöffnet ist. Auf der Speisekarte gibt es 5 Vorspeisen, 8 Hauptgerichte und 6 Desserts (sprich „dessär", das ist das französische Wort für Nachspeisen).

1. a) Lies den Text genau durch und betrachte das Bild genau.
   b) Lege dir im Heft eine Tabelle mit 3 Spalten und folgenden Überschriften an.

Hotelbesitzer	Gästezimmer	Restaurant

2. Schreibe alle Informationen, die du dem Text oder dem Bild entnehmen kannst, in die passende Spalte deiner Tabelle im Heft.

3. Schreibe alles auf, was du über Michael weißt.

4. Versuche jetzt zusammen mit deinem Nachbarn oder deiner Nachbarin, die folgenden Fragen zu beantworten. Bei einigen Fragen muss man rechnen, bei anderen nicht.

a) Wie viele Doppelzimmer gibt es im Naturhotel?
Wie viele Gäste können gleichzeitig im Naturhotel übernachten?

b) Wie alt ist Herr Schuster, wie alt ist Michael und wie alt sind alle drei Schusters zusammen?

c) In welcher Höhe über dem Meeresspiegel liegt das Hotel?

d) Vom 12.07. bis zum Morgen des 25.07. war das Naturhotel völlig ausgebucht.
Wie hoch waren die Einnahmen aus Übernachtung und Frühstück?

e) Ein 3-Gang-Menu (sprich „menü") besteht aus Vorspeise, Hauptspeise und Dessert.
Wie viele verschiedene 3-Gang-Menus kann man im Naturhotel essen?
Wie viele Wochen dauert es, bis man jedes Menu einmal gegessen hat (pro Abend ein Menu)?

Autofahrt nach …

Familie Liesinger aus Stuttgart hatte am 4. März ihren Diesel-Kombi genau 5 Jahre. An diesem Tag fuhren sie los, um eine deutsche Stadt eine Woche lang zu besichtigen.

4. März, 9.17 Uhr — 0083565 km

11. März, 16.48 Uhr — 0084577 km — Betrag 078,30 € — Abgabe 05800 Liter

Auf diesem Bild siehst du Familie Liesinger nach dem Auftanken. Sie tankten das Auto so voll wie möglich. Danach fuhren sie sofort los und auf dem kürzesten Weg zu ihrem Ziel.

Auch auf der Rückfahrt haben Liesingers den kürzesten Weg gewählt. In der Besichtigungswoche blieb das Auto auf dem Hotel-Parkplatz, deshalb wurde erst jetzt bei der Rückkehr wieder voll getankt.

TIPP

Lege dir für die Fragen 1. bis 5. eine Tabelle an und notiere alle wichtigen Informationen, die du in dem Text und den Bildern findest.

1. Wie viele Kilometer ist Familie Liesinger hin und zurück gefahren?

2. Welche deutsche Stadt hat Familie Liesinger besucht? Betrachte dazu das Foto. Die Entfernungstabelle am Ende dieser Seite kann dir bei deiner Antwort sicherlich auch helfen.

3. Wie viel Liter Diesel verbraucht das Auto der Familie Liesinger ungefähr auf 100 Kilometer?

4. Wie viel kostet ein Liter des getankten Diesels?

5. Angenommen, man würde die Strecke, die die Liesingers mit ihrem Auto durchschnittlich in einem Jahr gefahren sind, in Ausflüge nach Freiburg umrechnen. Wie viele Ausflüge wären es?

	Berlin	Bremen	Dresden	Düsseldorf	Erfurt	Frankfurt/M	Freiburg	Hannover	Kiel	Lübeck	München	Rostock	Saarbrücken
⋮													
Stuttgart	630	650	505	420	390	205	185	525	765	720	215	835	220

Geburtstagsfeier

Fatima aus der Klasse 5c hat ihren Mitschülerinnen und Mitschülern folgende Knobelauf-
gabe gestellt:

*Auf einem Geburtstagsfest sind 12 Kinder
beisammen. Als die Feier beendet wird,
verabschiedet sich jedes Kind von jedem
anderen mit einem Händedruck.
Wie oft werden die Hände geschüttelt?*

Die vorgeschlagenen Antworten kannst du
im Bild rechts ablesen.

1. Kannst du einer der Antworten zustimmen?
Wenn ja, versuche deine Meinung zu be-
gründen.

Die Kinder der Klasse 5c können sich nicht auf ein Ergebnis einigen. Also beschließen sie, die Ver-
abschiedung wie eine Filmszene vor der Tafel zu spielen. Die Schülerinnen und Schüler, die nicht
mitspielen, sollen zählen, wie oft Hände geschüttelt werden. Und das kam dabei heraus:

2. Frederic hat Recht. Suche mit deinen Mitschülerinnen und Mitschülern nach einer Lösung.

3. Wie oft werden Hände geschüttelt, wenn sich nach einer Geburtstagsfeier jeder von jedem mit
einem Händedruck verabschiedet? So viele Personen sind es:
a) 8 Personen b) 14 Personen c) 19 Personen d) 6 Personen e) 17 Personen f) 20 Personen

4. Partnerarbeit: Welche der folgenden Fragen lassen sich mit derselben Überlegung wie das obige
„Geburtstagsproblem" beantworten, bei welchen Fragen muss man anders vorgehen?

Zwei vierköpfige Familien treffen sich zu einem gemeinsamen Ausflug.
(1) Jede Person der einen Familie begrüßt jede Person der anderen. Wie viele Begrüßungen sind das?
(2) Sie veranstalten ein Tischtennisturnier „jeder gegen jeden". Wie viele Spiele sind das?
(3) Zum Picknick sind 8 Schüsseln mit verschiedenen Speisen aufgebaut. Jede Person nimmt sich
    aus jeder Schüssel eine Portion. Wie viele Portionen sind das?
(4) Für ein Erinnerungsfoto mit Selbstauslöser stellen sich alle 8 Personen in eine Reihe. Wie viele
    solcher Reihen sind möglich?

1. a) Multipliziere die Zahlen 3 und 15.
   b) Dividiere 51 durch 3.
   c) Berechne das Produkt der Zahlen 5 und 12.
   d) Berechne den Quotienten der Zahlen 56 und 8.

2. a) ■ · 9 = 36   b) ■ : 7 = 5
   c) 8 · ■ = 40   d) 48 : ■ = 12

3. Eva sagt: „48 : 48 kann ich im Kopf rechnen."

4. a) 7 : 7   b) 13 : 1   c) 12 · 0   d) 0 · 34
   e) 17 · 0   f) 0 : 24   g) 10 · 1   h) 8 : 0

5. a) 17 · 100   b) 470 : 10   c) 120 · 10
   d) 165 · 100   e) 2 500 : 10   f) 4 700 : 100

6. a) 40 · ■ = 4 000   b) 3 000 : ■ = 300
   c) 200 · ■ = 2 000   d) 50 000 : ■ = 500

7. a) 8 · (7 + 5)   b) 120 : (31 + 9)
   c) 9 · (28 − 19)   d) (17 + 3) · (19 − 12)

8. a) 3 · 9 + 17   b) 49 − 120 : 4
   c) 48 : 12 + 29   d) 25 : 5 + 3 · 17
   e) 4 · 6 : 12   f) 48 − 12 − 20
   g) 40 : 8 · 5   h) 50 − 20 : 2 − 8

9. a) 423 · 5   b) 52 · 88   c) 385 · 15
   d) 847 : 7   e) 212 : 4   f) 3 564 : 6

10. Jochens Nachhilfeunterricht kostet monatlich 145 €. Wie viel ist das in einem Jahr?

11. Wähle einen einfachen Rechenweg.
   a) 25 · 39 · 4   b) 50 · 2 · 88
   c) 40 · 118 · 5   d) 4 · 67 · 25

12. a) (35 + 65) · 7   b) (100 − 3) · 9
   c) 48 · 7 − 18 · 7   d) 50 · 8 − 4 · 8
   e) 6 · 33 + 6 · 17   f) 73 · 12 − 23 · 12

13. a) 714 : 800   b) 237 · 604   c) 586 · 297
   d) 4 770 : 15   e) 6 336 : 18   f) 56 700 : 900

14. Eine Gruppe von 14 Jugendlichen fährt für insgesamt 490 € zum Musical. Wie viel kostet das für jeden Einzelnen?

15. Aus 2 137 Tulpen werden Sträuße zu je 17 Tulpen gebunden. Wie viele Tulpen bleiben übrig?

Multiplikation   **Division**

$5 \cdot 6 = 30$ $30 : 6 = 5$

30 ist das *Produkt*   5 ist der *Quotient*
der Zahlen 5 und 6.   der Zahlen 30 und 6.

Die eine ist die Umkehroperation der anderen.

$$5 \overset{\cdot\,6}{\underset{:\,6}{\rightleftarrows}} 30$$

Rechnen mit Eins und Null

$5 \cdot 1 = 5$ $5 : 1 = 5$ $0 \cdot 5 = 0$ $0 : 5 = 0$
$5 : 5 = 1$ ~~5 : 0~~ (geht nicht!)

Rechnen mit Zehnerzahlen

Multiplikation mit 10, 100, …: Man hängt 1, 2, … Nullen an.
z. B.: $35 \cdot 100 = 3 500$

Division durch 10, 100, …: Man lässt 1, 2, … Nullen weg.
z. B.: $3 500 : 10 = 350$

Rechenregeln

– Was in Klammern steht, wird zuerst berechnet. $48 : (17 − 9) = 48 : 8 = 6$

– Punktrechnung (·, :) geht vor Strichrechnung (+, −). $36 : 9 + 5 · 7 = 4 + 35 = 39$

– Sonst wird von links nach rechts gerechnet. $64 − 40 − 7 = 24 − 7 = 17$

Rechengesetze

– Beim Multiplizieren darf man Faktoren vertauschen und zusammenfassen.
   Beispiel: $(5 · 6) · 2 = 6 · (5 · 2)$

– Summen und Differenzen darf man gliedweise multiplizieren.
   Beispiel: $(8 + 4) · 5 = 8 · 5 + 4 · 5$
   $(8 − 4) · 5 = 8 · 5 − 4 · 5$

Schriftliches Multiplizieren und Dividieren

```
  235 · 27        Überschlag:
   4700          ≈ 200 · 30 = 6000
+  1645
   6345
```

```
  945 : 18 = 52 + 9 : 18    Probe: 52 · 18
− 90                                      52
  45            Überschlag:              416
− 36            ≈ 945 : 20              936
   9 Rest       ≈ 1000 : 20           + 9 Rest
                = 50                     945
```

TESTEN · ÜBEN · VERGLEICHEN

TÜV

1. Rechne im Kopf: a) 7 · 15 b) 72 : 6

2. Wie heißt die gesuchte Zahl? a) ■ · 8 = 800 b) ■ : 4 = 1 000

3. Rechne schriftlich: a) 364 · 8 b) 2 013 · 28

4. Rechne schriftlich: a) 296 : 8 b) 5 265 : 9

5. a) Eine Schule kauft 120 Mathematikbücher zu je 19 €. Wie hoch ist der Rechnungsbetrag?
b) Ein Sportgeschäft zahlt im Einkauf für 7 Jogginganzüge 483 €. Wie teuer ist ein Anzug?

6. Frau Kleist kauft 16 Flaschen Wasser zu je 69 Cent. Reicht ein 10-€-Schein zum Bezahlen?

7. Drei Kinder schenken ihrer Mutter eine Zierpflanze zu 19 € mit einem Blumentopf zu 14 €. Die Kosten teilen sie gerecht untereinander auf. Wie viel zahlt jedes Kind?

8. Drei Freunde übernachten in einem Hotel im Dreibettzimmer zu 135 €. Das Frühstück kostet für jeden 7 €. Wie viel hat jeder insgesamt zu zahlen?

9. Rechne vorteilhaft, notiere deinen Rechenweg: a) 8 · 37 · 125 b) 63 · 27 + 37 · 27

10. a) Wie alt ist Suses Vater?
b) Wie viele Schwestern hat Suse?
c) Wie alt sind die einzelnen Kinder?

> Suse Schallbruch ist 6 Jahre jünger als eine Schwester von ihr und wohnt mit ihrer Familie in Mannheim. Die Familie besteht aus den beiden Eltern und 4 Kindern. Zwei Brüder von Suse sind Zwillinge im Alter von 10 Jahren. Alle Kinder zusammen sind 40 Jahre alt. Die Eltern sind gleich alt und zusammen 42 Jahre älter als alle Kinder zusammen.

11. Martin hat 660 : 12 = 55 richtig gerechnet. Berechne damit im Kopf 684 : 12.
Schreibe für eine Mitschülerin oder einen Mitschüler auf, wie du das im Kopf rechnest.

12. Die Pension „Alpenblick" bietet Vollpension für 65 € pro Person und Tag an. Wie viel kostet ein 18-tägiger Aufenthalt für 3 Personen?

13. a) Berechne das Produkt der Zahlen 17 und 5 und das Produkt der Zahlen 24 und 8. Addiere anschließend beide Ergebnisse.
b) Berechne den Quotienten der Zahlen 95 und 5 und merke dir das Ergebnis. Bilde dann das Produkt der Zahlen 38 und 4 und verringere es anschließend um die gemerkte Zahl.

14. Zwei Ergebnisse sind falsch, du brauchst nur eine Überschlagsrechnung, um sie zu finden.

435 · 4 $\stackrel{?}{=}$ 170 284 · 5 $\stackrel{?}{=}$ 1 420 518 : 7 $\stackrel{?}{=}$ 74 2016 : 8 $\stackrel{?}{=}$ 22

15. a) Dividiere das Produkt der Zahlen 77 und 15 durch die Zahl 21.
b) Multipliziere die Summe der Zahlen 4 464 und 36 mit dem Quotienten derselben beiden Zahlen.

16. Paul hatte im letzten Schuljahr insgesamt 15 Wochen Ferien. Hinzu kamen 5 Feiertage, an denen er auch keinen Unterricht hatte. In der restlichen Zeit fuhr er von Montag bis Freitag die 13 km bis zur Schule und zurück mit dem Fahrrad. Welche Strecke legte er dabei insgesamt zurück?

17. Setze um drei Zahlen fort: a) 1, 4, 9, 16, … b) 2, 8, 18, 32, 50, …

Zeichnen und Konstruieren

5

Alles gerade oder manchmal krumm?

UHU
ANNA
RADAR
LAGERREGAL
RELIEFPFEILER
ALLE NECKEN ELLA
ELLA RÜFFELTE DETLEF FÜR ALLE
LEG IN EINE SO HELLE HOSE NIE 'N IGEL
REGAL MIT SIRUP PUR IST IM LAGER
BEI LIESE SEI LIEB
MARKTKRAM
REITTIER
OTTO
EHE

Von rechts wie von links lesbar?

. . . auch symmetrisch?

„Spiegelbild" in Marmorplatten
(Hagia-Sophia – Kirche, dann Moschee,
heute Museum in Istanbul)

Gerade, Strecke und Strahl

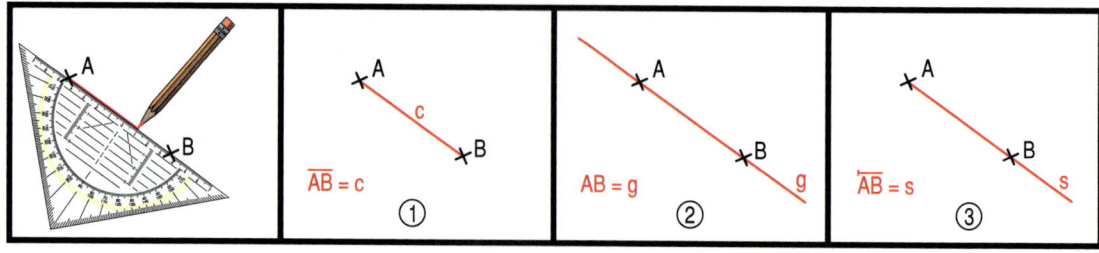

$\overline{AB} = c$ ① $AB = g$ ② $\overrightarrow{AB} = s$ ③

LVL 1. Im Lexikon wird erklärt: „Eine *Gerade* ist eine gerade Linie ohne Anfang und ohne Ende."
„Eine *Strecke* ist eine gerade Linie mit zwei Endpunkten."
a) Welche Abbildung zeigt eine Gerade, welche eine Strecke?
b) Eine weitere Abbildung zeigt einen „*Strahl*". Welche Erklärung könnte dazu im Lexikon stehen?

2. Schreibe kürzer. a) Strecke mit den Endpunkten P und Q
b) Gerade durch die Punkte C und D

3. a) Welche Strecke hat den Namen a?
b) Durch welche Punkte geht die Gerade k?
c) Welchen Namen hat die Strecke $\overline{TK}$?
d) Welchen Namen hat die Gerade EL?
e) Durch welchen Punkt geht die Gerade d?

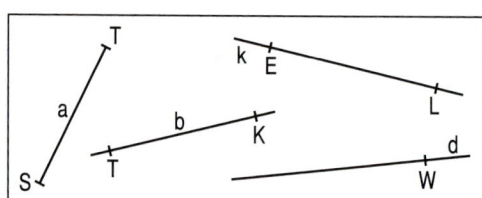

4. Welche der Linien a, b, c, d sind Geraden? Überprüfe mit dem Geodreieck.

a)

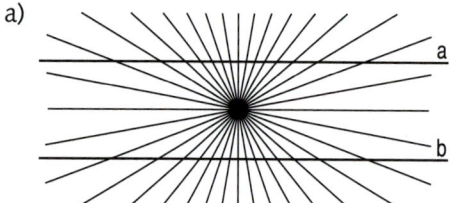

b)

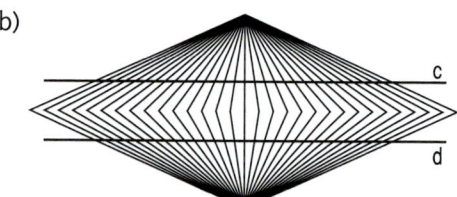

5. Übertrage die Punkte ins Heft. Verbinde je zwei durch eine Gerade. Wie viele Geraden erhältst du?

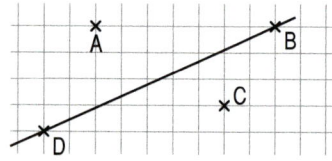

6. Zeichne vier Geraden so, dass zwei Schnittpunkte außerhalb deines Heftes liegen.

7. a) Übertrage ins Heft und zeichne die Strecken $\overline{AB}$, $\overline{BD}$ und $\overline{CD}$.
b) Insgesamt gibt es sechs Strecken mit den Punkten A, B, C oder D als Endpunkten. Zeichne die fehlenden Strecken und schreibe sie auf.

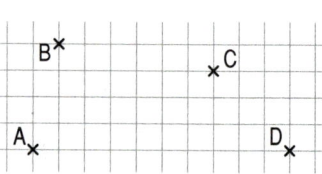

8. Wie viele verschiedene Strecken gibt es bei 5 Punkten A, B, C, D, E mit diesen als Endpunkten?

9. Die Punkte A, B, C und D liegen in dieser Reihenfolge alle auf derselben Geraden. Schreibe alle Strahlen auf, die von einem der Punkte ausgehen und durch einen anderen dieser Punkte verlaufen. Die aufgeschriebenen Strahlen sollen alle verschieden sein.

Vermischte Aufgaben

1. Welche dieser Linien sind Geraden, welche sind Strecken und welche sind Strahlen?

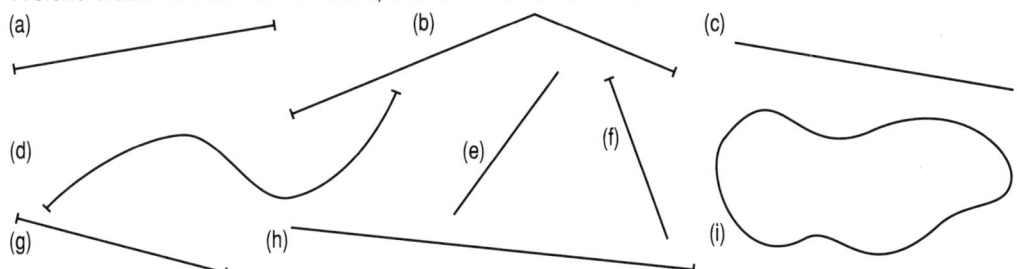

2. Wie viele Geraden, wie viele Strecken und wie viele Strahlen kannst du hier finden?

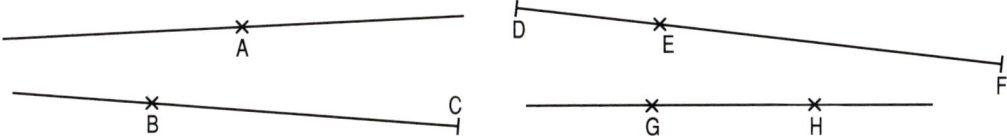

3. Ordne die Kennkarten der Geraden, der Strecke, dem Strahl zu. Eine Karte passt immer.

Kennkarte 1	Kennkarte 2	Kennkarte 3	Kennkarte 4
… hat genau zwei Endpunkte …	… ist eine gerade Linie …	… hat nur einen Anfangspunkt, aber keinen Endpunkt …	… hat weder einen Anfangspunkt noch einen Endpunkt …

4. Übertrage die Karte ins Heft und finde den Schatz: „Gehe von der hohen Eiche in Richtung des Wasserfalles und von der Höhle in Richtung der Turmruine. Der Schatz ist am Schnittpunkt beider Strecken vergraben."

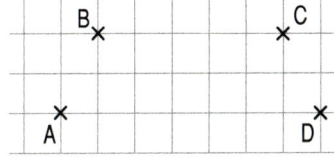

LVL 5. Zeichne 4 Punkte so, dass insgesamt 4 verschiedene Geraden durch diese Punkte gezeichnet werden können.

6. a) Übertrage die Punkte und verbinde sie mit einem Streckenzug in der Reihenfolge A, B, D, C, A.
LVL b) Suche weitere Möglichkeiten, mit einem Streckenzug zum Ausgangspunkt A zurückzukehren. Jeder Punkt darf nur einmal durchlaufen werden.

7. Eine Pizza wird durch zwei (drei, vier, fünf) Schnitte geteilt, wobei jeder Schnitt gerade von Rand zu Rand verläuft. Wie viele Stücke kann das geben? Zeichne.

8. a) Zeichne fünf Geraden so, dass du (1) vier, (2) sechs, (3) acht, (4) neun Schnittpunkte erhältst.
b) Wie viele Schnittpunkte kann es bei fünf Geraden höchstens geben?

9. Cem hat in einem Buch folgende Bezeichnung gefunden: g(A, B) Was bedeutet das wohl?
– größer als Punkt A ist Punkt B
– die Strecke $\overline{AB}$ ist grün
– g ist eine Gerade durch die Punkte A und B
– der Name des Strahls $\overline{AB}$ ist g

Senkrecht

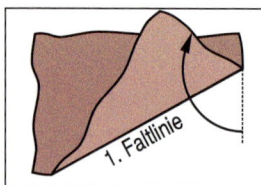 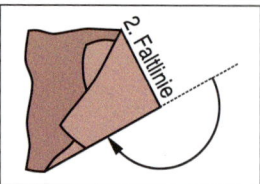  

LVL **1.** Partnerarbeit: Faltet ein Blatt Papier so wie dargestellt zweimal und faltet das Blatt wieder auseinander. Wie können die beiden abgebildeten Kinder feststellen, wie die Faltlinien zueinander stehen?

Zwei zueinander **senkrechte** Geraden a und b schließen einen rechten Winkel ein.
a ist senkrecht zu b: a⊥b,   b ist senkrecht zu a: b⊥a.

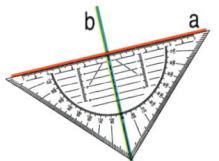

Zeichne die Senkrechte zur Geraden g durch den Punkt P.
(1) P liegt auf g.
(2) P liegt nicht auf g.

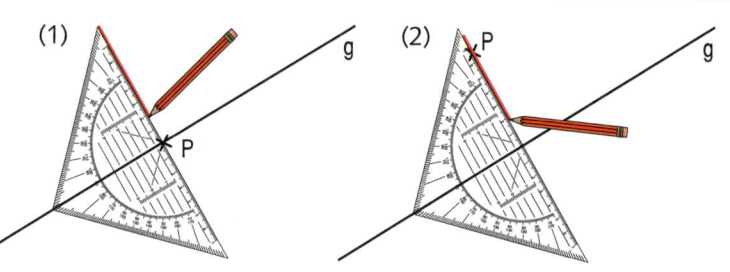

LVL **2.** Arbeite und sprich auch mit deinen Mitschülern darüber:

a) Warum wird beim Hausbau häufig so gebaut, dass zueinander senkrechte Kanten entstehen?
b) Nenne Beispiele aus deiner Umwelt für zueinander senkrechte Linien.
c) Suche in deinem Klassenzimmer nach zueinander senkrechten Linien. Überprüfe mit dem Geodreieck.

3. Zu welchen vollen Stunden stehen die Zeiger einer Uhr senkrecht zueinander?

4. Übertrage ins Heft. Zeichne die Senkrechten zu g durch die Punkte P, Q und R.

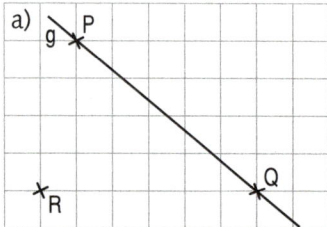 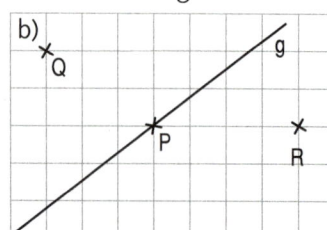 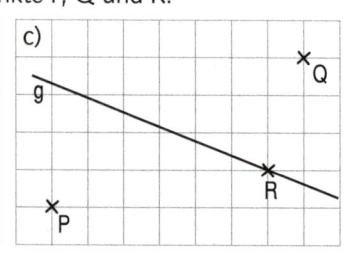

Parallel

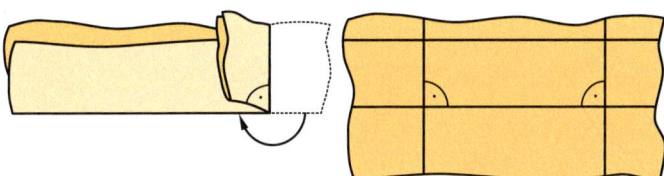

1. a) Falte ein Blatt Papier so, dass durch die Faltlinien ein Rechteck entsteht und öffne das Blatt.
  b) Wie liegen die Seiten des Rechtecks zueinander?
  c) Zeichne auf einem Blatt Papier mit dem Geodreieck Parallelen.

> Zwei Geraden a und b, die beide senkrecht zu einer Geraden g sind, verlaufen **parallel** zueinander.
> a ist parallel zu b: a ∥ b,   b ist parallel zu a: b ∥ a

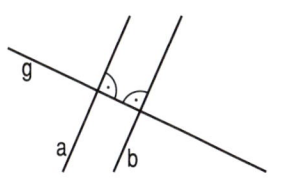

2. Zeichne die Parallelen zu einer Geraden g durch einen Punkt P.
  a) Verwende die parallelen Linien auf dem Geodreieck.
  b) Zeichne zuerst die Senkrechte h durch P zu g und dann die Senkrechte durch P zu h.

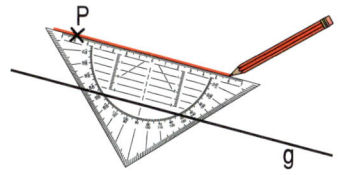
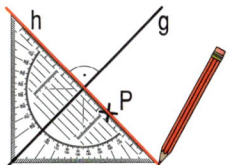
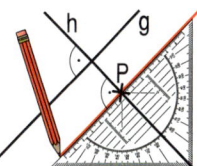

3. Suche in der Zeichnung zueinander parallele Linien. Prüfe mit dem Geodreieck nach.

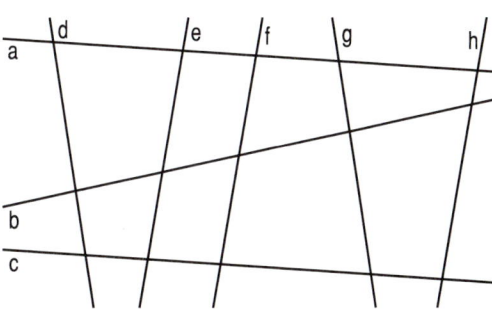

4. Nenne Beispiele aus deiner Umwelt für zueinander parallele Linien.

5. Suche in deinem Klassenzimmer zueinander parallele Linien. Mit welchen Hilfsmitteln kannst du die Parallelität überprüfen?

6. Übertrage ins Heft. Zeichne die Parallelen zu g durch P, Q und R.

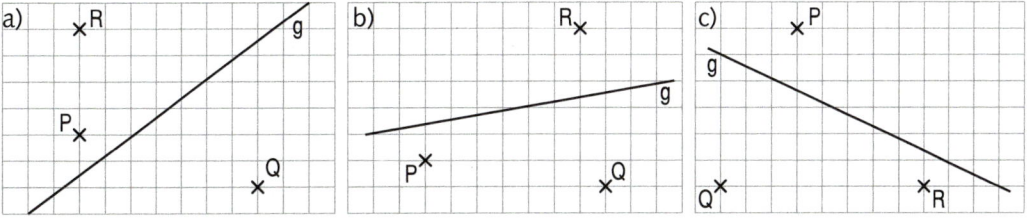

7. Zeichne eine Gerade und dazu 4 parallele und 5 senkrechte Geraden.
Welche Figuren entstehen, wenn die Abstände zwischen den jeweils parallelen Geraden gleich sind bzw. wenn die Abstände verschieden sind?

Abstand

 1. Partnerarbeit: Skizziert die abgebildete Landkarte auf einem Blatt Papier und überlegt, wie ihr den Punkt für den besten Hafenplatz finden könnt. Vergleicht euer Ergebnis mit den Ergebnissen anderer. Lässt sich der Punkt auch durch Falten finden?

Der Abstand des Punktes P von der Geraden g
ist die Länge der Strecke $\overline{PQ}$ auf der Senkrechten zu g.
Parallele Geraden haben überall denselben Abstand voneinander.

Zeichne einen Punkt P. Er soll 4 cm Abstand von der Geraden g haben.

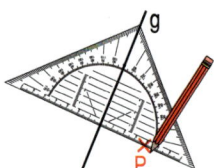

Zeichne eine Gerade h. Sie soll 4 cm Abstand von der Geraden g haben.

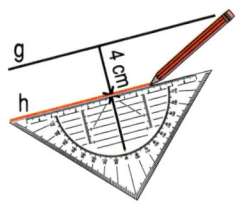

---

2. Zeichne eine Gerade g und einen Punkt P, der 3 cm Abstand von g hat.

3. Übertrage ins Heft. Bestimme die Abstände der Punkte von der Geraden g.

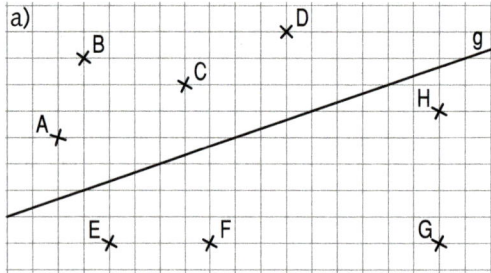

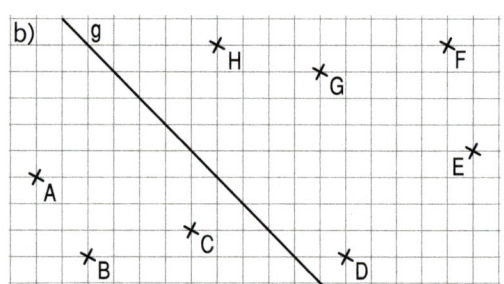

4. Zeichne eine Gerade a und zwei Parallelen zu a im Abstand von 3 cm.

5. Übertrage die Schatzkarte ins Heft und finde den Schatz. Er liegt im hellgrünen Feld.
„Der Schatz ist in einem Abstand von genau 50 m zum Wanderweg vergraben, zur Waldschneise hat er einen Abstand von genau 100 m."

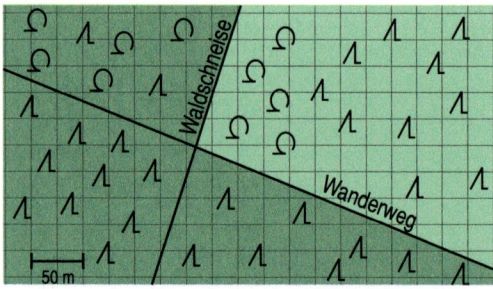

6. Der Punkt P hat von der Geraden g den Abstand 7 cm. Der Punkt Q hat den Abstand 3 cm von der Geraden g. P und Q sind 10 cm von einander entfernt. Finde zwei verschiedene Zeichnungen, auf die das zutrifft.

Vermischte Aufgaben

 1. Zeichne mit dem Geodreieck eine Mauer, eine Leiter, einen Jägerzaun.

2. Gibt es hier zueinander parallele oder senkrechte Linien? Prüfe mit dem Geodreieck.

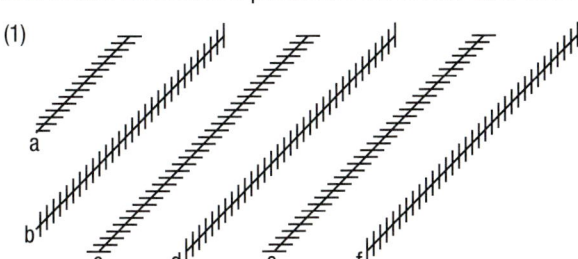
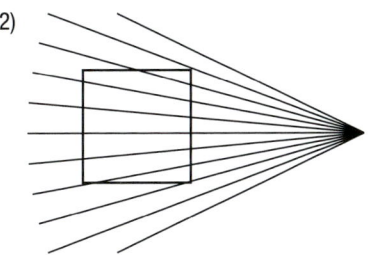

3. a) Welche Geraden sind zueinander parallel?
(Notiere so: ▪ ∥ ▪.) Prüfe mit dem Geodreieck.
b) Welche Geraden sind zueinander senkrecht? (Notiere so: ▪ ⊥ ▪.) Prüfe mit dem
Geodreieck.
c) Miss den Abstand, den die Parallelen voneinander haben.
d) Kemal sagt: „b und c sind parallel, denn
sie schneiden sich nicht." Hat er Recht?

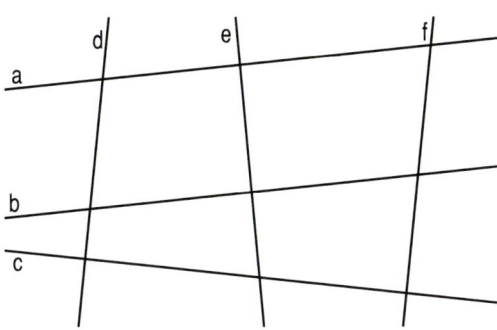

4. Hier stimmt etwas nicht. Zeichne mit dem Geodreieck neue richtige Bilder.

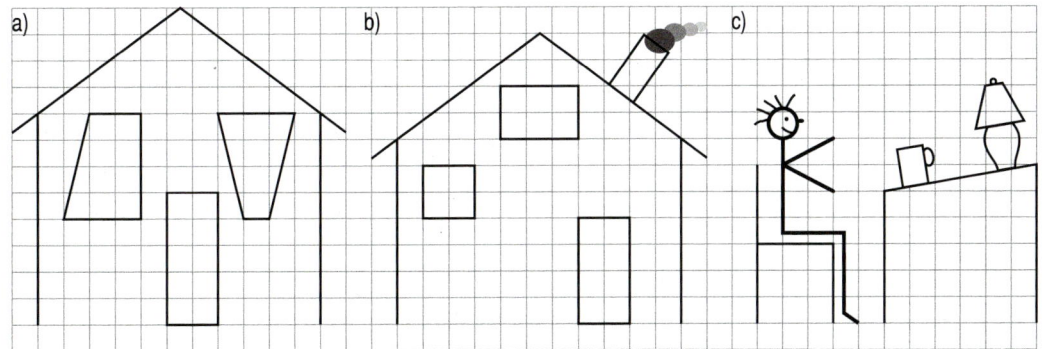

 5. Zeichne in die Mitte einer Heftseite ein Dreieck, wobei keine Seite länger als 5 cm sein soll.
Zeichne nun durch jeden Eckpunkt eine Gerade, die parallel zur gegenüberliegenden Dreiecksseite
verläuft. Du erhältst ein neues Dreieck. Zu diesem Dreieck kannst du auf die gleiche Weise ein
weiteres Dreieck zeichnen.

6. Ein Senkrechtstarter hebt auf einer Bergwiese ab.

a) Startet er senkrecht zur Bergwiese?

b) Fertige eine Skizze an, wie ein Start senkrecht zur Wiese sein müsste.

LVL **7.** a)   b)   c)   d)

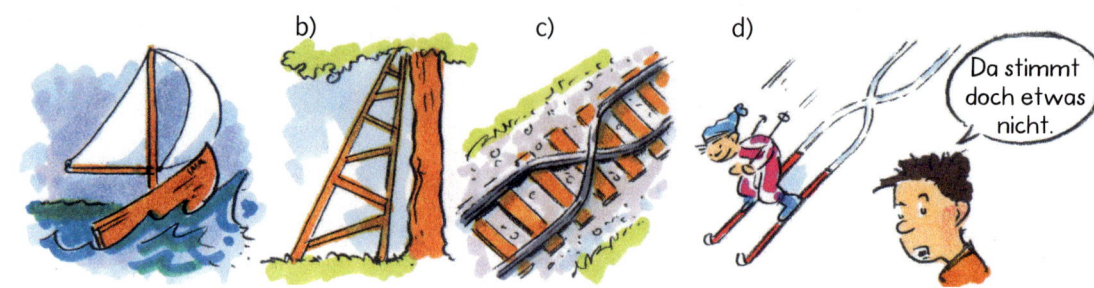

8. Bei einem Geländespiel gewinnt, wer zuerst eine der Waldschneisen a, b oder c erreicht.

a) Übertrage ins Heft und zeichne für Yasemin, Christian und Volker jeweils die kürzeste Verbindungsstrecke zu jeder Schneise ein.

b) Miss in deiner Zeichnung die Abstände und gib für jedes Kind an, welche Waldschneise besonders günstig liegt.

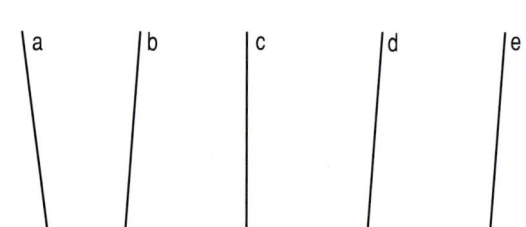

9. Welche der fünf Geraden in der nebenstehenden Abbildung schneiden sich?

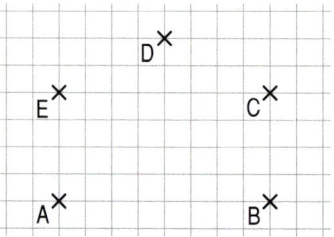

10. Zeichne drei Geraden a, b, c. Beschrifte sie.

a) $a \perp b$ und $b \perp c$ b) $a \parallel b$ und $a \perp c$

c) $a \parallel b$ und $b \parallel c$ d) $a \perp b$ und $b \parallel c$

11. Gegeben sei ein Punkt P. Zeichne zwei parallele Geraden g und h so, dass P von g den Abstand 3 cm und P von h den Abstand 4 cm hat. Es gibt zwei Möglichkeiten.

12. Zeichne zwei parallele Geraden g und h mit einem Abstand von 5 cm. Zeichne zu der Geraden g eine Parallele k mit einem Abstand von 2 cm. Welchen Abstand haben die Geraden h und k (zwei Möglichkeiten)?

13. a) Übertrage die Punkte ins Heft. Zeichne die Strecken $\overline{AB}$, $\overline{BC}$, $\overline{CD}$, $\overline{ED}$, $\overline{AE}$, $\overline{AC}$, $\overline{BE}$ und $\overline{CE}$. Miss und notiere ihre Längen.

b) Welche Strecken sind parallel zueinander, welche senkrecht?

LVL c) Versuche, das „Haus des Nikolaus" zu zeichnen, ohne den Stift abzusetzen. Jede Strecke darf nur einmal gezeichnet werden. Suche verschiedene Möglichkeiten. An welchen Punkten kannst du beginnen?

14. Zeichne zwei sich schneidende Geraden g und h, die nicht entlang der Gitterlinien verlaufen. Finde Punkte, die von der Geraden g den Abstand 2 cm haben und gleichzeitig von der Geraden h den Abstand 1 cm haben. Wie viele solche Punkte findest du?

Stadtplan

Die Landeshauptstadt von Baden-Württemberg ist Stuttgart. Abgebildet ist der Plan der Stuttgarter Innenstadt. Der Maßstab auf der Karte ist 1 : 10 000, also entspricht jeder Zentimeter auf der Karte 10 000 cm in der Wirklichkeit.

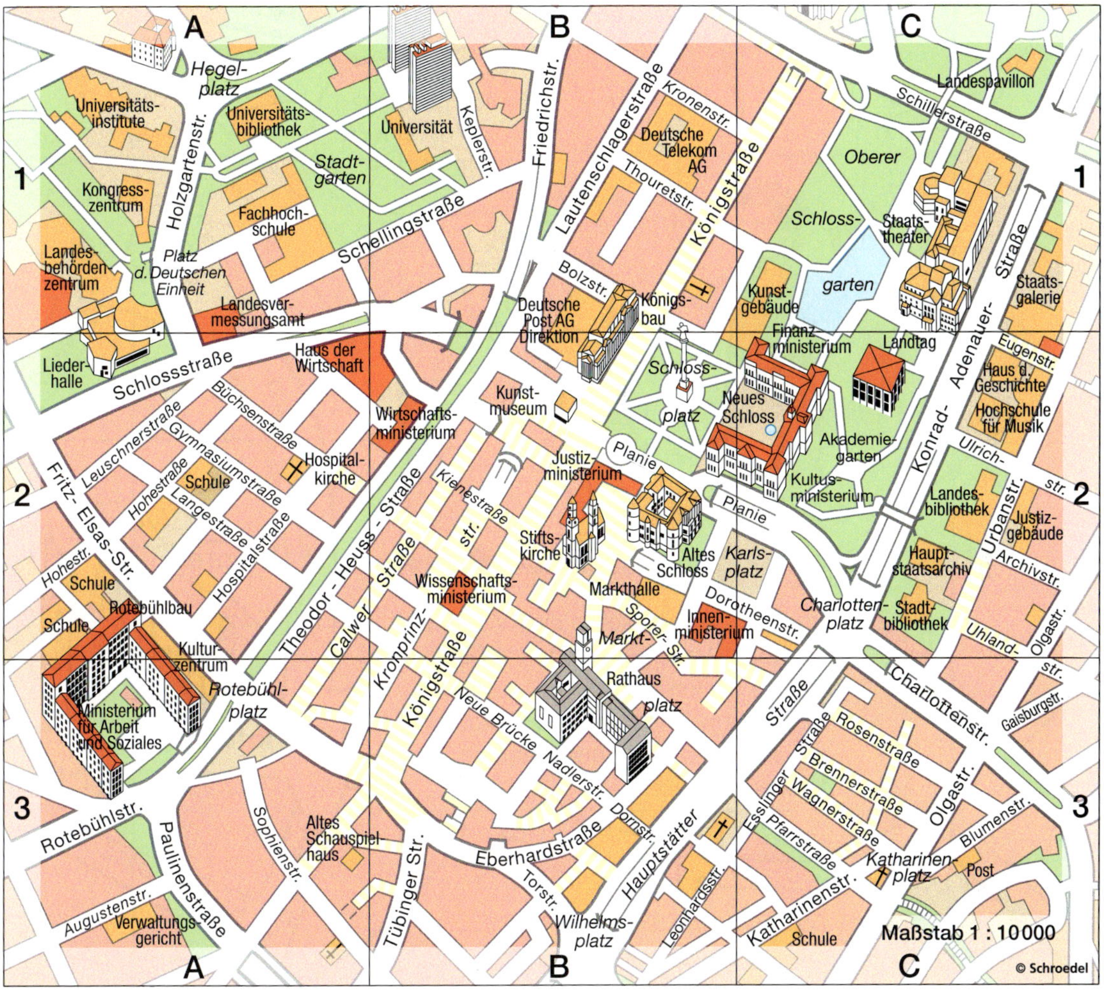

1. a) Welche Straßen sind parallel zueinander in der Umgangssprache und in der Mathematik?
    (1) Hospitalstraße in A2 und Theodor-Heuss-Straße in A2/B2
    (2) Büchsenstraße und Gymnasiumstraße in A2
    (3) Konrad-Adenauer-Straße und Urbanstraße in C1/C2
  b) Nenne weitere zueinander parallele Straßen.

2. a) Welche Straßen sind nahezu senkrecht zueinander?
    (1) Kienestraße in B2 und Calwer Straße in A2/B2
    (2) Königstraße in B1/C1 und Thouretstraße in B1
    (3) Katharinenstraße und Wagnerstraße in C3
  b) Nenne weitere zueinander senkrecht verlaufende Straßen.

3. Bestimme die Längen folgender Straßen.
    (1) Gymnasiumstraße in A2/B2 zwischen Theodor-Heuss-Straße und Königstraße
    (2) Kronprinzstraße in B2/B3 zwischen Lange Straße und Kienestraße

LVL

Stadtrallye

Stadtrallye macht Spaß!

Los, wir gewinnen!

Hier steht: Geht zum Start am Alten Wasserturm; Stadtplan: C 6

Wasserturm

1.

2. Vom Wasserturm sollen die Kinder auf der Königstraße gehen und ein Gebäude mit vier Säulen suchen.
In welchem Quadrat liegt es? Notiert werden muss der 4. Buchstabe der Sehenswürdigkeit.

3. Schon von weitem ist die Kirche mit den beiden hohen Kirchtürmen zu sehen.
Auf welcher Straßen gelangen die Kinder zu der Kirche?
Gesucht ist der 4. Buchstabe des Platzes, auf dem die Kirche steht.

4. Von der Kirche müssen die Kinder 300 m die Braunstraße entlang gehen.
Vor welchem Gebäude stehen sie dann?
Der 1. Buchstabe ist gefragt.

Königstraß

Diesterweg

Kaiserdamm

Theater

Wilhelm straße

Marienkirche

Hofanger

Marienplat

Drehergasse

Rosengasse

Lutherstraße

Wedemarkstraße

Kra ho

Maximilianallee

Ringstraße

Burgruine

Schiefer Turm

100 m   200 m

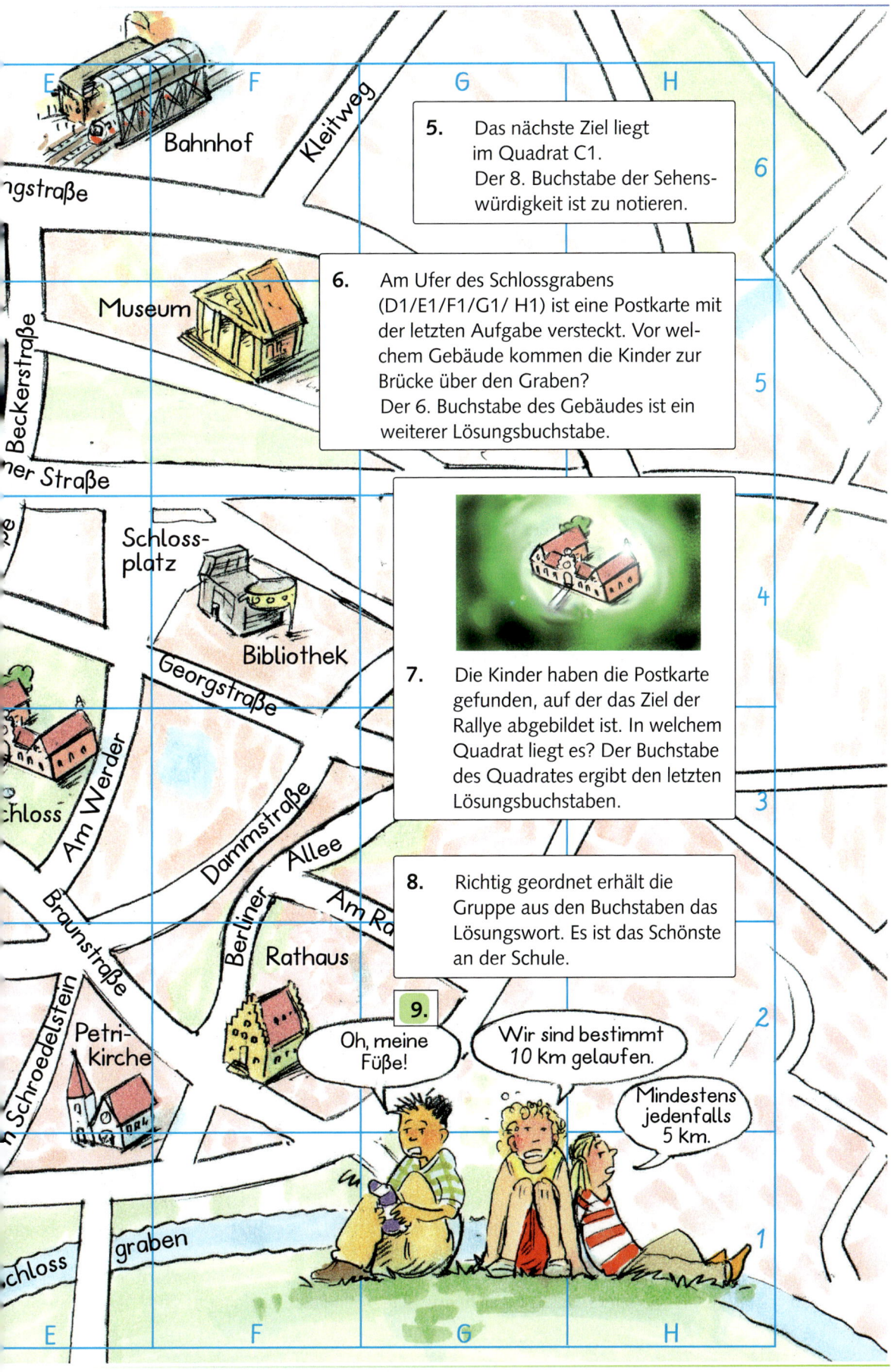

5. Das nächste Ziel liegt im Quadrat C1. Der 8. Buchstabe der Sehenswürdigkeit ist zu notieren.

6. Am Ufer des Schlossgrabens (D1/E1/F1/G1/ H1) ist eine Postkarte mit der letzten Aufgabe versteckt. Vor welchem Gebäude kommen die Kinder zur Brücke über den Graben? Der 6. Buchstabe des Gebäudes ist ein weiterer Lösungsbuchstabe.

7. Die Kinder haben die Postkarte gefunden, auf der das Ziel der Rallye abgebildet ist. In welchem Quadrat liegt es? Der Buchstabe des Quadrates ergibt den letzten Lösungsbuchstaben.

8. Richtig geordnet erhält die Gruppe aus den Buchstaben das Lösungswort. Es ist das Schönste an der Schule.

9.

Oh, meine Füße!

Wir sind bestimmt 10 km gelaufen.

Mindestens jedenfalls 5 km.

Quadratgitter

SPIELREGELN FÜR „SCHATZSUCHE"
1. Jeder Spieler versteckt an vier Punkten Schatzkisten.
2.

„Vier ... zwei?"

„Kein Schatz, aber du darfst weiterraten."

1. a) Mit welcher Zahlenangabe wäre ein Schatz getroffen worden?

LVL b) Partnerarbeit: Vervollständigt die Spielregeln und spielt das Spiel.

Legt man in einem **Quadratgitter** (z. B. Rechenheftkaros) eine **Rechtsachse** und eine **Hochachse** fest, dann kann man die Lage eines Punktes durch ein Zahlenpaar beschreiben.

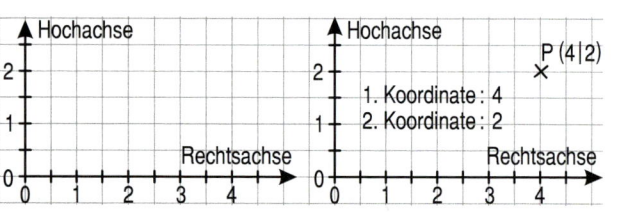

TIPP

Erst rechts, dann hoch.

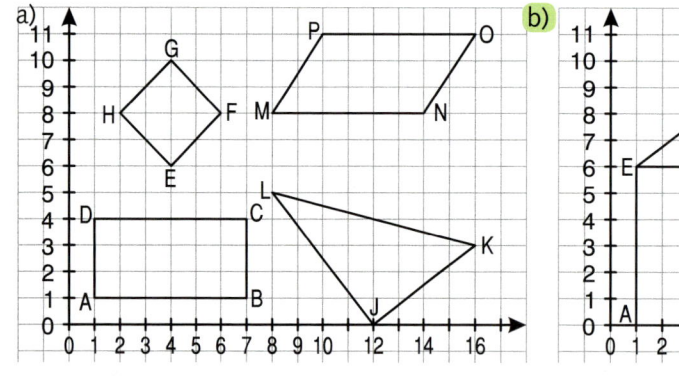

Aufgabe: Trage den Punkt (3|2) ein.

---

2. Übertrage die Figuren ins Heft und gib die Koordinaten ihrer Eckpunkte an.

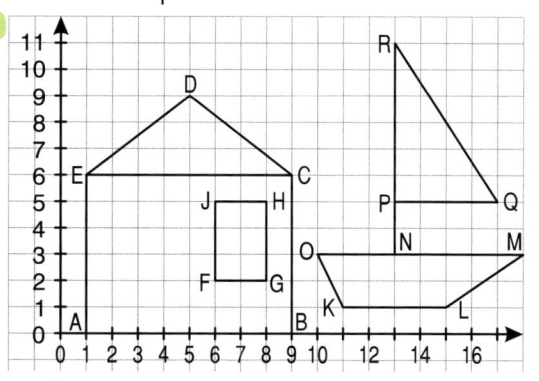

---

3. Lege im Rechenheft eine Rechts- und eine Hochachse fest. Wähle als Gittereinheit 1 cm (2 Kästchen). Trage die Punkte ein. Verbinde sie in der angegebenen Reihenfolge. Welcher Buchstabe entsteht?

a) A(1|5)   B(1|10)   C(4|5) D(4|10)
b) A(2|7) B(8|7) C(8|4) D(5|4)   E(5|7)
c) A(7|11)   B(11|11) C(7|8) D(11|8)
d) A(6|0) B(6|5) C(8|0) D(10|5) E(10|0)
e) A(10|10) B(6|10)   C(6|7) D(10|7)
f) A(1|4) B(4|1) C(3|5) D(7|4)   E(4|7)

LVL **4.** Trage die Punkte A(2|1), C(8|9) und D(2|9) in ein Quadratgitter ein. Welche Koordinaten muss Punkt B haben, damit im Viereck ABCD benachbarte Seiten senkrecht zueinander sind?

BLEIB FIT!

Die Ergebnisse der Aufgaben 1 bis 8 ergeben vier deutsche Inseln.

1. Berechne.
   a) 26 + 234 + 48
   b) 138 + 58 − 25
   c) 456 − 123 − 87
   d) 332 + 124 − 87 + 39

2. Berechne.
   a) 252 : 7
   b) 384 : 24
   c) 372 : 6
   d) 1 360 : 8

3. Manuel kauft 2 Pizzas für je 2,40 €, 3 Eisbecher für je 1,25 € und 4 Tafeln Schokolade zu je 0,65 €.
Wie viel Euro muss er bezahlen?

4. In Deutschland gibt es rund 36 000 allgemeinbildende Schulen.
   a) Wie viele sind es wenigstens?
   b) Wie viele sind es höchstens?

5. Uwe hat 240 Euro gespart. Berechne
   a) ein Drittel,   b) die Hälfte,
   c) das Dreifache,   d) den 5. Teil.

6. Beachte die Rechenregeln.
   a) 6 · 12 + 81 : 9   b) 200 − 125 : 5
   c) (200 − 125) : 5   d) 6 · (81 + 18) : 9

7. a) Aus Draht soll ein Würfelmodell mit 6 cm Kantenlänge gefertigt werden. Wie viel cm Draht braucht man mindestens?

   b) Welcher Körper besteht aus einer quadratischen Fläche und vier dreieckigen Flächen?
   Würfel (10)   Pyramide (20)   Prisma (30)

   c) Welcher Körper hat nur eine Ecke?
   Kegel (40)   Pyramide (50)   Prisma (60)

8. Wie heißt die gesuchte Zahl?
   a) Wenn ich meine gedachte Zahl mit 3 multipliziere und vom Ergebnis 11 subtrahiere, erhalte ich 58.

   b) Wenn ich meine Zahl durch 6 dividiere und zum Ergebnis 27 addiere, erhalte ich 99.

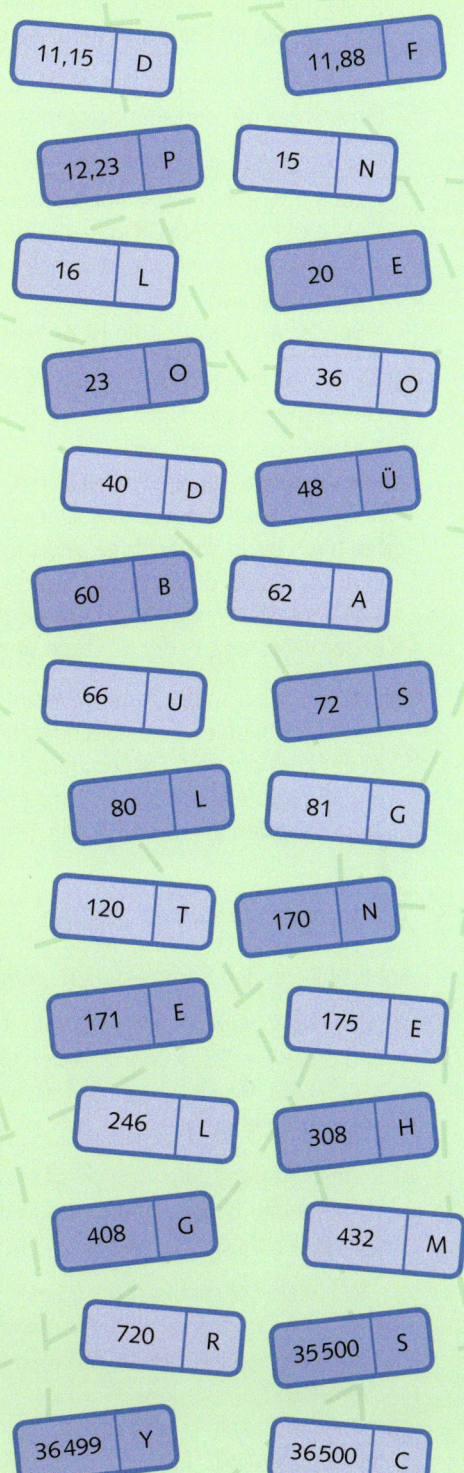

11,15 D	11,88 F
12,23 P	15 N
16 L	20 E
23 O	36 O
40 D	48 Ü
60 B	62 A
66 U	72 S
80 L	81 G
120 T	170 N
171 E	175 E
246 L	308 H
408 G	432 M
720 R	35 500 S
36 499 Y	36 500 C

1. Der Umzug

Familie Groß zieht mit ihren beiden Kindern Pia und Tim von Düsseldorf nach Köln. Für den Transport stehen ein Lkw des Umzugsunternehmens und der Pkw der Familie bereit.

a) Geschirr, Bücher, Spielzeug und andere kleinere Sachen werden in 39 Umzugskartons verpackt. Ein Karton wiegt durchschnittlich 25 Kilogramm. Pias Mutter sagt: „Die Kartons wiegen zusammen bestimmt mehr als eine Tonne." Stimmt das? Begründe deine Antwort.

b) Familie Groß fährt mit dem Pkw. Sie starten um 10:25 Uhr. Unterwegs müssen sie noch tanken.

– Herr Groß tankt 47 Liter Benzin und muss dafür 78,02 € bezahlen. Er schimpft: „Nun kostet ein Liter Benzin schon mehr als 2 €!" Hat Herr Groß Recht? Begründe deine Antwort.

– Er zahlt mit einem 100-€-Schein. Wie viel Wechselgeld bekommt er zurück? Schreibe deine Rechnung auf.

– Bei der Ankunft in Köln ist es 7 Minuten nach 11 Uhr. Wie lange waren sie unterwegs?

c) Kurz nach Ankunft der Familie trifft auch der Lastwagen der Umzugsfirma ein. Nach den Möbelstücken müssen noch alle Kartons ausgeladen werden.

Die vier Umzugshelfer teilen sich die Arbeit auf: Der erste trägt den Karton ins Erdgeschoss. Der zweite läuft die ersten 14 Stufen hoch bis in die 1. Etage und der dritte 14 Stufen von der 1. in die 2. Etage, der vierte 14 Stufen von der 2. in die 3. Etage. Wie viele Stufen läuft jeder Umzugshelfer, bis alle 39 Kartons in der Wohnung in der 3. Etage sind?

d) Zwei Stunden später ist der Umzug geschafft. Alle haben kräftig mitgeholfen und genießen jetzt die Kaffeepause. Auch Tim ist einige Male vom Erdgeschoss bis zur Wohnung gelaufen und behauptet: „Ich bin seit unserer Ankunft insgesamt 504 Treppenstufen gelaufen." Kann Tims Behauptung stimmen?

2. Am Imbiss

Robert hilft in den Sommerferien im Imbiss seines Onkels aus.

a) Der erste Kunde bestellt eine Frikadelle mit Pommes Frites und dazu ein Glas Mineralwasser. Er bezahlt mit einem 5-€-Schein. Wie hoch ist das Wechselgeld, das Robert herausgeben muss?

b) Robert überlegt, wie viele verschiedene Mahlzeiten aus Fleisch, einer Beilage und einem Getränk zusammengestellt werden können.

– Wie viele Möglichkeiten sind es?

– Roberts Onkel möchte die Auswahl vergrößern. Sollte er zusätzlich ein weiteres Getränk oder eine weitere Beilage anbieten?

c) Am Abend zählt Robert alle Münzen, die er als Trinkgeld erhalten hat. Wie viele Münzen müssen es mindestens sein, wenn Roberts Trinkgeld 3,85 € beträgt?

Unsere Menüs – Ihre Wahl!	
Frikadelle	1,40 €
Rostbratwurst	1,20 €
Wiener	1,00 €
mit einer Beilage Ihrer Wahl:	
Brötchen	0,40 €
Kartoffelsalat	0,80 €
Pommes frites	1,20 €
GRATIS dazu ein Getränk	
Limonade	
Mineralwasser	

3. Würfel

Die Abbildung zeigt eine Würfeltreppe, die aus vielen kleinen Würfeln zusammengesetzt ist.

a) Aus wie vielen Würfeln besteht diese Würfeltreppe?

b) Die Würfeltreppe soll um zwei Stufen nach unten fortgesetzt werden. Wie viele Würfel braucht man dafür *zusätzlich*?

c) Wie viele Würfel werden benötigt, um die abgebildete Würfeltreppe zu einem Würfel zu ergänzen?

d) Ein Würfel mit 4 cm Kantenlänge wird blau angestrichen und in kleine Würfel zerschnitten.
Wie viele kleine Würfel, die keine, eine, zwei oder drei blaue Flächen haben, entstehen, wenn durch die Schnitte Würfel mit 2 cm Kantenlänge entstehen?

e) Beantworte die Frage bei d) für den Fall, dass durch die Schnitte Würfel von 1 cm Kantenlänge entstehen.

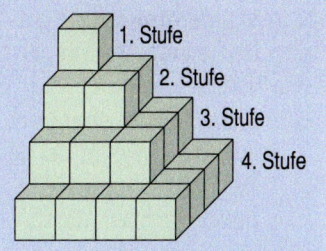
1. Stufe
2. Stufe
3. Stufe
4. Stufe

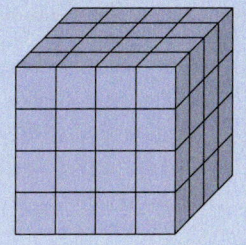

4. Haustiere

Sarah wünscht sich schon seit langem ein Haustier, am liebsten hätte sie eine Katze. Ihre Eltern fürchten jedoch die zusätzlichen Kosten.

a) Sarah plündert ihr Sparschwein und findet darin dreizehn 2-Euro-Münzen, siebzehn 1-Euro-Münzen, achtundzwanzig 50-Cent-Münzen, vierunddreißig 20-Cent-Münzen, neunundzwanzig 10-Cent-Münzen, neunzehn 5-Cent-Münzen, siebenundzwanzig 2-Cent-Münzen und neununddreißig 1-Cent-Münzen. Wie viel € hat Sarah in ihrem Sparschwein?

b) Zur Grundausstattung einer Katze gehört auch Spielzeug, das aber will Sarah selbst basteln. Alles andere will sie von ihrem Ersparten kaufen. Sie wählt aus dem abgebildeten Prospekt einen Transportkorb, eine Katzentoilette, eine Streuschaufel, einen Kratzbaum sowie einen Futter- und einen Trinknapf aus. Erleichtert stellt sie fest, dass ihr Geld reicht. Allerdings bleiben nur einige Cent übrig. Welche Gegenstände könnte Sarah gewählt haben?

c) Wie viel € kann Sarah einsparen, wenn sie sich immer für das preiswerteste Modell entscheidet?

8,99 €   16,99 €
           24,99 €

19,99 €   26,20 €   22,50 €

1,29 €   3,99 €   1,29 €
           2,99 €   1,69 €

19,90 €   15,90 €   26,80 €

Spiegeln

1. a) Skizziere die linke Blatt-
hälfte ins Heft und ver-
vollständige die Figur.

LVL b) Schreibt in Partnerarbeit
auf, worauf man bei der
Zeichnung mit dem Geo-
dreieck achten muss.

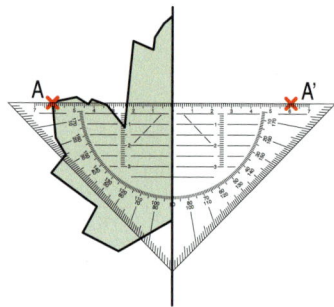

Bei der **Achsenspiegelung** ist die
Verbindungsstrecke $\overline{AA'}$ zwischen
Original- und Bildpunkt **senk-**
recht zur **Spiegelachse** und wird
von ihr **halbiert.**

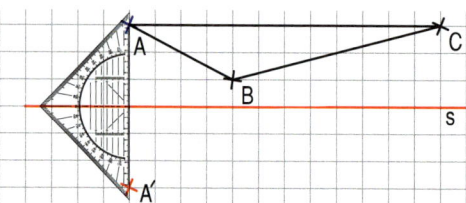

2. Übertrage ins Heft. Zeichne die Gerade ein, an der gespiegelt wurde.

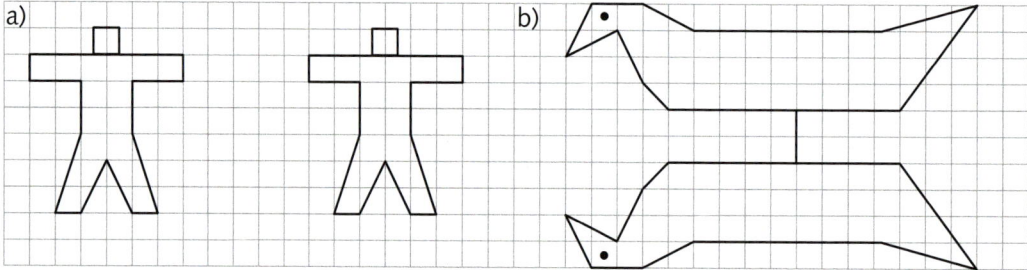

3. Übertrage auf Karopapier und spiegele an der roten Geraden s.

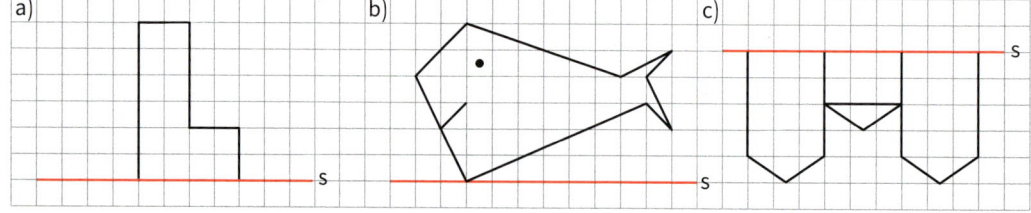

4. Zeichne in ein Quadratgitter die Punkte A(1|8), B(4|6) und C(12|5) und spiegele sie an der Gera-
den, die durch die Punkte D(0|0) und E(6|9) geht. Gib die Koordinaten der Bildpunkte A', B', C' an.

5. Übertrage die Figur und spiegele sie an der Spiegelachse s.

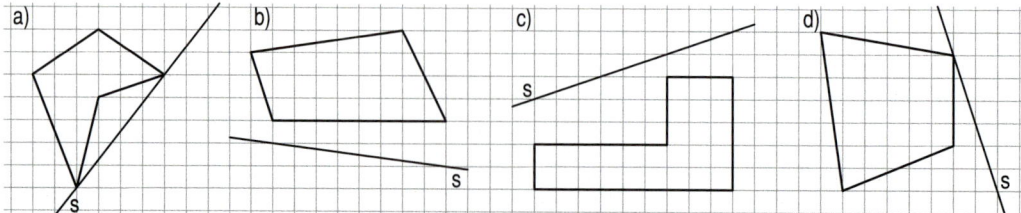

Achsensymmetrische Figuren

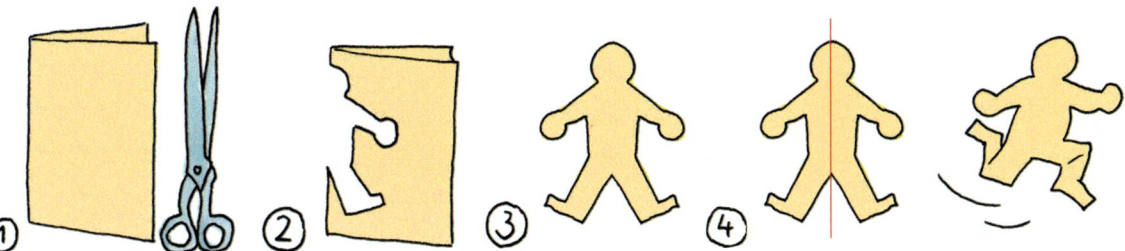

LVL **1.** Falte ein Blatt Papier und schneide eine Figur wie im Bild aus. Klappe sie auseinander. Vergleiche den linken und den rechten Teil der Figur.

Eine Figur ist **achsensymmetrisch,** wenn man durch sie eine Gerade **(Symmetrieachse)** zeichnen kann, sodass die eine Seite der Figur Spiegelbild der anderen ist.

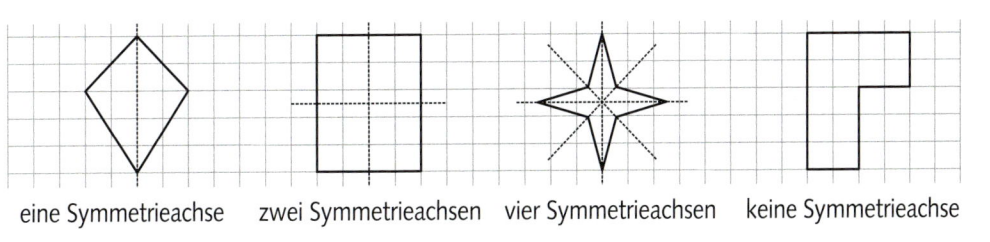

eine Symmetrieachse   zwei Symmetrieachsen   vier Symmetrieachsen   keine Symmetrieachse

2. Ist die Figur achsensymmetrisch? Wie viele Symmetrieachsen hat sie?

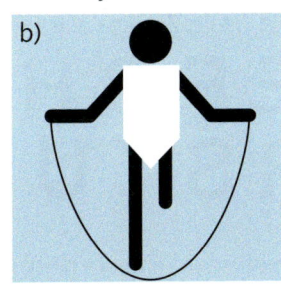
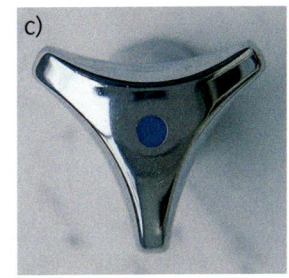

3. Übertrage die Figur ins Heft und ergänze sie zu einer achsensymmetrischen Figur. Die Gerade s ist Symmetrieachse.

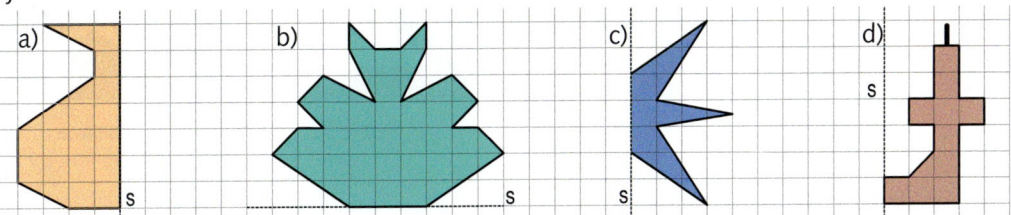

4. a) Zeichne ein Viereck mit 4 Symmetrieachsen.
b) Zeichne mit einem geeigneten Hilfsmittel eine Figur, die unendlich viele Symmetrieachsen hat.

5. Übertrage die Figur ins Heft und zeichne alle Symmetrieachsen ein.

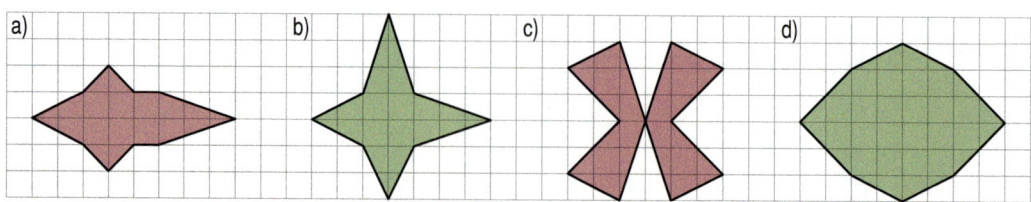

a)   b)   c)   d)

6. (1)   (2)   (3)   (4)

  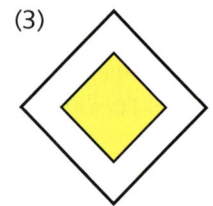 

a) Eines der Verkehrsschilder ist nicht achsensymmetrisch. Welches?
b) Skizziere die anderen Verkehrsschilder im Heft und zeichne die Symmetrieachsen ein.

 7.

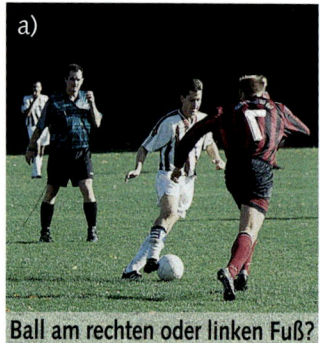

a)

Ball am rechten oder linken Fuß?

b)

Rechts- oder Linksabbieger?

c)

Wie spät ist es?

8. Übertrage die Druckbuchstaben ins Heft. Zeichne alle Symmetrieachsen ein.

A B C D E F G H I J K L M
N O P Q R S T U V W X Y Z

9. Welche Fahnen sind achsensymmetrisch? Skizziere diese Fahnen im Heft und zeichne die Symmetrieachsen ein.

Trinidad   Venezuela   Puerto Rico   Jamaica

10. Skizziere im Heft mit allen Symmetrieachsen, die es gibt. Finde weitere Beispiele.

(1) **OTTO**   (2) **MAMA**   (3) **MAOAM**   (4) **ABBA**   (5) **UHU**

(6) **800**   (7) **808**   (8) **333**   (9) **101**   (10) **383**

Spiegelungen und Symmetrien überall?

1.

Hier wird in der Natur gespiegelt. Wo liegt die „Spiegelachse"?

LVL 2. Warum ist es praktisch, die Frontaufschrift beim Firmenwagen in Spiegel-schrift anzubringen?

LVL 3. Entwirf selbst eine Frontaufschrift für ein Auto. Kontrolliere mit einem Taschenspiegel, ob du die Schrift im Spiegel lesen kannst.

4.

a) Wie viele „Symmetrieachsen" haben die Figuren jeweils? Verwende dein Geodreieck als „Spiegel".

b) Suche weitere achsensymmetrische Figuren aus der Umwelt und sortiere nach der Anzahl der Symmetrieachsen.

Symmetrische Figuren basteln

1. Anhänger für Geschenke

2. Girlanden

3. Einladungen

4. Tischdekoration

5. Spiel

Bastele ein Domino. Du brauchst mindestens 12 Rechtecke aus Pappe (ca. 8 cm x 4 cm).
Beklebe sie mit symmetrischen Figuren.
(1) im Faltschnitt ausschneiden
(2) an der Symmetrieachse auseinanderschneiden
(3) spiegelbildlich an den Rand der Papprechtecke kleben

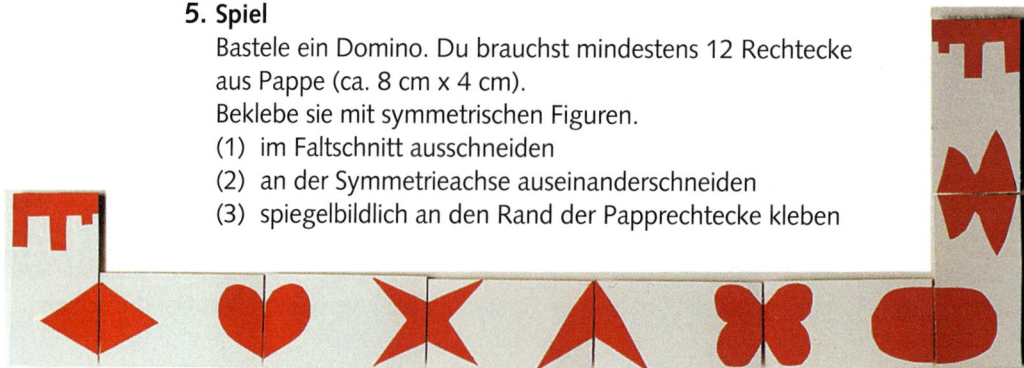

Rechteck und Quadrat

1. a) Beschreibe die Vierecke, mit denen du die Flächen eines Würfels bzw. Quaders bekleben kannst.
LVL b) Kannst du ein Blatt Papier so falten, dass die Faltlinien ein solches Viereck bilden?

Ein **Rechteck** ist ein Viereck mit vier rechten Winkeln. In ihm sind die gegenüberliegenden Seiten gleich lang und parallel.

Ein **Quadrat** ist ein Rechteck, in dem alle vier Seiten gleich lang sind.

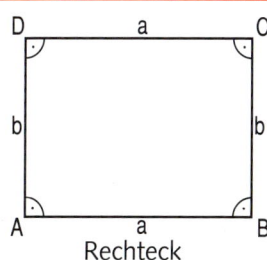 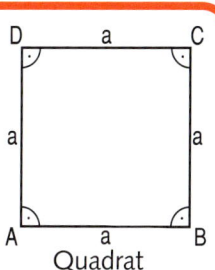

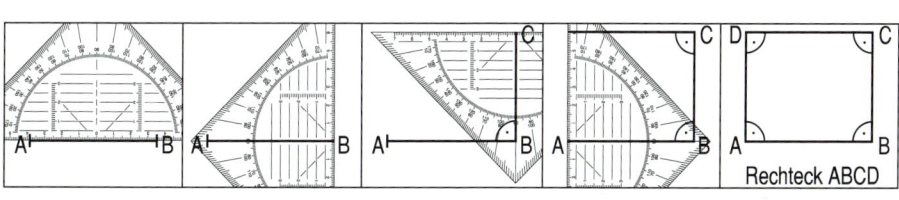

2. Zeichne mit dem Geodreieck ein Rechteck mit den angegebenen Seitenlängen.

a) a = 4 cm   b) a = 7 cm   c) a = 5 cm   d) a = 5,8 cm   e) a = 7,2 cm   f) $\overline{AB}$ = 6 cm
b = 6 cm   b = 3 cm   b = 5 cm   b = 3,9 cm   b = 7,1 cm $\overline{BC}$ = 5 cm

3. Zeichne ein Quadrat mit der Seitenlänge: a) a = 4 cm   b) a = 5,4 cm   c) $\overline{AD}$ = 5,3 cm

4. Welche Vierecke sind keine Rechtecke? Begründe. Welche Rechtecke sind zugleich Quadrate?

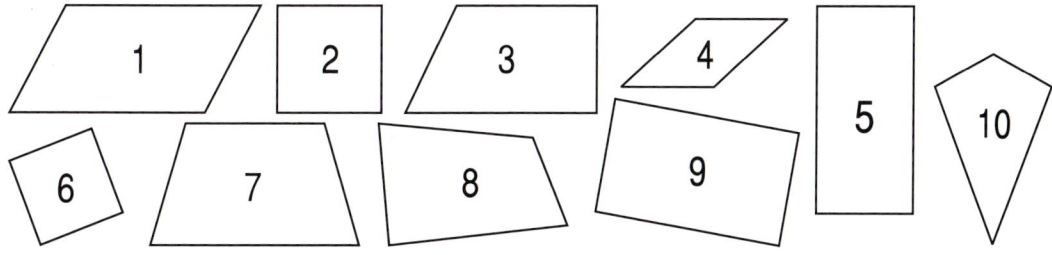

5. Trage die Punkte in ein Quadratgitter ein. Ergänze jeweils einen Punkt so, dass sich die Eckpunkte eines Rechtecks oder Quadrates ergeben. Zeichne das Viereck.

a) (1|2) (7|2) (7|8)   b) (3|1) (11|5) (3|5)   c) (1|6) (9|4) (10|8)   d) (7|1) (10|6) (5|9)

LVL **6.** Karin bastelt einen Futterplatz für Vögel. Dazu muss sie in der Mitte einer rechteckigen Platte ein
Loch bohren. Wie kann sie diesen Punkt finden? Es gibt mehrere Möglichkeiten. Probiere durch
Falten eines rechteckigen Papierblattes oder durch Zeichnen.

LVL **7.** Bastele dir Umschläge, z. B. für Briefe und CDs.
Du brauchst vier Quadrate, Seitenlänge: 15 cm

(1) Falte jedes Quadrat längs einer Mittellinie.
(2) Nun stecke die Quadrate ziegelartig ineinander
und klebe den Boden des Umschlages zusammen.
Arbeite an den Ecken genau, es müssen rechte
Winkel entstehen.
(3) Jetzt schließe den Umschlag, indem du die
gefalteten Laschen wieder ineinandersteckst.
(4) Zum Schluss knicke die 4 Quadrate des Deckels
entlang ihrer Diagonale. Diese Dreiecke stehen hoch
und geben der Hülle den richtigen Pfiff.

festes Papier
Lineal
Klebstoff
Schere

(1)

(2)

(3)

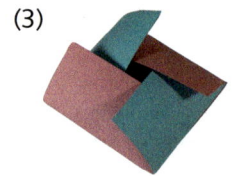

(4)

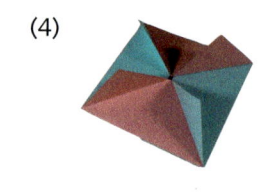

8. Zeichne ein Quadrat (5 cm Seitenlänge) und ein Rechteck
(5 cm lang, 4 cm breit). Zeichne in beide Figuren die *Diagonalen* und *Mittellinien* ein.

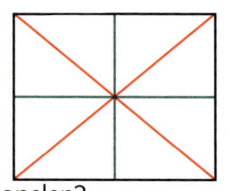

Diagonalen

Mittellinien

a) Miss ihre Längen und vergleiche mit den Seitenlängen.
b) Prüfe in beiden Figuren, wo rechte Winkel sind.
c) Welche besondere Eigenschaft haben die Schnittpunkte der Diagonalen?

9. Quadrate und Rechtecke wurden entlang der Diagonalen (rot) oder entlang der Mittellinien
(grün) zerschnitten. Ergänze die Teilfigur im Heft zur Gesamtfigur.

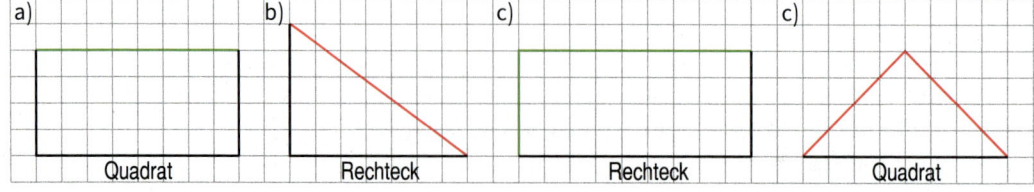

a)   b)   c)   c)

Quadrat   Rechteck   Rechteck   Quadrat

Parallelogramm und Raute

LVL **1.** Zwei parallele Geraden begrenzen einen Streifen. Zeichne auf Transparentpapier oder auf Folie zwei gleich breite Streifen und einen dritten Streifen mit einer anderen Breite und schneide sie aus. Lege jeweils zwei Streifen übereinander. Dabei entsteht jedes Mal ein Viereck. Überlegt in Partnerarbeit, welche Eigenschaften die Vierecke haben und welche Vierecke ihr bereits kennt.

Ein **Parallelogramm** ist ein Viereck, in dem gegenüberliegende Seiten parallel sind. Gegenüberliegende Seiten sind gleich lang.

Eine **Raute** ist ein Parallelogramm, in dem alle vier Seiten gleich lang sind.

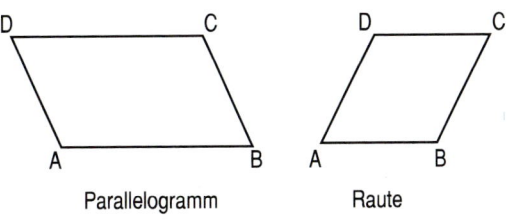

Parallelogramm   Raute

Zeichne ein Parallelogramm.

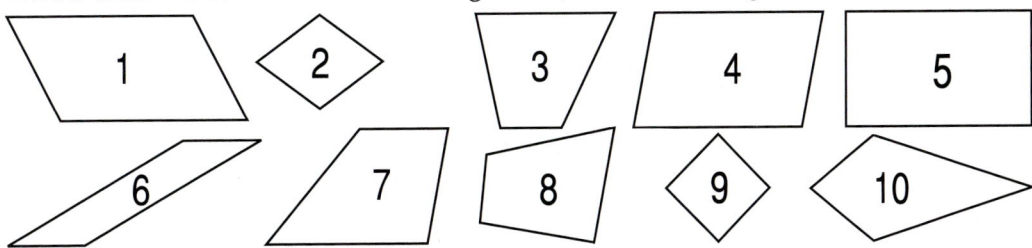

2. a) Zeichne mit dem Geodreieck zwei Parallelstreifen (Breite 4 cm und 2,5 cm) so, dass sie einmal ein Parallelogramm (kein Rechteck) und einmal ein Rechteck bilden.
b) Zeichne mit zwei gleich breiten Streifen (Breite 5 cm) eine Raute und ein Quadrat.

3. Welche dieser Vierecke sind keine Parallelogramme, welche Parallelogramme sind auch Rauten?

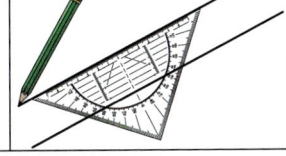
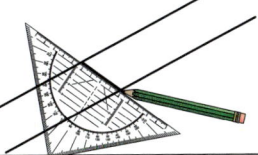
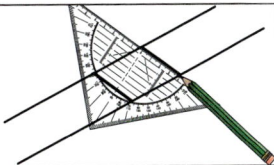

4. Prüfe folgende Behauptungen für Parallelogramm und Raute mit dem Geodreieck.
a) Die Diagonalen sind gleich lang.
b) Die Diagonalen halbieren sich gegenseitig.
c) Die Diagonalen sind senkrecht zueinander.

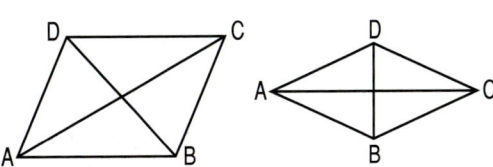

Drachen und Trapez

LVL **1.** Partnerarbeit: Vergleicht Drachen und Trapez mit den Vierecksformen, die ihr bereits kennt. Welche Eigenschaften haben sie mit ihnen gemeinsam, in welchen unterscheiden sie sich?

Ein **Drachen** ist ein Viereck, bei dem die Diagonalen zueinander senkrecht stehen und eine der beiden Diagonalen von der anderen halbiert wird.
Ein **Trapez** ist ein Viereck mit zwei zueinander parallelen Seiten.

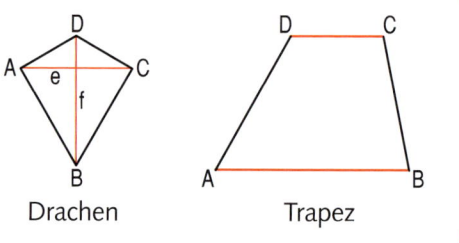

Drachen   Trapez

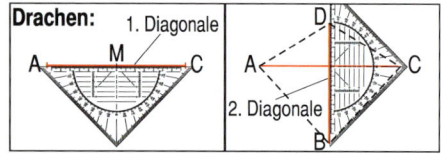

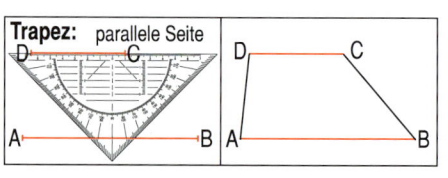

2. Zeichne zwei verschiedene Drachen, deren Diagonalen 4 cm und 8 cm lang sind.

3. Zeichne zwei verschiedene Trapeze. Die zueinander parallelen Seiten sind 6 cm und 3 cm lang.

4. Welche Vierecke sind   a) Drachen,   b) Trapeze?

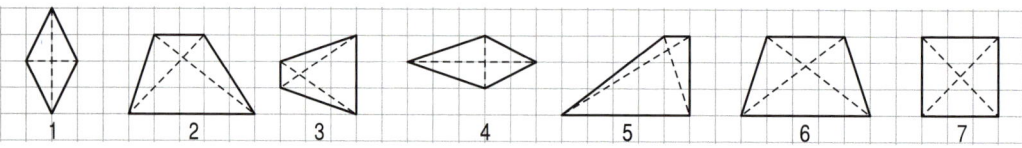

5. Prüfe, ob die Behauptungen wahr oder falsch sind. Formuliere falsche Behauptungen so um, dass sie dann wahr sind   a) für den Drachen,   b) für das Trapez.
① Die Diagonalen sind immer gleich lang.
② Die Diagonalen stehen immer senkrecht zueinander.
③ Die Diagonalen halbieren sich immer.
④ Alle Seiten sind gleich lang.
⑤ Die gegenüberliegenden Seiten sind gleich lang.
⑥ Die benachbarten Seiten sind gleich lang.
⑦ Die gegenüberliegenden Seiten sind parallel.

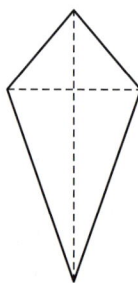

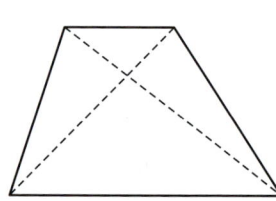

Vermischte Aufgaben

 1. Übertrage die Figuren auf ein Blatt Karopapier, schneide sie aus und setze aus ihnen Vierecke zusammen. Was für Vierecke erhältst du?

 2. Eine Seite eines Rechteckes ist 6 cm lang. Eine der beiden Mittellinien teilt dieses Rechteck in zwei Quadrate. Wie lang kann die andere Seite des Rechteckes sein? Eine Skizze hilft dir, beide Lösungen zu finden.

3. Ordne die Kennkarten dem Quadrat, dem Rechteck, der Raute, dem Parallelogramm zu.

Kennkarte 1	Kennkarte 2	Kennkarte 3	Kennkarte 4
Das Viereck hat vier rechte Winkel.	In dem Viereck sind gegenüberliegende Seiten gleich lang und parallel zueinander.	Das Viereck hat vier gleich lange Seiten, gegenüberliegende Seiten sind parallel zueinander.	Das Viereck hat vier rechte Winkel und vier gleich lange Seiten.

4. a) Zeichne das Dreieck ABC. Ergänze es zu einem Parallelogramm, das kein Rechteck ist.
b) Zeichne das Dreieck DEF und ergänze es zu einem Drachen, der keine Raute ist.

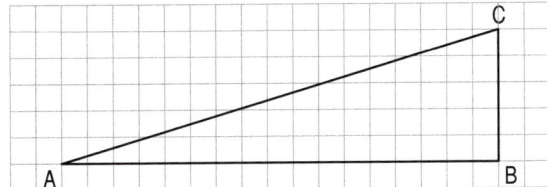 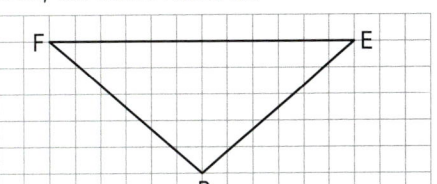

5. Wie viele Rauten entdeckst du und wie viele Parallelogramme, die keine Rauten sind? Begründe.

a) 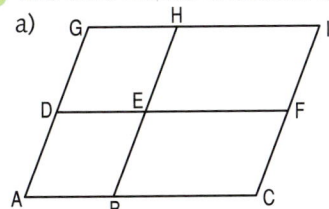   b) 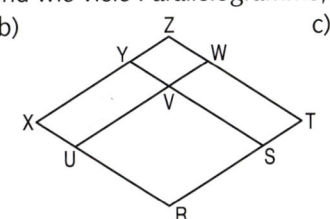   c)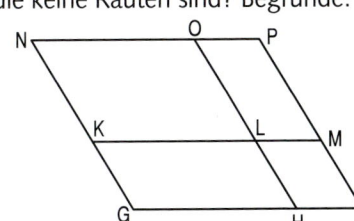

6. Zeichne verschiedene Viereckstypen und markiere jeweils die Mittelpunkte aller vier Seiten. Verbinde diese Mittelpunkte zu einem Viereck. Welcher Viereckstyp entsteht jeweils?

7. Zeichne die Punkte in ein Quadratgitter und verbinde sie zu einem Viereck. Was für ein Viereck erhältst du?
a) A(7|1)   B(11|4) C(7|11) D(3|4)   b) A(5|2) B(9|6) C(5|10) D(1|6)
c) A(11|2) B(4|9)   C(1|4)   D(4|1)   d) A(0|0) B(8|0) C(9|5) D(1|5)

8. a) Ist jedes Rechteck ein Trapez?   b) Kann ein Viereck sowohl Rechteck als auch Raute sein?

LVL **9.** Die Stäbe sind Seiten von Vierecken. Aus welchen Stäben kannst du das angegebene Viereck legen?
a) Parallelogramm b) Raute c) Drachen d) Trapez

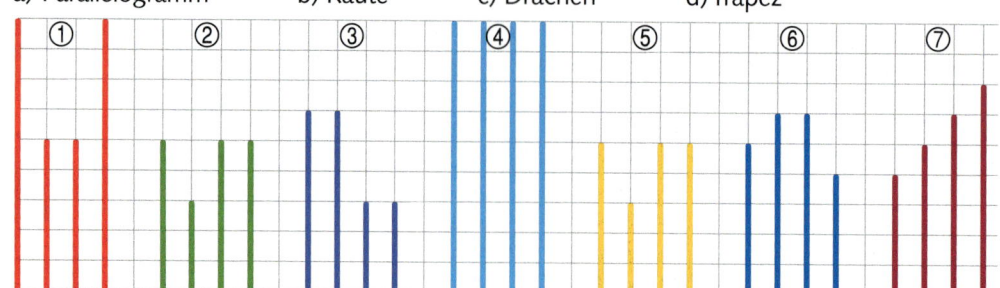

LVL **10.** Übertrage die Flächen auf kariertes Papier. Schneide die Figuren aus.
Aus welchen Flächen kannst du einen Drachen zusammensetzen?

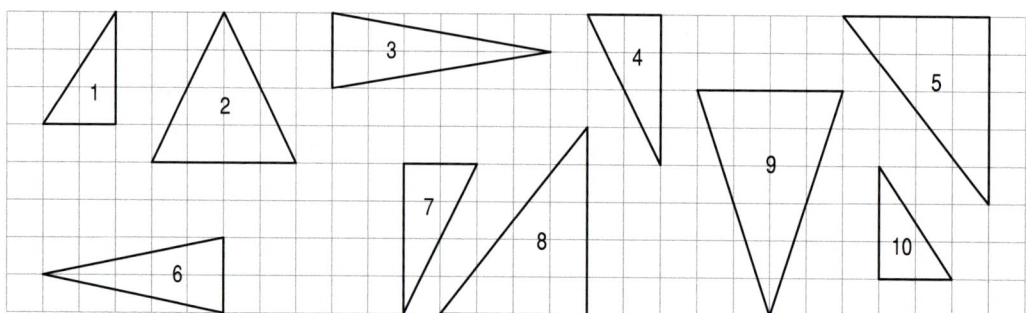

LVL **11.** Übertrage die Flächen auf kariertes Papier. Schneide die Figuren aus.
Aus welchen Flächen kannst du ein Trapez zusammensetzen?

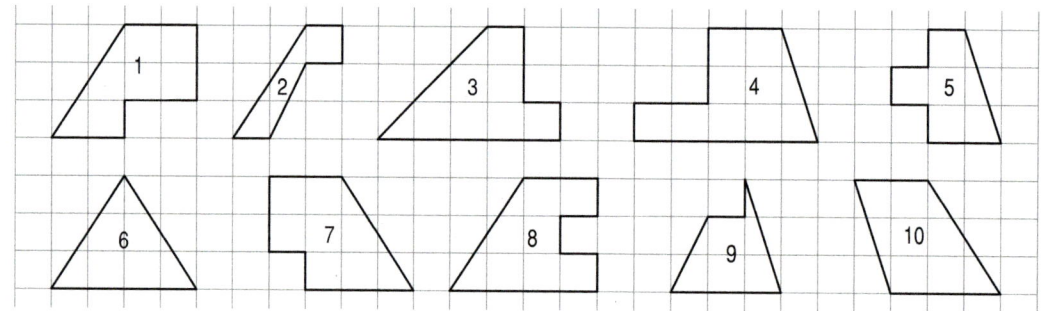

LVL **12.** Zeichne die Punkte in ein Quadratgitter. Ergänze einen Punkt D so, dass du die Eckpunkte des angegebenen Vierecks erhältst. Zeichne das Viereck.
a) Rechteck: A(6|3) B(11|8) C(8|11) b) Quadrat: A(2|8) B(5|5) C(8|8)
c) Parallelogramm: A(1|1) B(7|1) C(8|4) d) Raute: A(9|1) B(11|5) C(9|9)
e) Drachen: A(0|3) B(2|0) C(10|3) f) Trapez: A(1|5) B(5|6) C(5|9)

LVL **13.** a) Zeichnet Vierecke, bei denen beide Diagonalen 6 cm lang sind. Welche verschiedenen Vierecke sind möglich? Wie müssen dazu die Diagonalen gezeichnet werden?
b) Zeichnet Vierecke, deren Diagonalen senkrecht zueinander verlaufen. Diese Diagonalen sollen unterschiedliche Längen haben. Welche besonderen Vierecke könnt ihr erhalten?

LVL **14.** Figurenrätsel: Sind die Antworten richtig?
a) „Mein Viereck hat vier gleich lange Seiten." Antwort: „Dann ist es eine Raute."
b) „In meinem Viereck halbiert die eine Diagonale die andere." Antwort: „Dann ist dein Viereck ein Drachen."

1.

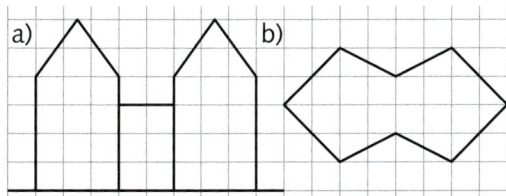

Übertrage ins Heft.

a) Zeichne alle Verbindungsstrecken und ordne sie der Länge nach.

b) Zeichne die Strahlen $\overrightarrow{DB}$, $\overrightarrow{BA}$ und $\overrightarrow{AC}$.

c) Wie viele verschiedene Geraden kannst du zeichnen, wenn jede durch zwei der vier Punkte gehen soll?

2. Übertrage die Punkte von Aufgabe 1.

a) Zeichne die Gerade AB und dann die Senkrechte durch C zu AB.

b) Zeichne die Gerade AD und dann die Parallele durch C zu AD.

c) Bestimme den Abstand des Punktes D von der Geraden AB.

3. Trage die Punkte in einem Quadratgitter ein und verbinde sie. Welches Viereck entsteht?

a) A(3|1) B(7|5) C(5|7)   D(1|3)

b) A(1|6) B(8|6) C(11|9) D(4|9)

4. Übertrage ins Heft und zeichne Symmetrieachsen ein.

a)   b)

5. Zeichne ein Rechteck mit den Seitenlängen a = 7 cm und b = 5 cm.

6. Zeichne ein Quadrat und eine Raute, die keine rechten Winkel hat, mit a = 5,5 cm.

7. Zeichne mit zwei Streifen (2 cm und 5 cm breit) ein Parallelogramm (ohne rechte Winkel).

8. Zeichne einen Drachen, dessen Diagonalen 6 cm und 4 cm lang sind.

9. Zeichne Trapeze, bei denen die zueinander parallelen Seiten 3 cm Abstand voneinander haben. Welche speziellen Vierecke sind möglich?

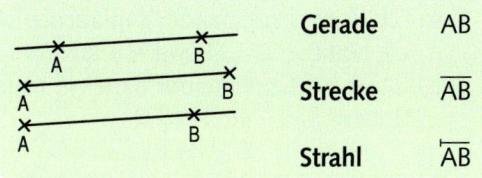

Gerade	AB
Strecke	$\overline{AB}$
Strahl	$\overrightarrow{AB}$

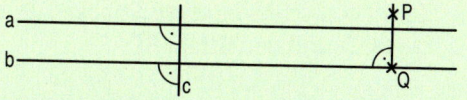

Zwei Geraden a und c, die einen rechten Winkel bilden, sind zueinander **senkrecht** (a⊥c).

Zwei Geraden a und b, die beide senkrecht zu einer Geraden c sind, verlaufen zueinander **parallel** (a ∥ b).

Die Länge der zu b senkrechten Strecke $\overline{PQ}$ heißt **Abstand** des Punktes P von der Geraden b.

Punkt **P (2|1):**
1. Koordinate 2
2. Koordinate 1

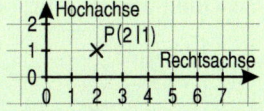

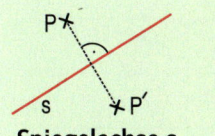 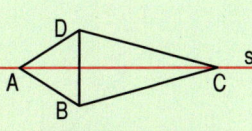

Spiegelachse s   **Symmetrieachse s**

Rechteck:
– vier rechte Winkel
– gegenüberliegende Seiten parallel und gleich lang

Quadrat:
– Rechteck mit vier gleich langen Seiten

Parallelogramm:
– gegenüberliegende Seiten parallel und gleich lang

Raute:
– Parallelogramm mit vier gleich langen Seiten

Drachen:
– Diagonalen stehen senkrecht zueinander
– eine der Diagonalen wird von der anderen halbiert

Trapez:
– zwei zueinander parallele Seiten

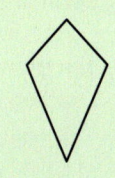
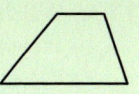

1. a) Gib je zwei zueinander senkrechte Linien
an. Notiere: ■ ⊥ ■ und ■ ⊥ ■

   b) Gib je zwei zueinander parallele Linien an.
Notiere: ■ ∥ ■ und ■ ∥ ■

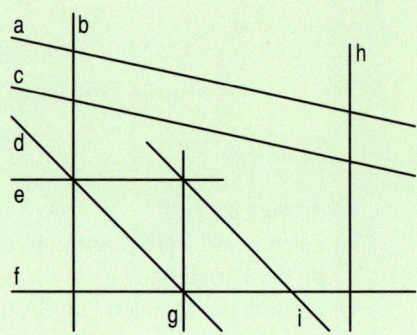

2. Markiere auf Papier fünf Punkte A, B, C, D, E.
Zeichne anschließend die Strecke $\overline{AB}$, die Gerade CD und den Strahl $\overrightarrow{BE}$.

3. Zeichne ein Rechteck, 6 cm lang und 4 cm breit.

4. Übertrage ins Heft und zeichne alle Symmetrieachsen der Figur ein.

a)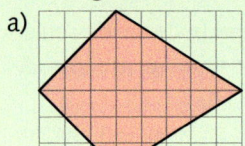

b)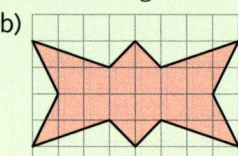

5. Übertrage ins Heft und spiegele an der Geraden s.

a)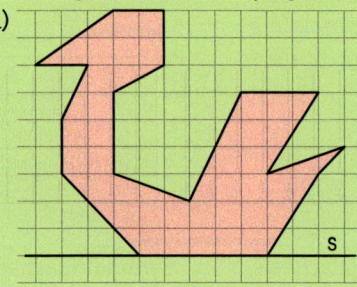

b)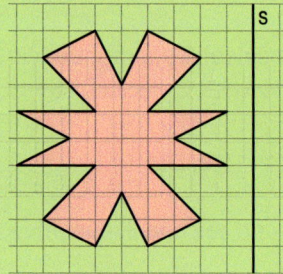

6. Trage die Punkte in ein Quadratgitter ein. Zeichne das angegebene Viereck und ergänze die
fehlenden Koordinaten.
a) Rechteck: A(3|2) B(9|2) C(9|6) D(|)   b) Parallelogramm: A(5|3) B(13|3) C(|) D(1|9)

7. Zeichne und beschrifte drei Geraden a, b, c mit folgenden Eigenschaften:
a) a ∥ b   und   a ⊥ c   b) a ⊥ b   und   b ∥ c

8. Zeichne zwei parallele Geraden mit dem Abstand 4 cm. Zeichne in den entstandenen Streifen ein
Parallelogramm und eine Raute.

9. Zeichne ein Quadrat, dessen Diagonalen 4 cm lang sind.

10. Tim soll als Hausaufgabe ein Rechteck, ein Parallelogramm, eine Raute, ein Quadrat, einen
Drachen und ein Trapez zeichnen. Er lacht: „Das schaffe ich mit nur einer Figur!" Hat Tim Recht?
Wenn ja: Zeichne die Figur, die Tim als Hausaufgabe vorlegen kann.

11. a) Welche Figur ist ein Parallelogramm mit gleich langen Diagonalen?
b) Welche Figur ist ein Drachen, bei dem sich die Diagonalen gegenseitig halbieren?
c) Welche Figur ist ein Trapez mit zwei Symmetrieachsen?

Größen

Welche Körpermaße hast du?

Spanne
Elle
Fingerbreite
Fuß
Klafter

Matthias Steiner
2008
Olympiasieger
im Zweikampf
mit 461 kg

Wie viele Schüler deiner Klasse hätten sich dafür auf die Gewichtsstangen setzen müssen?

Wie alt wurde der Baum ungefähr?

Fichtenscheibe, Stammhöhe 3m, Zilly 1818-1992

In welchen Ländern kann ich mit Euro zahlen?

Geld

1. Tim möchte sich einen MP3-Player zu 69,95 Euro kaufen. Hat er schon genug Geld gespart?

2. Wie viel Euro sind das zusammen?

a) 7 Münzen zu 2 €   b) 4 Scheine zu 5 €   c) 20 Münzen zu 50 Cent
d) 5 Münzen zu 50 Cent e) 13 Münzen zu 2 € f) 15 Münzen zu 10 Cent
g) 3 Scheine zu 500 €   h) 6 Scheine zu 20 € i) 3 Scheine zu 20 €

> 6 Münzen zu 2 €
>
> 6 · 2 €   = 12,00 €
> 7 · 50 Cent = 3,50 €
>
> 7 Münzen zu 50 Cent

3. Esther zahlt mit einem 10-€-Schein. Wie viel bekommt sie zurück?

a) 7,50 €   b) 4,20 €   c) 3,80 €   d) 8,68 €   e) 7,32 €   f) 9,05 €

4. Wie viel Euro sind es ungefähr? Überschlage mit gerundeten Beträgen.

a) 69 € + 19 € + 99 €   b) 123 € + 59 € + 49 €
c) 109,90 € + 17,99 € + 89,80 € + 10,55 € d) 99,80 € + 58,75 € + 19,90 € + 5,29 €

5. a) Andreas hat 50 €. Was kann er dafür alles kaufen?
b) Er entscheidet sich für das T-Shirt und die Hose.
Wie viel muss er zahlen? Wie viel Geld bleibt ihm übrig?

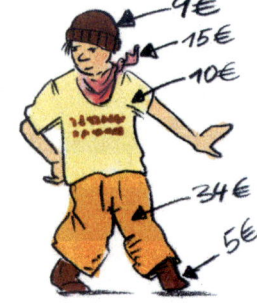

6. Berechne und gib das Ergebnis in Euro an.

a) 18 € + 89 € + 11 €
b) 25,00 € + 12,50 € + 7,50 €
c) 8 € 34 ct + 23 € + 11 € 25 ct + 17,87 €
d) 100 € − 27,13 € − 24 € 48 ct − 99 ct
e) 1 500 € − 199,99 € − 28,37 € − 878,78 €

7.

a) DER KEKS 3,99 € CHIPS 2,95 €
b) 3,49 € 1,94 €
c) jede 2,49 €
d) 6,39 € jede 0,49 €

Jan zahlt mit einem 10-€-Schein. Wie viel zahlt er? Wie viel bekommt er zurück?

8. a) Mine lässt einen 20-€-Schein in 16 Münzen wechseln.
Welche Münzen hat sie erhalten?
b) Für 100 € bekommt sie verschiedene Scheine und Münzen, insgesamt 16 Stück.
Welche Scheine und Münzen hat sie erhalten?

Einkaufen im Supermarkt

LVL

$$2 \cdot 3{,}49 \, € = \blacksquare$$

$$2 \cdot 3{,}50 \, € = 7{,}00 \, €$$
$$- \; 2 \cdot 1 \, \text{Cent} \; = 2 \, \text{Cent}$$
$$6{,}98 \, €$$

Rechenvorteil:
3,49 € gleich 3,50 €
minus 1 Cent.

Stück 1,99 €

Netz 1,75 €

Stück 1,29 €

Beutel 1,59 €

1. Ulla kauft einen Blumenkohl und zwei Netze Paprika-Mix.
   a) Wie viel muss sie bezahlen?
   b) Sie zahlt mit einem 10-€-Schein. Wie viel Geld bekommt sie zurück?

2. Wie viel kosten
   a) 4 Melonen,
   b) 3 Beutel Brokkoli,
   c) 6 Blumenkohl?

3. Arno hat genau 3 €. Wie viel kann er einkaufen?
   a) Pakete Butter   b) Vollmilch
   c) Buttermilch   d) Jogurt

Angebote der Woche:

Waschpulver
   (1 kg): **3,99 €**
Sparpaket (3 kg): **11,98 €**

Mineralwasser (ohne Pfand)
Kasten (12 Flaschen): **3,38 €**
Einzelflasche: **0,39 €**

Schokolade
100-g-Tafel: **0,49 €**
75-g-Tafel: **0,39 €**

3 Pakete Butter
4 l Milch
2 Joghurt
1 Netz
   Paprika-Mix
1 kg Wasch-
   pulver

4. Vergleiche Preis und Menge für
   a) Waschpulver,
   b) Mineralwasser,
   c) Schokolade.

250 g 0,39 €

1 l 0,59 €

1 l 0,49 €

250 g 1,09 €

5. Martins Einkaufszettel:
   a) Überschlage: Reichen 10 €?
   b) Berechne den Preis.
   c) Martin zahlt mit einem 20-€-Schein, welchen Betrag erhält er zurück?

6. Überlege, diskutiere mit anderen, begründe: Warum enden so viele Preise mit 9?

Längen schätzen und messen

 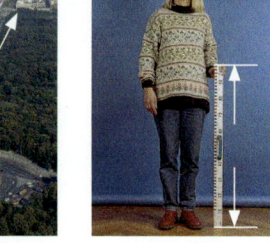  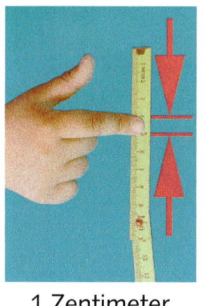 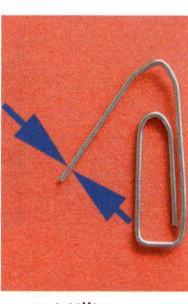

1 Kilometer   1 Meter   1 Dezimeter   1 Zentimeter   1 Millimeter

LVL **1.** Welche Längen würdest du in den oben angegebenen Maßeinheiten messen? Nenne jeweils fünf Beispiele.

> Messen heißt Vergleichen mit einer Einheit.
>
>
>
> Maßzahl **3 cm** Einheit

2. Früher wurde viel mit den Körpermaßen Spanne und Elle gemessen.   Spanne   Elle.
    a) Vergleiche deine Spanne mit der Höhe deines Gesichts und mit der Länge deiner Elle.
    b) Schätze deine Spanne und Elle in Zentimeter. Miss anschließend mit einem Zentimeterband.

LVL **3.** Olis Vater sagt: „Unsere Straße ist 80 Schritte lang."
Oli sagt: „Nein, es sind 120 Schritte." Erkläre, warum beide Recht haben können. Die Straße ist 60 m lang.

4. a) Marcus Elle ist 33 cm lang. Mit ihr misst er die Höhe der Wand: 12 Ellen. Wie viel cm oder m sind das?
    b) Torsten misst dieselbe Länge: 11 Ellen. Wie lang ist seine Elle?

Eins, zwei, . . .

Eins, zwei, drei…

5. a) Monikas Spanne ist 15 cm lang. Mit ihr misst sie die Länge des Tisches: 14 Spannen. Wie viel cm sind das?
    b) Yvonne misst dieselbe Länge. 15 Spannen. Wie lang ist ihre Spanne?

6. Ein Stockwerk eines Hauses ist ungefähr 3 m hoch. Schätze die Höhe des Hochhauses und des Baumes.

7. Ein Neubau für eine Bank wird errichtet, insgesamt 50 Stockwerke, das unterste doppelt so hoch (= 6 m) wie die anderen. Wie hoch wird das Gebäude ungefähr?

LVL **8.** Auf der A8 von Stuttgart Richtung München staute sich der Verkehr am Pfingstsamstag in der Nähe des Flughafens auf einer Länge von 12 km. Wie viele Personen befanden sich wohl in diesem Stau?

Messen und Umwandeln

LVL **1.** Beantworte die Fragen in den Bildern und begründe deine Antwort.

LVL **2.** Gruppenarbeit: Fertigt ein Lernplakat an, das beim Vergleich von Längenangaben helfen kann.

1 km = 1000 m	1 m = 10 dm	1 dm = 10 cm	1 cm = 10 mm

3. Ordne die passende Länge zu.
a) Türhöhe   b) Stuhlbreite   c) Handballdurchmesser
d) Türbreite   e) Marathonstrecke   f) Lokomotivlänge
g) Stadionrunde   h) Zündholzlänge   i) Wespenstachel
j) Autolänge   k) Mt. Everest Höhe   l) Triathlon-Schwimmen

42 195 m   45 mm   3 mm
95 cm   5 m   5 dm
23 m   400 m   8848 m
2 m   17 cm   3 800 m

LVL **4.** Wandle in die nächstkleinere Einheit um. Erkläre, wie du rechnest.
a) 5 cm   b) 12 cm   c) 25 cm   d) 9 dm   e) 15 dm   f) 32 dm
g) 3 m   h) 16 m   i) 900 m   j) 7 km   k) 21 km   l) 100 km

5. Wie viel Millimeter sind es?
a) 3 cm 4 mm   b) 7 cm 3 mm   c) 5 cm 8 mm   d) 10 cm 3 mm   e) 12 cm 5 mm   f) 21 cm 8 mm

6. Wie viel Zentimeter sind es?
a) 2 m   b) 6 dm   c) 12 m   d) 4 m 12 cm   e) 6 m 8 dm   f) 2 m 75 cm
 7 m   3 dm   25 m   6 m 30 cm   12 m 4 dm   6 m 15 cm

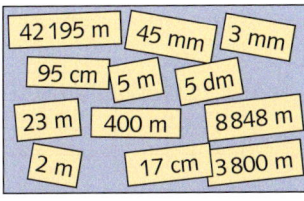

TIPP
1 m = 10 dm = 100 cm

7. Schreibe in gemischter Schreibweise.   Beispiel: 207 cm = 2 m 7 cm
a) 15 mm   b) 43 mm   c) 175 mm   d) 250 cm   e) 387 cm   f) 745 cm
g) 1500 m   h) 8240 m   i) 12 400 m   j) 48 dm   k) 755 dm   l) 10010 dm

8. Wandle die angegebenen Längen in Meter um.
a) 900 cm   b) 7000 mm   c) 25 km   d) 45 000 mm   e) 8000 dm

9. Wandle in die kleinere Maßeinheit um.
a) 4 cm 7 mm   b) 12 m 12 dm   c) 18 km 27 m   d) 41 cm 11 mm
e) 72 m 7 cm   f) 4 dm 3 mm   g) 9 m 17 dm   h) 80 km 5 m

10. Automaße werden im Verkaufsprospekt in Millimetern angegeben.
Wie viel Meter, Zentimeter und Millimeter ist das Auto
a) lang,   b) breit,   c) hoch?

Länge: 4 020 mm
Breite: 1 578 mm
Höhe: 1 441 mm

Kommaschreibweise bei Längen

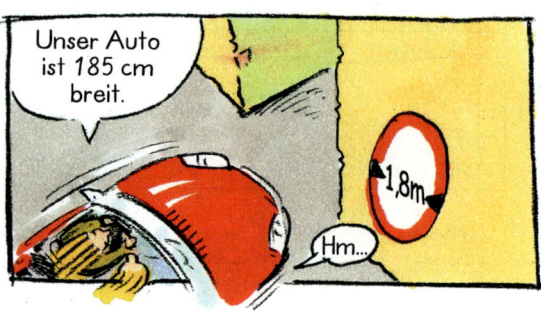

LVL   **1.** Partnerarbeit: Erklärt, ob die Fahrzeuge durchfahren können.

cm	mm	10,5 cm
10	5	= 10 cm 5 mm
		= 105 mm

m		cm	0,35 m
0	3	5	= 0 m 35 cm
			= 35 cm

km			m	12,5 km
12	5	0	0	= 12 km 500 m
				= 12 500 m

2. Wie viel Zentimeter sind es? Schreibe mit Komma.
  a) 25 mm   b) 73 mm   c) 56 mm   d) 98 mm   e) 121 mm   f) 3 mm

3. Wie viel Millimeter sind es?
  a) 3,2 cm   b) 0,7 cm   c) 5,3 cm   d) 8,6 cm   e) 11,2 cm   f) 15,3 cm

4. Für Kinder ist die Kleidergröße gleich Körperlänge in cm.

  a) Esthers Vater weiß, dass sie 1,46 m groß ist. Er möchte
     ihr eine Jacke kaufen. Welche Größe muss er wählen?
  b) Für Esthers Bruder Jan wird eine Hose in Größe 128
     gekauft. Wie groß ist Jan, wenn die Hose genau passt?

5. Wie viel Zentimeter sind es?
  a) 1,75 m   b) 0,53 m   c) 2,35 m   d) 3,70 m

6. Wie viel Kilometer sind es? Schreibe mit Komma.
  a) 3 500 m   b)   800 m   c) 1 600 m   d)   1 750 m
  e) 8 700 m   f) 12 300 m   g) 7 040 m   h) 420 500 m

7. Wie viel Meter sind es?
  a) 127 cm   b) 168 cm   c) 258 cm   d) 83 cm   e) 1,8 km   f) 1,25 km   g) 0,7 km   h) 4,5 km

8. Wie viel Kilometer sind es ungefähr? Runde.
  a) 1,3 km   b) 45,2 km   c) 9,8 km   d) 6,25 km
     4,5 km   70,6 km   0,7 km   13,57 km

TIPP
Bei 0, 1, 2, 3, 4 abrunden,
sonst aufrunden.

9. Wie viel ganze Meter sind es ungefähr? Runde.
  a) 1,20 m   b) 2,85 m   c) 2,48 m   d) 9,75 m   e) 10,83 m   f) 8,57 m   g) 6,39 m

10. Gib in der in Klammern angegebenen Maßeinheit an.
  a) 50 m (km)   b) 14 dm (m)   c) 7 cm (dm)   d) 160 mm (m)
  e) 0,4 dm (m)   f) 2,5 km (dm)   g) 0,3 km (cm)   h) 0,02 km (m)

Rechnen mit Längenmaßen

LVL **1.** Beantworte die Fragen in den beiden Bildern. Schreibe auf, wie du rechnest, und vergleiche mit deinen Mitschülerinnen und Mitschülern.

> Rechnen mit Längenmaßen in Kommaschreibweise erfolgt schrittweise:
> ① Umwandeln in eine kleinere   ② Rechnen   ③ Umwandeln in die
>   Einheit, ohne Komma   ohne Komma   ursprüngliche Einheit

	①		②		③
3,84 m − 1,73 m	=	384 cm − 173 cm	=	211 cm	=	2,11 m
1,6 km · 4	=	1 600 m · 4	=	6 400 m	=	6,4 km

2. a) 2,60 m + 1,50 m   b) 4,83 m − 2,58 m   c) 6,24 m + 2,49 m   d) 3,34 m − 1,99 m
     1,75 m + 0,80 m   5,35 m − 1,75 m   7,27 m − 2,84 m   5,64 m + 2,58 m

3. a) 1,30 m · 7   b) 12,75 m · 5   c) 15,75 m : 3   d) 38,10 m : 6
     8,45 m · 8   18,25 m · 9   18,20 m : 4   6,35 m · 7

4. a) 15,4 cm + 6,8 cm   b) 42,3 cm + 28,7 cm   c) 48,6 cm − 24,5 cm   d) 35,6 cm − 27,6 cm
     32,7 cm + 8,1 cm   29,4 cm + 38,9 cm   67,2 cm − 21,9 cm   42,3 cm − 18,9 cm

5. a) 12,4 km + 4,8 km   b) 23,4 km − 9,9 km   c) 8,4 km : 3   d) 24,720 km : 6
     18,6 km − 4,3 km   53,2 km + 19,8 km   4,3 km · 5   13,125 km · 4

LVL **6.** Stelle eine Frage und beantworte sie.
     a) Ein 3,50 m breites Regal wird durch ein Anbauteil um 75 cm verbreitert.
     b) Der Radweg von Marlach zum Kloster Schöntal ist 9,4 km lang, davon sind 7,8 km geteert.

7. Wie viele 75 cm breite Regale passen an eine 6 m lange Wand?

> 6 m : 75 cm
> = 600 cm : 75 cm
> = …

> Zuerst alle Längen in derselben Einheit!

8. a) 3,2 m : 80 cm   b) 6,25 m : 125 cm   c) 4,2 km : 600 m
     4,9 m : 70 cm   1,25 m :   25 cm   5,4 km : 450 m

9. Berechne und gib das Ergebnis in der größten vorkommenden Einheit an.
     a) 7 m + 250 cm + 5 m 80 cm + 0,5 m   b) 4 dm + 70 mm + 80 cm + 18 dm
     c) 12 km − 750 m − 2 500 m − 4 km 80 m   d) 35 m − 8 m 7 cm − 145 dm − 145 cm

Vermischte Aufgaben

LVL **1.** An der Kirche in Schwäbisch Hall ist eine „Norm-Elle" in der
Mauer zum Marktplatz.
a) Wozu brauchte man sie? Jeder Mensch hat doch eine Elle
am eigenen Körper. Überlege, vertritt und begründe deine
Meinung gegenüber anderen.
b) Die Norm-Elle ist 610 mm lang. Wie viel Zentimeter sind das?
c) Wie viel Meter sind 4 Ellen (= 1 Klafter)?

2. Wandle um: Kilometer in Meter und umgekehrt.
a) 3,5 km   b) 0,7 km   c) 5700 m   d) 600 m

3. Wandle um: Meter in Zentimeter und umgekehrt.
a) 1,80 m   b) 13,9 m   c) 390 cm   d) 85 cm

4. Wie viel Zentimeter fehlen am ganzen Meter?
a) 70 cm   b) 29 cm   c) 63 cm   d) 0,47 m   e) 0,23 m   f) 0,5 m

5. Wie viel Meter fehlen am ganzen Kilometer?
a) 400 m   b) 350 m   c) 486 m   d) 0,7 km   e) 0,350 km   f) 0,5 km

6. Ordne die Längen nach der Größe, beginne mit der kleinsten.
a) 250 cm   205 cm   199 cm   25 cm   b) 325 m   3,52 m   340 cm   4,1 m
c) 4 km 300 m   4,6 km   3900 m   4,500 km   d) 6,3 km   3600 m   6,090 km   6,9 km

7. Runde auf ganze Zentimeter.
a) 8,6 cm   b) 12,3 cm   c) 38,4 cm   d) 24,7 cm   e) 14,9 cm   f) 19,8 cm

8. Runde auf ganze Meter.
a) 24,70 m   b) 7,42 m   c) 9,91 m   d) 12,92 m   e) 19,47 m   f) 74,50 m

9. Runde auf ganze Kilometer.
a) 5,290 km   b) 2,950 km   c) 9,250 km   d) 21,5 km   e) 15,3 km   f) 19,6 km

LVL **10.**

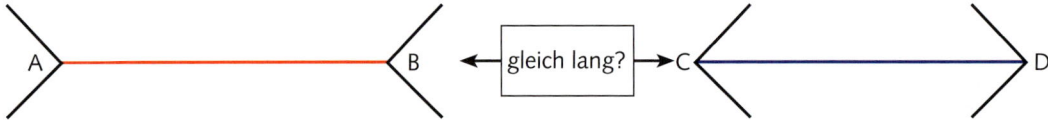

a) Vergleiche die beiden Strecken $\overline{AB}$ und $\overline{CD}$ nach Augenmaß. Welche Strecke ist länger?
b) Miss die beiden Strecken und erkläre deinen Mitschülerinnen und Mitschülern dein Ergebnis.

11. Wasser ist aufs Blatt gespritzt und hat einiges verwischt. Kannst du es ergänzen?

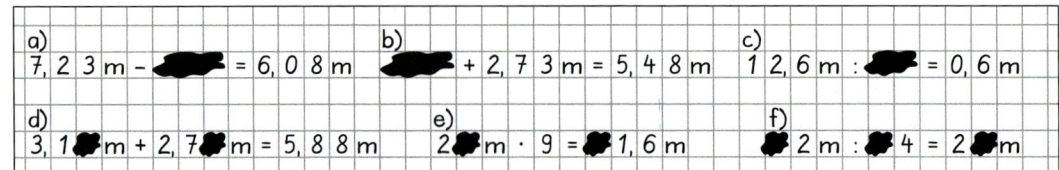

12. Wie viel Kilometer sind 1 Million Millimeter? Wie lange brauchst du, um so weit zu laufen?

13.

a) Jeder Wagen des Zuges ist 26,80 m lang, die Lokomotive 16,75 m. Wie lang ist der Zug?
b) Jeder Wagen hat 139 Sitzplätze. Wie viele hat der ganze Zug?
c) Wie viele Pkws mit 5 Sitzplätzen haben ungefähr dieselbe Anzahl Plätze wie der Zug?

14. a) 24,7 m + 18,6 m   b) 14,25 m + 8,55 m   c) 56,70 m + 26,20 m   d) 16,78 m + 19,64 m
     24,7 m − 18,6 m   8,94 m − 4,63 m   42,80 m − 18,30 m   22,64 m − 19,49 m

15. a) 0,6 m · 24   b) 0,960 km : 8   c) 22,7 cm · 9   d) 5,40 m · 12
     1,59 m : 3   10,5 km · 6   50,4 cm : 9   45,60 m : 12

16. Vier gleich hohe Steinquader wurden zu einer Säule aufeinandergesetzt. Diese Säule ist insgesamt 2,48 m hoch. Wie hoch sind die einzelnen Steinquader?

17. Die Marathonstrecke ist 42,195 km lang.
   a) Runde die Streckenlänge auf ganze km.
   b) Wie viele Stadionrunden (400 m) ergeben
      ungefähr die Länge des Marathons?
   c) Beim Wandern schaffst du 5 km in einer
      Stunde. Wie lange wärst du ungefähr auf
      der Marathonstrecke unterwegs?
LVL b) Vergleiche die Marathonstrecke mit der
      Länge deines Schulweges.

18. Bei einem Radrennen werden 20 Runden gefahren, jede 7,2 km lang.
   a) Wie lang ist die Gesamtstrecke des Rennens?
   b) Du schaffst etwa 20 km in einer Stunde. Wie lange etwa wärst du auf der Strecke?
   c) Radrennfahrer fahren etwa 40 km pro Stunde. Wie lange ungefähr dauert das Rennen?

19. Der Mont Blanc in den französischen Alpen ist mit 4807 m Höhe der höchste Berg Europas. Wie oft müsste man das Ulmer Münster (161,53 m) übereinander setzen, um ungefähr die Höhe des Mont Blanc zu erreichen?

20. Andrea ist seit einem Vierteljahr im Schwimmverein und trainiert zweimal pro Woche: Sie schwimmt jeden Montag 32 Bahnen und jeden Donnerstag 40 Bahnen. Eine Bahn ist 25 m lang. Wie viele Kilometer ist Andrea bislang während des Trainings geschwommen?

21. a) Das Licht legt in einer Sekunde etwas 300 000 km zurück. Die Erde ist etwa 150 Millionen km von der Sonne entfernt. Wie viele Sekunden braucht das Licht für diese Strecke?
   b) „1 Lichtjahr" ist die Entfernung, die das Licht in einem Jahr zurücklegt. Wie viele Kilometer sind das?

LVL 22. Stelle jeweils eine Frage, notiere und präsentiere deinen Lösungsweg.
   a) Karsten sprang bei den Bundesjugendspielen 20 cm weiter als Andreas. Ihre beiden Weiten betrugen zusammen 7,40 m.
   b) Silke ist 3 cm größer als Carla. Monika ist 3 cm kleiner als Silke. Alle drei zusammen sind 4,44 m groß.

Maßstab

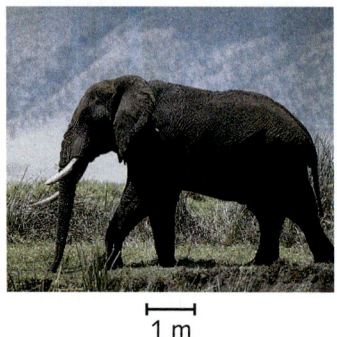  

1 m   1 cm   1 mm

1. a) Welches Tier wurde verkleinert, welches wurde vergrößert abgebildet?

LVL b) Wie lang sind der Elefant, die Schnecke und der Käfer im Bild und in der Wirklichkeit?

> Maßstab 1:5 (gelesen „1 zu 5") verkleinert das Original: 1 cm im Bild ist 5 cm in Wirklichkeit.
> Maßstab 5:1 (gelesen „5 zu 1") vergrößert das Original: 5 cm im Bild sind 1 cm in Wirklichkeit.

2.

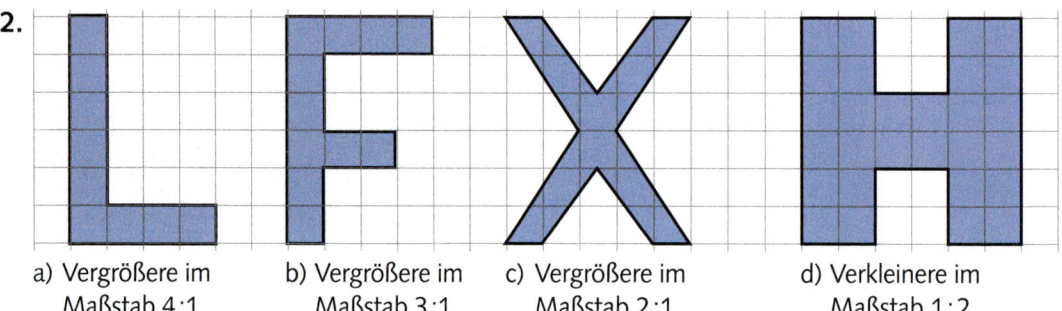

a) Vergrößere im
Maßstab 4:1

b) Vergrößere im
Maßstab 3:1

c) Vergrößere im
Maßstab 2:1

d) Verkleinere im
Maßstab 1:2

3.

a) Buchdrucker 8:1

b) Feuerkäfer 3:1

c) Biber 1:25

Miss die Längen im Bild und berechne die Längen in der Wirklichkeit.

LVL **4.** Zeichne von Andreas Zimmer einen Plan im
Maßstab 1:50.

5. Bestimme die fehlende Angabe.

	in Wirklichkeit	Maßstab	im Bild
a)	5 m	1:100	
b)		1:10	15 cm
c)	12 m		6 cm
d)	3,75 m	1:25	

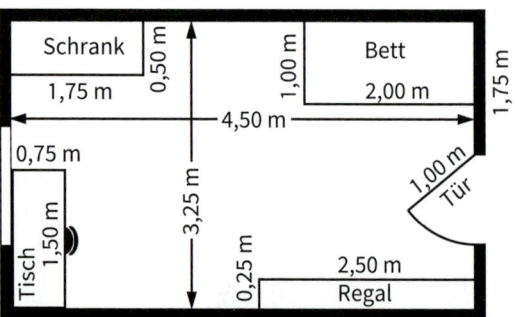

6.

Ordne den passenden Maßstab zu: 1:200 000, 1:75 000 und 1:3 000 000.

7. Familie Burkhardt plant eine Wanderung. Ihre Landkarte hat den Maßstab 1:50 000.
Bis zum Zielort sind es auf der Karte 24 cm. Wie lang ist der Weg mit Rückweg?

8. Wie viel km in Wirklichkeit ist 1 cm auf der Landkarte?

a) 1:100 000 (Wanderkarte)   b) 1:300 000 (Straßenkarte)

c) 1:5 000 000 (Atlas, Europa)   d) 1:60 000 000 (Atlas, Welt)

| Maßstab 1:200 000 |
| 1 cm für 200 000 cm |
| 1 cm für 200 000 m |
| 1 cm für 200 000 km |

1 m = 100 cm

1 km = 1 000 m

9. Bestimme den Maßstab der Landkarte.

a) 1 cm für 4 km   b) 1 cm für 25 km   c) 1 cm für 10 km

d) 1 cm für 0,5 km   e) 1 cm für 0,25 km   f) 8 cm für 8 km

g) 12 mm für 30 m   h) 18 cm für 36 km   i) 6 cm für 480 km

10. Bestimme den Maßstab der Landkarte und die schwarz markierte Luftlinienentfernung.

 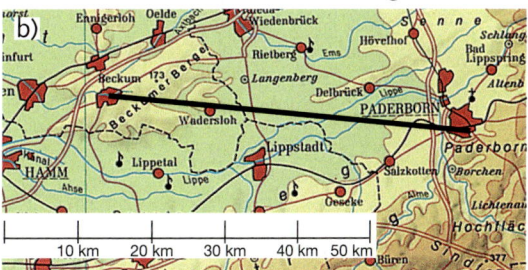

11. Manuela hat auf einer Landkarte mit dem Maßstab 1:5 000 000 Luftlinienentfernungen gemessen.
Wie viel km sind es in Wirklichkeit?

a) Stuttgart – Hamburg 11 cm   b) Berlin – Warschau 10 cm   c) Berlin – Mailand 17 cm

d) Berlin – Budapest 14 cm   e) Berlin – Stockholm 16 cm   f) Hamburg – Kopenhagen 5 cm

12. Irinas Modell-Segelflugzeug hat folgende
Maße: Rumpflänge: 108 cm
Spannweite: 248 cm
Höhe Leitwerk: 27 cm

Das wirkliche Segelflugzeug hat ein
3,24 m hohes Leitwerk.
Wie groß sind Rumpflänge und
Spannweite?

13. a) Ein Stadtplan hat den Maßstab 1:2 500. Wie lang ist auf ihm eine 100 m lange Straße gezeichnet?

b) Ein 500 km breiter Streifen soll auf eine 20 cm breite Landkarte. Mit welchem Maßstab gelingt das?

c) Miss einen Raum (z. B. dein Zimmer) aus und fertige dazu eine Zeichnung in einem selbstgewählten Maßstab an.

LVL

Radtour in Baden-Württemberg

In Baden-Württemberg gibt es viele Möglichkeiten, sowohl kurze als auch längere Radtouren zu unternehmen. Es gibt eine große Auswahl an ausgezeichneten und beschilderten Radwegen, u. a. Odenwald-Madonna-Radweg, Lautertal-Radweg, Hohenzollern-Radweg, Alb-Neckar-Radweg, Bodensee-Radweg, Heidelberg-Schwarzwald-Bodensee-Radweg und Donau-Radweg.
Auf der abgebildeten Karte sind die Start- und Zielorte der verschiedenen Touren gekennzeichnet und der Streckenverlauf des Donau-Radwegs abgebildet.
Weitere Informationen findet ihr in Reisebüros, den Tourismuszentren und im Internet.

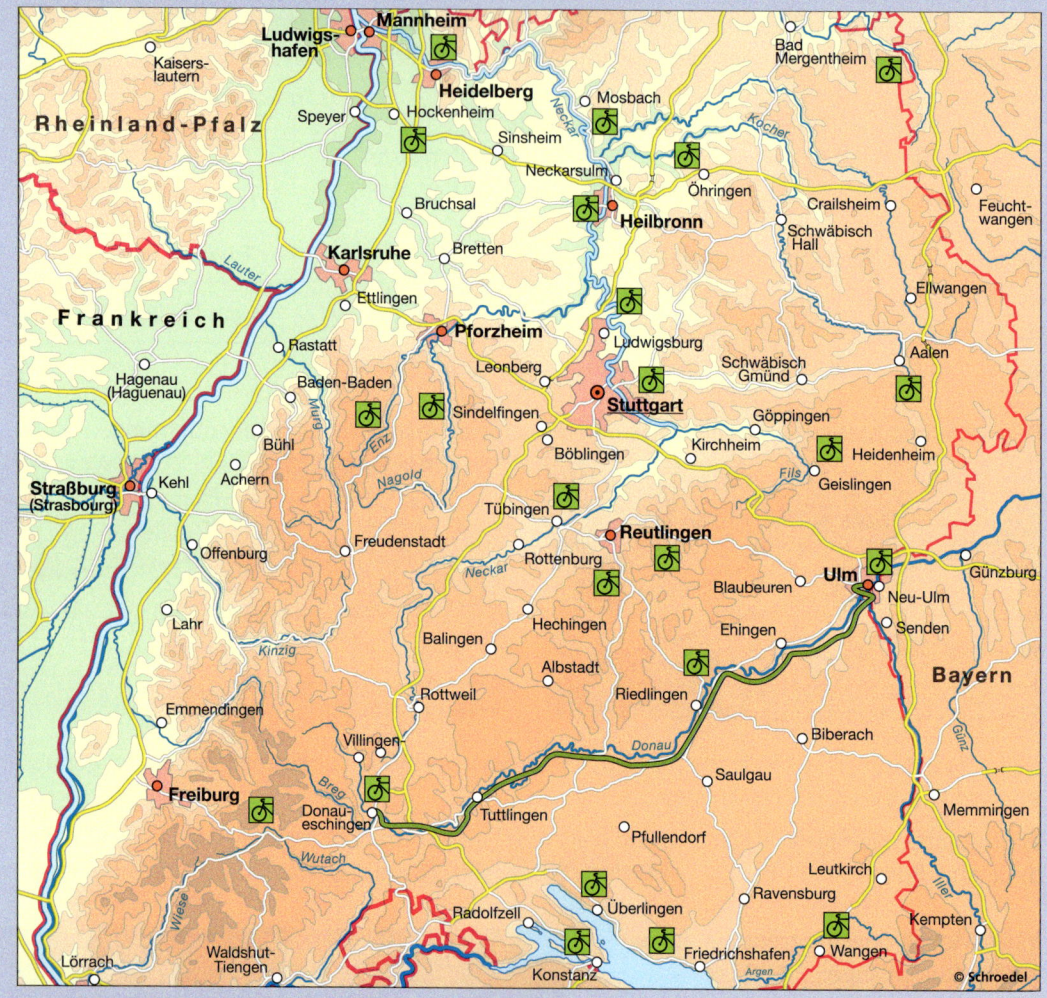

Erstellt in Gruppen zu jeweils drei bis fünf Schülern ein Plakat mit folgenden Abbildungen, Informationen und Vorschlägen für eine mehrtägige Radtour in unserem Bundesland:
– ungefähres Bild des Radweges mit an der Strecke liegenden Orten
– Vorschläge für Übernachtungsmöglichkeiten (Jugendherberge, Campingplatz, …)
– tägliche Fahrstrecke und ungefähre Fahrtdauer
– Termine für den Start und die Ankunft
– Informationen zur Anreise von eurer Schule zum Startpunkt der Tour und Transfer zurück

Hinweis: Ein Internet-Zugang würde es euch sehr erleichtern, wichtige Informationen zu bekommen. Außerdem solltet ihr mit möglichst genauen Landkarten arbeiten und eventuell in einem Reisebüro nachfragen.

Masse*

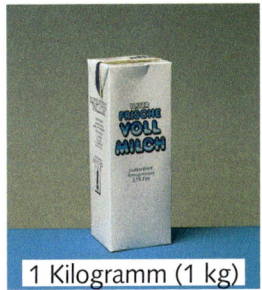

1 Tonne (1 t) | 1 Kilogramm (1 kg) | 1 Gramm (1 g) | 1 Milligramm (1 mg)

LVL **1.** Von welchen Dingen würdest du die Masse in den oben genannten Maßeinheiten messen? Nenne jeweils fünf Beispiele.

TIPP

1 t = 1000 kg   1 kg = 1000 g   1 g = 1000 mg

Maßzahl **12 kg** Einheit

Umrechnungszahl 1000.

LVL **2.**

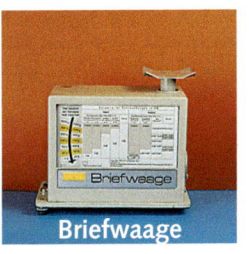

Briefwaage | Küchenwaage | Personenwaage | Großwaage

Mit welcher Waage würdest du das wiegen? Begründe deine Meinung.
a) Packung Mehl   b) Bus   c) dich selbst   d) Schulheft
e) Schulbuch   f) Waschmaschine   g) 1 Esslöffel Zucker   h) gepackter Koffer

3. Wie viel wiegt das? Ordne die Massen richtig zu.
a) Brötchen   b) 2-Euro-Stück   c) 4 Päckchen Butter
d) Füller   e) Turnschuh   f) Staubsauger

45 g   9 g   1 kg   310 g   16 g   5 kg

4. Mit welcher Maßeinheit würdest du die Masse angeben?
a) Lkw-Ladung   b) Fernsehgerät   c) Brotlaib   d) Tortenstück

LVL **5.** 1 Liter Wasser wiegt 1 kg. Erkläre anderen den Messvorgang.

LVL **6.** Was kannst du leichter tragen: 1 Kilo Blei oder 1 Kilo Styropor?

0.040 kg   1.040 kg

LVL **7.**

MAX   KARIN   OLLI   MARTIN

OLLI   MARTIN   KARIN   NINA

Ordne danach, wer mehr wiegt, vom Leichtesten zum Schwersten.

___

* In der Umgangssprache wird dafür häufig das Wort „Gewicht" verwendet.

8. Wie viel Gramm sind das?

a) 3 kg　　b) 5 kg　　c) 10 kg　　d) 4 kg 800 g　　e) 2 kg 515 g　　f) 11 kg 300 g

9. Wie viel Kilogramm und Gramm sind das?

a) 1 300 g　　b) 2 700 g　　c) 2 870 g　　d) 10 700 g　　e) 3 050 g　　f) 10 100 g

10. Brote werden gewogen. Wie viel Gramm wiegen sie mehr oder weniger als 1 kg?

a) 1 085 g　　b) 995 g　　c) 1 055 g　　d) 935 g　　e) 967 g　　f) 1 034 g
g) 1 120 g　　h) 892 g　　i) 907 g　　j) 1 017 g　　k) 899 g　　l) 1 061 g

11. a) Wiegen die Zutaten für Teufelsküsse insgesamt mehr oder weniger als 1 kg?

LVL b) Werden die fertigen Teufelsküsse genauso viel wiegen? Überlege und begründe deine Antwort.

> **Teufelsküsse**
> 250 g Butter
> 100 g Puderzucker
> 100 g Schokolade (gerieben)
> 50 g Mehl
> 250 g Speisestärke
>
> Butter und Zucker schaumig rühren, Schokolade, Mehl und Speisestärke dazu. Kleine Kugeln auf ein Blech setzen und für 10 min in den 190 °C warmen Backofen schieben.

12. Ergänze zum ganzen Kilogramm.

a) 600 g　　b) 840 g　　c) 873 g
　 790 g　　　 480 g　　　 948 g

13. Wie viel Kilogramm sind es ungefähr? Runde.

a) 2 730 g　　b) 7 230 g　　c) 12 470 g　　d) 5 493 g
　 3 280 g　　　 8 610 g　　　 12 560 g　　　 6 712 g

> 2 480 g ≈ 2 000 g ≈ 2 kg
> 2 503 g ≈ 3 000 g ≈ 3 kg

14. Durch unterschiedliche Ausstattung wiegt dasselbe Automodell unterschiedlich viel. Um wie viel Kilogramm wird 1 Tonne unter- oder überschritten?

a) 945 kg　　b) 1 055 kg　　c) 982 kg　　d) 1 087 kg　　e) 1 109 kg　　f) 973 kg

15. Wie viel Kilogramm fehlen für eine ganze Tonne?

a) 800 kg　　b) 753 kg　　c) 418 kg　　d) 707 kg　　e) 897 kg　　f) 697 kg

16. Wie viel Kilogramm sind es?

a) 12 t　　b) 43 t　　c) 8 t 200 kg　　d) 9 t 370 kg　　e) 17 t 500 kg　　f) 6 t 60 kg

17. Wie viel Tonnen und Kilogramm sind es?

a) 4 320 kg　　b) 9 430 kg　　c) 7 510 kg　　d) 12 080 kg　　e) 11 910 kg　　f) 19 640 kg

18. Wie viel Tonnen sind es ungefähr? Runde auf ganze Tonnen.

a) 7 820 kg　　b) 7 420 kg　　c) 9 390 kg　　d) 10 671 kg　　e) 9 495 kg　　f) 17 522 kg

19.

a)

20 Stück

b)

250 Stück

c)

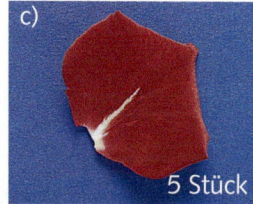

5 Stück

d)

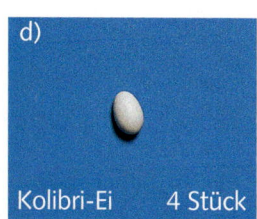

Kolibri-Ei　　4 Stück

Die angegebene Stückzahl wiegt 1 g. Wie viel Milligramm wiegt jedes einzelne Stück?

LVL 20. Ein Ei wiegt 24 g und ein halbes Ei. Wie viel Gramm wiegt das Ei?

LVL 21. Die volle Flasche wiegt 1 200 g, die leere ist 200 g leichter als der Inhalt. Wie viel wiegt der Inhalt?

Kommaschreibweise bei Massen

  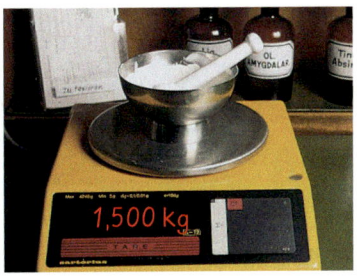

LVL **1.** Erkläre deinem Nachbarn oder deiner Nachbarin die Anzeigen der Waagen in den Bildern. Wozu braucht man das Komma?

7,5 t					2,450 kg					1,031 g			
t		kg	= 7 t 500 kg	kg		g	= 2 kg 450 g	g		mg	= 1 g 31 mg
7	5	0	0	= 7 500 kg	2	4	5	0	= 2 450 g	1	0	3	1	= 1 031 mg

2. Bei ihrer Geburt wog Annika 3,1 kg. Wie viel Gramm sind es mehr als 3 Kilogramm?

3. Wie viel Gramm sind es? a) 2,700 kg b) 3,250 kg c) 2,843 kg d) 12,04 kg

4. Wie viel Kilogramm sind es? Schreibe mit Komma.
a) 4 300 g b) 6 700 g c) 6 070 g d) 4 273 g e) 5 645 g f) 980 g

5. Wie viel Kilogramm sind es ungefähr? Runde auf ganze kg.
a) 2,7 kg b) 4,350 kg c) 4,4 kg d) 12,580 kg e) 5,730 kg
1,2 kg 0,782 kg 3,8 kg 10,490 kg 3,295 kg

> 3,488 kg ≈ 3 kg
> 3,5 kg ≈ 4 kg

6. Wie viel Tonnen sind es ungefähr? Runde auf ganze Tonnen.
a) 6,7 t b) 7,3 t c) 4,250 t d) 4 650 kg e) 7 480 kg f) 13 490 kg

7. Wie viel Gramm fehlen zum nächsten vollen Kilogramm?
a) 4,300 kg b) 2,750 kg c) 6,850 kg d) 3,125 kg e) 6,4 kg f) 2,8 kg

8. Ordne die Massenangaben nach der Größe, beginne mit der Kleinsten. Wie heißt das Lösungswort?

1,5 kg	2,5 kg	2,050 kg	1950 g	0,270 kg	2,1 kg	2900 g
E	E	T	N	Z	N	R

9. Wie viel Kilogramm darf ein Fahrzeug höchstens wiegen, wenn es über dieses Schild hinaus weiter fahren will?

5,5 t

10. Gib in der in Klammern angegebenen Maßeinheit an.
a) 7,5 t (kg) b) 5 300 kg (t) c) 7 kg 5 g (g) d) 34 t 17 kg (kg)
e) 45 g (kg) f) 170 kg (t) g) 18 g 77 mg (g) h) 60 g 60 mg (kg)

11. Haushaltsabfälle: Im Jahr 2012 verursachten die ungefähr 80 Millionen Bundesbürger insgesamt rund 36,8 Mio. Tonnen (= 36 800 000 t) dieser Abfälle. Also kommen auf je 80 Bürger 36,8 t. Begründe dies und berechne, wie viele kg dann auf jeden Einzelnen entfallen.

Rechnen mit Massen

LVL **1.** Partnerarbeit: Beantwortet die Fragen in den Bildern. Schreibt auf, wie ihr gerechnet habt, und vergleicht mit euren Mitschülerinnen und Mitschülern.

TIPP

① Umrechnen in kleinere Einheit
② Rechnen ohne Komma
③ Umrechnen in ursprüngliche Einheit

$$\begin{array}{lcl} & ① & ② & ③ \\ 1{,}8\ kg + 0{,}5\ kg & = 1\,800\ g + 500\ g & = 2\,300\ g & = 2{,}3\ kg \\ 1{,}8\ kg \cdot 4 & = \quad 1\,800\ g \cdot 4 & = 7\,200\ g & = 7{,}2\ kg \end{array}$$

2. Bei ihrer Geburt wog Judith 2,9 kg, drei Monate später 5,2 kg. Wie viel hat sie zugenommen?

3. a) 4,3 kg + 2,5 kg   b) 3,4 kg + 8,7 kg   c) 1,783 kg + 0,460 kg   d) 2,570 kg − 1,380 kg

4. Ein Tierpark hat vier Löwen. Jeder erhält
täglich 7,5 kg Fleisch als Futter.
a) Wie viel ist das täglich für alle vier?
b) Wie viel kg sind es im Monat (= 30 Tage)?
c) Wie viel Tonnen sind es im Jahr?

5. a) 7,2 kg · 12   b) 12,3 kg · 8
c) 4,8 kg : 8   d) 18,2 kg : 14

6. a) Kerstin kauft im Supermarkt 12 Dosen, jede wiegt 300 g. Wie viel Kilogramm hat Kerstin zu tragen?
b) Wie viele 125-g-Schokoladenhasen lassen sich aus 10 kg Schokomasse herstellen?

7. a) 2,8 kg + 400 g   b) 7,3 kg − 800 g   c) 0,920 kg − 450 g   d) 3,280 kg + 640 g

LVL **8.** Die Samstagszeitung wiegt 370 g. Bernd muss 147 Zeitungen austragen. Soll er das Fahrrad mitnehmen? Überlege auch mit anderen, begründe deine Antwort.

9. Mit 40 g ist der Zwergfalke der leichteste Raubvogel und der Condor mit 10 kg der schwerste. Wie viele Zwergfalken wiegen zusammen so viel wie ein Condor?

10. Eine Flasche Mineralwasser wiegt 1,3 kg. In einem Kasten sind 12 Flaschen. Der Kasten alleine wiegt 700 g. Passen zwei Kisten auf einen Fahrradanhänger für max. 40 kg?

11. In einer 20-kg-Kiste sind 110 Äpfel. Wie viel wiegt ein Apfel ungefähr?

LVL **12.** Paula kauft ein Paket mit 500 Blatt Kopierpapier (DIN-A4). Wie schwer ist das Paket, wenn ein Quadratmeter des Papiers 80 g wiegt?

Große Größen

Bildet in eurer Klasse insgesamt 6 Gruppen. Jeweils 2 Gruppen beschäftigen sich mit derselben Aufgabe.
Zur Lösung der Aufgaben braucht ihr Hilfsmittel, z. B. einen Internetzugang.
Notiert euren Lösungsweg und erklärt ihn dem Rest der Klasse z. B. mit Hilfe eines Projektors.

1. Der Lkw im rechten Bild wird mit Äpfeln voll beladen. Die Äpfel sind alle so groß wie die auf der Küchenwaage. Das Fußballstadion „Borussiapark" in Mönchengladbach ist ausverkauft. Reicht der Lkw aus, um jeder Person im Stadion einen Apfel zu bringen?

Max. Zuladung 7,5 t

2. Rödelsee ist ein Weinort in Franken mit einer evangelischen und einer katholischen Kirche in unmittelbarer Nachbarschaft. Links im Bild ist die katholische Kirche St. Bartholomäus zu sehen. Sie wurde im Herbst 1783 eingeweiht. Seitdem schlägt die Kirchturmuhr jede Viertelstunde (1 Schlag, 2 Schläge, 3 Schläge sowie 4 Schläge zur vollen Stunde). Zur vollen Stunde wird zusätzlich die jeweilige Uhrzeit angeschlagen (1 Schlag bis 12 Schläge). Wie oft hat die Kirchturmuhr seit ihrer Einweihung bis heute ungefähr geschlagen?

3. Im Sommer 2008 fanden Olympische Spiele in Peking statt. Wenn man eine Menschenkette von Hamburg bis Peking bilden wollte, wäre sie wegen Bergen, Flüssen, Meeren usw. doppelt so lang wie die Luftlinienentfernung zwischen beiden Städten. Reichen alle Schüler und Schülerinnen in Deutschland aus, um eine Menschenkette von Hamburg bis Peking zu bilden?

BLEIB FIT!

Die Ergebnisse der Aufgaben 1 bis 8 ergeben zwei typisch deutsche Speisegerichte.

1. Berechne.

a) 145,29 € + 23,59 € = ▪ €
b) 27,98 € + 13,69 € − 8,82 € = ▪ €
c) 35,25 € + 23,75 € − 13,97 € = ▪ €

2. Berechne.

a) 112 · 36
b) 96 · 21
c) 48 · 37

3. Berechne.

a) 1239 : 3
b) 1636 : 4
c) 5472 : 12

4. Beim Fußballspiel wurden 648 Karten zu 8,60 € und 324 Schülerkarten zum halben Preis verkauft.

a) Wie viele Karten wurden verkauft?
b) Wie viel Euro wurden dabei eingenommen?

5. Welche Fläche besitzt zwei gleich lange Diagonalen, die zueinander senkrecht sind?
Quadrat (10)
Rechteck (20)

6. Lässt sich aus diesem Netz ein Würfel falten?

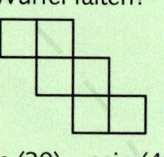

ja (30)   nein (40)

7. Was stimmt?

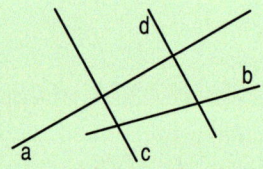

a ⊥ b (12)   a ⊥ c (22)   c ∥ d (32)   b ∥ a (42)

8. Runde.

a) 2398 auf Zehner
b) 44560 auf Tausender
c) 5649 auf Hunderter
d) 6550 auf Tausender

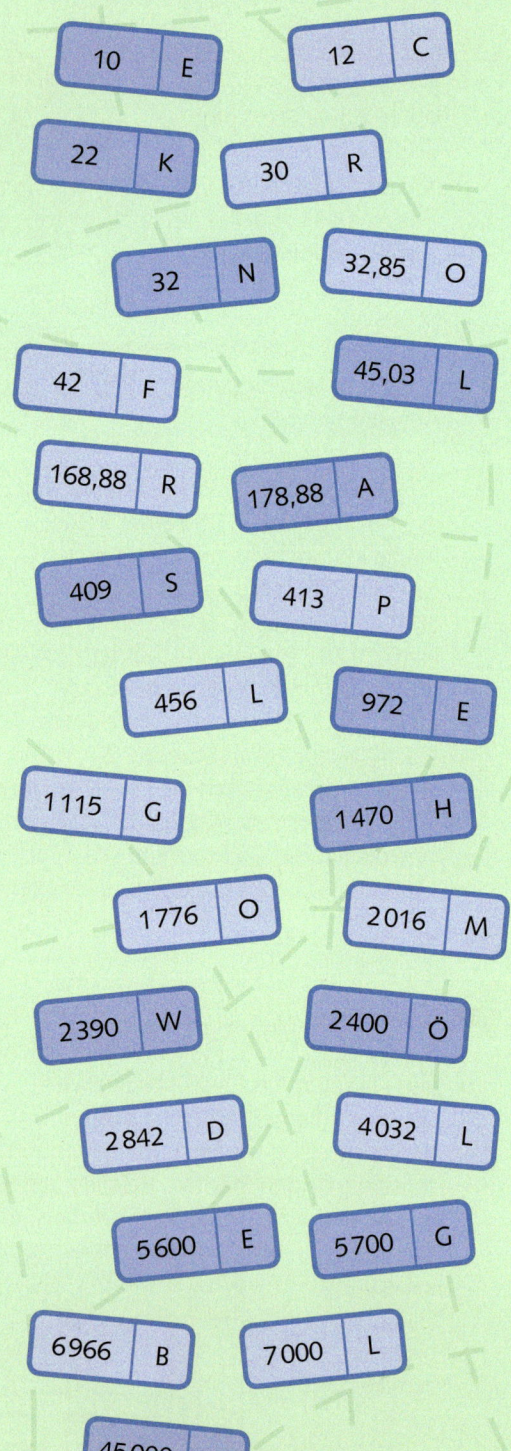

10	E
12	C
22	K
30	R
32	N
32,85	O
42	F
45,03	L
168,88	R
178,88	A
409	S
413	P
456	L
972	E
1115	G
1470	H
1776	O
2016	M
2390	W
2400	Ö
2842	D
4032	L
5600	E
5700	G
6966	B
7000	L
45000	D

Zeit: Tag, Stunde, Minute, Sekunde

1. In welcher Maßeinheit würdest du die Vorgänge in den Bildern messen?

 2. Nenne jeweils fünf Vorgänge, die du in Tagen, Stunden, Minuten oder in Sekunden messen würdest.

> 1 Tag = 24 Stunden (h)   1 Stunde = 60 Minuten (min)   1 Minute = 60 Sekunden (s)

3. Schätze, wie lange es dauert. Ordne die Zeitangaben richtig zu.

ein Ei kochen ein Fußballspiel Klingelton	3 s 365 Tage 2 h 10 min
Sommerferien Marathonlauf ein Jahr	45 Tage 5 min 1 h 30 min

4. Dominik zählt seinen Pulsschlag: in einer Minute 75 Schläge. Wie oft schlägt dein Herz in 1 min?

 5. Versuche, genau 1 min lang die Augen zu schließen. Stoppe die Zeit. Wie viele Sekunden hast du zu kurz oder zu lange die Augen geschlossen? Vergleiche mit anderen.

6. Wie viele Stunden sind es?   a) 2 Tage   b) 4 Tage   c) 5 Tage   d) ein Tag und ein halber

7. Wandle in Minuten um.
   a) 2 h   b) 3 h   c) 5 h   d) 10 h   e) 12 h   f) eine Viertelstunde

8. Wie viele Sekunden sind es?   a) 2 min   b) 10 min   c) 30 min   d) eine drittel Minute

9. Rechne um in die angegebene Zeiteinheit.
   a) 3 Tage 8 h (in h)   b) 22 h 15 min (in min)   c) 233 s (in min und s)   d) 1 Tag (in s)
   e) 4 min 45 s (in s)   f) 4 Tage 19 h (in h)   g) 59 min 59 s (in s)   h) 5 h 1 s (in s)

10. Ordne, beginne mit der kürzesten Dauer. Wie heißt das Lösungswort?

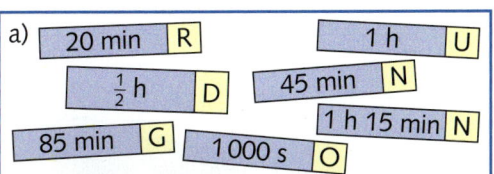

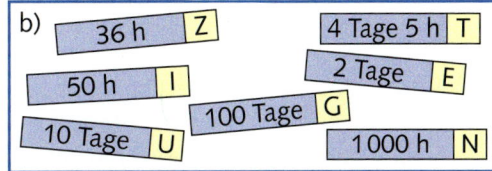

 11. Wie viele Sekunden hat ein Jahr? Runde die Angabe auf Hunderttausender.

 12. Die Entfernung Mond–Erde schwankt zwischen 356 000 km und 406 000 km. Stell dir vor, du fliegst mit Schallgeschwindigkeit (ca. 343 $\frac{m}{s}$) zum Mond. Wie lange würde die Reise dauern?

Zeit: Anfang, Dauer, Ende

Claudias Schulbeginn ←————————— Dauer —————————→ Claudias Schulende

7:00   8:00   9:00   10:00   11:00   12:00   13:00   14:00   15:00

LVL **1.** Partnerarbeit: Die Grafik oben zeigt, wann Claudia die Schule betreten und wann sie diese wieder verlassen hat. Stellt Fragen dazu und beantwortet sie.

2. Vanessa hört die Zeitansage: „Es ist sieben Uhr zwanzig.“ Um 8 Uhr muss sie in der Schule sein.

3. Wie viele Minuten sind es bis zur nächsten vollen Stunde?
   a) 7:35 Uhr   b) 10:42 Uhr   c) 11:08 Uhr   d) 25 Minuten nach 10 Uhr   e) Viertel vor 9 Uhr

4. Eine Unterrichtsstunde dauert 45 Minuten. Wann endet sie beim angegebenen Anfang?
   a) 8:00 Uhr   b) 8:10 Uhr   c) 7:55 Uhr   d) 11:35 Uhr   e) 12:20 Uhr   f) 11:45 Uhr

5. Vom Hauptbahnhof fährt die Straßenbahn von 7:10 Uhr bis 9:10 Uhr alle 20 Minuten.
   a) Wann fahren die Bahnen in dieser Zeit?   b) Wie viele Bahnen fahren in dieser Zeit?

6. Wann endet die Veranstaltung?

Beginn	a) 15:00	b) 9:00 Uhr	c) 15:30 Uhr	d) 17:45 Uhr	e) 20:10 Uhr
Dauer	90 min	2 h 15 min	3 h 45 min	2 h 50 min	$3\frac{1}{2}$ h

7. Ein Film endet um 17:30 Uhr. Er dauerte 70 Minuten. Wann hat er angefangen?

8. Antonio ist 3 h 50 min mit dem Fahrrad gefahren. Wann ist er gestartet bei Ankunft um
   a) 16 Uhr,   b) 12:55 Uhr,   c) 9:15 Uhr,   d) Viertel vor 10 Uhr,   e) Viertel nach 11 Uhr?

9. Wie lange dauert die Fahrt? Erkläre deinen Lösungsweg.
   a) 7:10 Uhr bis 10:00 Uhr   b) 8:20 Uhr bis 12:10 Uhr   c) 8:50 Uhr bis 17:25 Uhr
   d) 9:35 Uhr bis 22:15 Uhr   e) 10:12 Uhr bis 23:59 Uhr   f) 20:15 Uhr bis 3:05 Uhr

10. Übertrage ins Heft und berechne den fehlenden Wert.

Anfang	a) 8:15 Uhr	b)	c) 11:30 Uhr	d) 17:40 Uhr	e) 21:20 Uhr	f)
Dauer	5 h 20 min	100 min		13 h 45 min		7 h 29 min
Ende		10:00 Uhr	17:15 Uhr		16:45 Uhr	2:07 Uhr

LVL **11.** Am 20. Mai 1927 startete Charles A. Lindbergh um 8 Uhr in New York zum ersten Flug über den Atlantik, am 21. Mai landete er in Paris.
Die Pariser Zeitungen berichteten:
„... landete nach 34 Stunden Flug um 22 Uhr in Paris.“
Wie passen die Angaben über Flugdauer und Zeitpunkt der Landung zusammen?

Zeit: Tag, Monat, Jahr

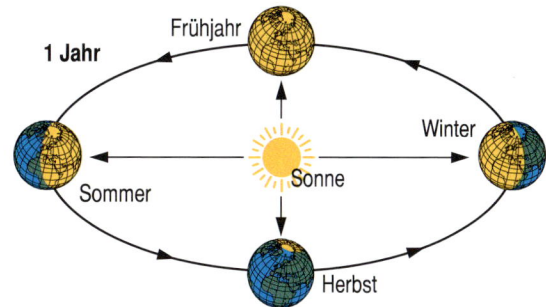

> In 365 Tagen und rund 6 Stunden umkreist die Erde einmal die Sonne.
> Im Kalenderjahr rechnet man mit ganzen Tagen:
> 1 Jahr = 365 Tage   1 Schaltjahr = 366 Tage
> 1 Jahr = 12 Monate

1. Schreibe die Namen der zwölf Monate auf. Wie viele Tage haben sie jeweils?

2. Eine Woche hat 7 Tage. Wie viele Wochen hat ein Jahr? Wie viele Wochen hat ein Schaltjahr?

3. Säugetiere brauchen unterschiedlich lange, bis sie erwachsen sind. Wie viele Monate sind es?
a) Orang-Utan: 7 Jahre   b) Schimpanse: 10 Jahre   c) Rind: $1\frac{1}{2}$ Jahre

4. Andrea feiert ihren 12. Geburtstag.
a) Wie viele Monate ist sie alt?   b) Wie viele Monate dauert es noch, bis sie 18 ist?

5. Wie viele Monate sind es?   a) 4 Jahre   b) 4 J. 10 M.   c) 5 J. 5 M.   d) zwei Jahre und ein halbes

6. Wandle um in Jahre und Monate.   a) 60 Monate   b) 100 Monate   c) 1 000 Monate

7. Das Bild zeigt, wie lange die Planeten unserer Sonne für einen Umlauf brauchen.
a) Der Merkur dreht sich in einem Jahr viermal um die Sonne. Wie viele Tage bleiben übrig?
b) Wie oft umrundet die Venus in einem Jahr die Sonne? Wie viele Tage bleiben übrig?
c) Der Mars braucht fast 2 Jahre für einen Umlauf. Wie viele Tage fehlen an 2 Jahren?

LVL 8. Erkläre, warum alle 4 Jahre der 29. Februar als zusätzlicher Tag eingeschoben wird.

9. Der nebenstehende Kalender gilt für das Jahr 2014. Auf welchen Wochentag fällt der 1. Januar im Jahr 2015, im Jahr 2016, im Jahr 2017?

10. Wie viele Tage liegen dazwischen?
a) 1. Jan. – 20. Feb.   b) 13. März – 12. Juni
c) 25. Mai – 6. Juli   d) 2. Aug. – 22. Nov.
e) 10. Sept. – 24. Dez.   f) 19. Juni – 3. Nov.

LVL 11. Berühmte Frauen: In welchem Alter sind sie gestorben? Erkläre deine Ergebnisse.
① Clara Schumann   * 13. 9.1819   † 20. 5.1896
② Marie Curie   * 7.11.1867   † 4. 7.1934
③ Lise Meitner   * 17.11.1878   † 27.10.1968

Januar

MO	6 13 20 27	
DI	7 14 21 28	
MI	1 8 15 22 29	
DO	2 9 16 23 30	
FR	3 10 17 24 31	
SA	4 11 18 25	
SO	5 12 19 26	

Februar

MO	3 10 17 24
DI	4 11 18 25
MI	5 12 19 26
DO	6 13 20 27
FR	7 14 21 28
SA	1 8 15 22
SO	2 9 16 23

März

MO	3 10 17 24 31
DI	4 11 18 25
MI	5 12 19 26
DO	6 13 20 27
FR	7 14 21 28
SA	1 8 15 22 29
SO	2 9 16 23 30

April

MO	7 14 21 28
DI	1 8 15 22 29
MI	2 9 16 23 30
DO	3 10 17 24
FR	4 11 18 25
SA	5 12 19 26
SO	6 13 20 27

Mai

MO	5 12 19 26
DI	6 13 20 27
MI	7 14 21 28
DO	1 8 15 22 29
FR	2 9 16 23 30
SA	3 10 17 24 31
SO	4 11 18 25

Juni

MO	2 9 16 23 30
DI	3 10 17 24
MI	4 11 18 25
DO	5 12 19 26
FR	6 13 20 27
SA	7 14 21 28
SO	1 8 15 22 29

Juli

MO	7 14 21 28
DI	1 8 15 22 29
MI	2 9 16 23 30
DO	3 10 17 24 31
FR	4 11 18 25
SA	5 12 19 26
SO	6 13 20 27

August

MO	4 11 18 25
DI	5 12 19 26
MI	6 13 20 27
DO	7 14 21 28
FR	1 8 15 22 29
SA	2 9 16 23 30
SO	3 10 17 24 31

September

MO	1 8 15 22 29
DI	2 9 16 23 30
MI	3 10 17 24
DO	4 11 18 25
FR	5 12 19 26
SA	6 13 20 27
SO	7 14 21 28

Oktober

MO	6 13 20 27
DI	7 14 21 28
MI	1 8 15 22 29
DO	2 9 16 23 30
FR	3 10 17 24 31
SA	4 11 18 25
SO	5 12 19 26

November

MO	3 10 17 24
DI	4 11 18 25
MI	5 12 19 26
DO	6 13 20 27
FR	7 14 21 28
SA	1 8 15 22 29
SO	2 9 16 23 30

Dezember

MO	1 8 15 22 29
DI	2 9 16 23 30
MI	3 10 17 24 31
DO	4 11 18 25
FR	5 12 19 26
SA	6 13 20 27
SO	7 14 21 28

Vermischte Aufgaben

1. Manchmal interessiert nur ein gerundeter Wert.
Welche Zeitspanne dauert ungefähr so lange? Ordne zu.

$$1\ h\ 35\ min\ \approx\ 1\tfrac{1}{2}\ h$$

genaue Zeitspanne			gerundete Dauer		
2 h 37 min	125 s	1 000 Tage		2 min 17 min	$\tfrac{1}{2}$ h
100 Wochen	100 Tage	1 h 55 min	2 h	2$\tfrac{1}{2}$ h	3 Monate
33 min 10 s	1 000 s			2 Jahre 3 Jahre	

2. Patrick ist 10 Jahre und 10 Monate alt. Wie viele Monate sind das?

3. Sind 12 Jahre mehr als 3 600 Tage oder sogar mehr als 4 800 Tage?

4. Die Vorräte einer Höhlenexpedition reichen noch für 60 Stunden. Wie viele Tage und Stunden kann die Expedition noch ohne Hilfe von außen auskommen?

5. Frau Schmitz arbeitet von montags bis freitags. Sie hat 30 freie Arbeitstage. Wie viel Wochen hat sie frei?

6. a) 3 Jahre 8 Monate = ▨ Monate
   c) 3 Tage 12 Stunden = ▨ Stunden
   e) 5 Stunden 25 Minuten = ▨ Minuten
   b) 1 000 Tage = ▨ Jahre ▨ Tage
   d) 150 Stunden = ▨ Tage ▨ Stunden
   f) 4 000 Sekunden = ▨ Stunden ▨ Minuten ▨ Sekunden

7. Petra ist 12 Jahre alt, ihr Bruder 15 Jahre und ihre Eltern 42 Jahre. Wie oft hat bisher schon ihr Herz geschlagen? Rechne mit einem Pulsschlag pro Sekunde, also mit 60 Schlägen pro Minute.

LVL **8.** Arbeite mit dem Auszug aus dem Städtefahrplan Stuttgart – Berlin.
   a) Wann fährt der erste Zug am Nachmittag, wann ist er in Berlin?
   b) Bei zwei der angegebenen Züge muss man einmal umsteigen. Wann fahren diese ab?
   c) Herr Schulz nimmt den Zug um 11:51 Uhr. Wo muss er umsteigen? Wie viel Minuten Aufenthalt hat er? Wie lange dauert die Fahrt?
   d) Stelle selbst drei weitere Fragen und beantworte sie.

Stuttgart Hbf → Berlin Hbf

ab	Zug		Umsteigen	an	ab	Zug		an	Verkehrstage	
11:51	ICE	610 ☕	Mannheim Hbf	12:28	12:32	ICE	370 ✕		nicht täglich	12
			Frankfurt(Main) Hbf	13:08	13:19	ICE	1651 ✕			
			Leipzig Hbf	16:46	16:51	ICE	1606 ✕	18:05		
12:05	EC	390 ☕	Frankfurt(Main) Hbf	13:40	13.58	ICE	74 ✕		täglich	05
			Hannover Hbf	16:17	16.31	ICE	941 ✕	18:10		
12:51	ICE	598 ✕						18:18	nicht täglich	13
12:51	ICE	598 ✕						18:22	täglich	11
13:07	RE	4934	Würzburg Hbf	15:21	15:29	ICE	536 ✕		täglich	11
			Göttingen Hbf	16:54	17:03	ICE	278 ✕	19:25		
13:26	ICE	576 ☕	Hannover Hbf	17:17	17:31	ICE	641 ✕	19:08	täglich	14
13:51	ICE	518 ☕	Mannheim Hbf	14:28	14:32	ICE	278 ✕	19:25	täglich	11
13:51	ICE	518 ☕	Mannheim Hbf	14:28	14:32	ICE	278 ✕		Mo – Sa	15
			Frankfurt(Main) Hbf	15:08	15:20	IC	2251 ☕			
			Leipzig Hbf	18:46	18:51	ICE	1008 ☕	20:05		
14:05	EC	218 ☕	Frankfurt(Main) Hbf	15:40	15:58	ICE	72 ✕		Mo – Fr, So	16
			Hannover Hbf	18:17	18:31	ICE	943 ✕	20:12		
14:51	ICE	596 ✕						20:22	täglich	17

9. 22. Dezember, 12 Uhr: Die Ferien haben begonnen und Inga freut sich auf Heiligabend. Wie viele Stunden sind es noch bis zum 24. Dezember 18:00 Uhr?

10. Mark ist am 2. April 2001 geboren. Wie alt ist er am 5.3.2011 (1.5.2012, 31.12.2012, 1.1.2013)?
   a) Berechne das Alter in vollen Jahren.   b) Berechne das Alter in Jahren und vollen Monaten.

11. Der 1.1.2014 war ein Mittwoch. In welchem der folgenden Jahre fällt der Neujahrstag auf einen Sonntag? Wann ist der 1. Januar wieder ein Mittwoch?

Preisbewusst einkaufen (M)

1. Aufgepasst! Überlegt zuerst, ob es Sinn macht, zu rechnen!

a) Wie teuer ist eine Tüte mit 0,5 kg Kartoffeln?

> Kartoffeln im 12,5-kg-Sack nur 9,95 €!!

b) Laufzeit für 1 000 m?

c) Kochzeit für 2 Frühstückseier?

> nur 1,60 € für 4 Zitronen

d) Wie teuer sind 2, wie teuer sind 6 Zitronen?

> Stadionrekord: 100 m in 10,2 Sekunden

e) Wann wird das Wasser den Bootsrand überspülen?

f) In welcher Zeit können 10 000 Lose verkauft werden?

> „Bitte schön: 4 Eier in 5 min perfekt gekocht!"

> Jn 2 Stunden waren alle 500 Lose verkauft!

> Bei Ebbe um 15 Uhr war der Pegelstand schon 10 m hoch. Das Wasser reichte schon bis 20 cm unter dem Bootsrand. Die Flut wird mit einem Pegelstand von 18 m um 19 Uhr erwartet.

2. Nach einer Wanderung erholte sich die Klasse 5b im Cafe Profitlich. Jeder Teilnehmer – auch die Lehrerin – nahm ein Getränk oder ein Eis.

6 Cola	7,20
4 Tee	8,–
2 gr. Eis	7,50
5 Mixgetr.	12,50

a) Wie viele nahmen an der Wanderung teil, und was zahlten alle zusammen?

b) Was sollte auf den Preisschildern stehen?

3. Wie berechnet ihr mit den Preisangaben aus Aufgabe 2 die Preise

a) für 3 und für 12 Cola?

b) für 2 und für 8 Tassen Tee?

c) für 4 und für 6 große Eisbecher?

d) für 2, 3 und 4 Mixgetränke?

Glas Cola	Preis (€)
6	7,20
3	3,60

:2 ⟋ ⟍ :2

Glas Cola	Preis (€)
6	7,20
12	14,40

·2 ⟋ ⟍ ·2

> Die Hälfte kostet halb so viel.

> Zum Doppelten das Doppelte.

4. Überlege mit einer Partnerin oder einem Partner. Notiert eure Ergebnisse in einer Tabelle.

a) Was kosten „einfache" Brötchen? Berechnet den Preis für 2, 4, 6, … 20 Brötchen.

b) Wie teuer sind dicke Apfelsinen? Was zahlt man für 2, 3, 4, 5, … 10 Apfelsinen?

5. Frau Mischnik zahlte im September 2014 für 60 *l* Kraftstoff ca. 90,00 €. Wie viel zahlte man damals für 10 *l*, 20 *l*, 30 *l*, 40 *l* und 50 *l* Kraftstoff?

6. Wie vergleicht ihr die Preise? Welche Packung würdet ihr kaufen? Begründet eure Entscheidung.

a)   b)

Rechnen mit Tabellen

1. Svenja hat mit ihren Eltern entlang der Donau eine 5-tägige Fahrradtour unternommen, dabei hat sie fast jeden Tag den Tachostand notiert.
a) Übertrage die Tabelle in dein Heft und berechne für jeden Tag die gefahrenen Kilometer.
b) Wie lang war die Radtour insgesamt?

| | Kilometerstand bei | | Tagesstrecke in km |
	Abfahrt	Ankunft	
Montag	295 km	333 km	
Dienstag	333 km		
Mittwoch	375 km	420 km	
Donnerstag			
Freitag	466 km	518 km	

LVL **2.**

Montag
13:30 – 14:05 Uhr

Dienstag
14:15 – 15:25 Uhr

Mittwoch
17:35 – 18:20 Uhr

Donnerstag
14:10 – 15:40 Uhr

Freitag
13:30 – 14:25 Uhr

Janis hat in der vergangenen Woche notiert, wann er jeweils seine Hausaufgaben erledigt hat. Lege eine Tabelle an und berechne Janis' Arbeitszeit für die einzelnen Wochentage und seine Wochenarbeitszeit.

LVL **3.** Das Gewicht des Schulranzens von Schülerinnen und Schülern soll höchstens den 10ten Teil ihres Körpergewichtes betragen. Sechs Freunde haben folgende Werte gemessen:

	Sina	Max	Tim	Marlyn	Sead	Fynn
Körpergewicht in kg	44	38	46	41	39	45
Gewicht Ranzen in kg	5,3	4,6	4,2	3,9	5,1	5,1

a) Erstelle eine Tabelle nach folgendem Muster.

| Name | Körpergewicht in | | 10ter Teil | Gewicht Ranzen | „Übergewicht" | „Untergewicht" |
	kg	g	in g	in g	in g	in g
Sina	44	44 000	4 400	5 300		

b) Führt Untersuchungen in eurer Klasse durch und stellt die Ergebnisse in einer Tabelle übersichtlich dar.

4.

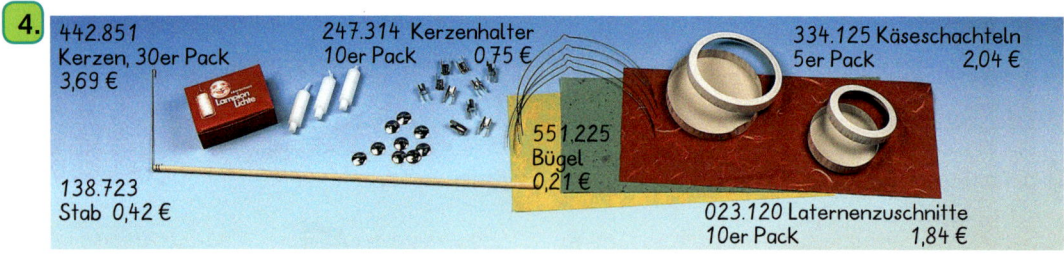

442.851 Kerzen, 30er Pack 3,69 €

247.314 Kerzenhalter 10er Pack   0,75 €

334.125 Käseschachteln 5er Pack   2,04 €

551.225 Bügel 0,21 €

138.723 Stab 0,42 €

023.120 Laternenzuschnitte 10er Pack   1,84 €

Frau Solms möchte mit ihrer Klasse, 30 Schülerinnen und Schülern, Laternen basteln.
a) Übertrage die angefangene Tabelle in dein Heft.
b) Trage ein, wie viel Stück bzw. Packungen sie von den einzelnen Artikeln bestellen muss.
c) Berechne jeweils den Gesamtpreis und vervollständige die Tabelle.
d) Wie hoch ist der Rechnungsbetrag?

Bestellnummer	Menge	Einheit	Artikelname	Einzelpreis	Gesamtpreis
334.125	6	Pack	Käseschachtel	2,04 €	

Merkwürdige Rekorde

1.

Das ist das längste Auto der Welt. Es ist 30,48 m lang und rollt durch Kalifornien (USA).
Das Auto hat sogar einen Hubschrauberlandeplatz und einen Swimmingpool.
a) Das Auto kann in zwei gleich lange Teile zerlegt werden. Wie lang ist dann jedes der
   beiden Autos?
b) Das Auto ist genau so lang wie 8 Kleinwagen derselben Marke. Wie lang ist jeder?
c) Schätze, wie groß der Landeplatz für einen Hubschrauber ist.

2. 1991 wurde in Erfurt eine 1638 m
lange Thüringer Bratwurst hergestellt.
Eine „normale" Bratwurst ist ungefähr
24 cm lang.
a) Schätze zunächst, in wie viele normale
   Bratwürste die „Erfurter Bratwurst"
   hätte zerlegt werden können.
   Rechne dann genau.
b) Wie schwer ist eine normale Bratwurst,
   wie schwer die Thüringer Super-Brat-
   wurst?

3. Diese Burg wurde 1991 in Bocholt aus
162 000 Bierdeckeln erbaut. Stelle dir vor,
man hätte alle Bierdeckel (Dicke 2 mm) zu
einem Turm übereinander gestapelt.
a) Schätze zunächst, ob der Turm
   ungefähr die Höhe eines Klassenzimmers
   (3,25 m), die Höhe eines Leuchtturmes
   (33 m) oder die Höhe des Pariser Eiffel-
   turmes (321 m) hätte.
b) Berechne die Höhe des Turms.

LVL

Neue Trikots für die Schulmannschaft

> Macht Vorschläge, wie wir uns einkleiden sollen!

Flamenco

Trikot	27,– €
Hose	26,– €
Stutzen	6,– €
Handschuhe	24,95 €

Shark

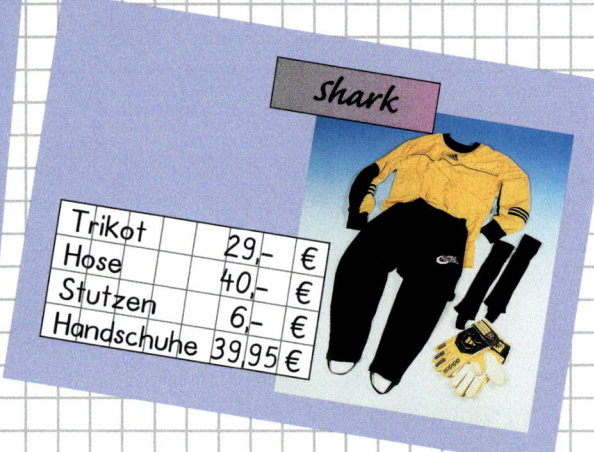

Trikot	29,– €
Hose	40,– €
Stutzen	6,– €
Handschuhe	39,95 €

Setpreis 459,– €

Madrid

Trikot	20,– €
Short	16,– €
Stutzen	5,– €

Set besteht aus:
14 Trikots
14 Shorts
14 Paar Stutzen

Setpreis 622,– €

Porto

Trikot	26,– €
Short	22,– €
Stutzen	7,50 €

1. Wie viel sind es in der kleineren Einheit?
   a) 7 cm 3 mm   b) 2 m 72 cm   c) 4 km 820 m

2. Schreibe mit Komma in der größeren Einheit.
   a)   64 mm   b) 175 cm   c) 8 700 m
        123 mm   238 cm   1 140 m

3. Schreibe ohne Komma in der kleineren Einheit.
   a) 4,2 cm   b) 4,58 m   c) 3,7 km
      8,7 cm   10,70 m   4,250 km

4. a) Von 6,40 m Geländer sind 2,70 m montiert.
    b) 5,70 m Zaun werden um 3,50 m verlängert.

5. Franz fährt eine 7,4 km lange Strecke 6-mal.

6. Bei einem 50-km-Lauf ist die Rundstrecke
    8-mal zu laufen. Wie lang ist eine Runde?

7. Schreibe in der kleineren Einheit.
   a) 4 kg 250 g   b) 2 kg 50 g   c) 3 t 400 kg

8. Schreibe mit Komma in der größeren Einheit.
   a) 3 720 g   b) 5 180 g   c) 12 700 kg

9. Schreibe ohne Komma in der kleineren Einheit.
   a) 4,630 kg   b) 1,5 kg   c) 5,8 t

10. a) Udos Fahrrad wiegt 14,8 kg, das Gepäck
     wiegt 5,4 kg. Wie schwer ist alles zusam-
     men?
    b) Mit Inhalt wiegt der Koffer 19,2 kg, ohne
     Inhalt wiegt er 3,4 kg.

11. a) Wie schwer sind 12 Platten, jede mit 3,6 kg?
    b) 8 Personen teilen sich 5 kg Honig.

12. a) 5 Jahre = ■ Monate   b) 4 Tage 6 h = ■ h
    c) 2 h = ■ min   d) 3 h 15 min = ■ min
    e) 4 min = ■ s   f) 2 min 45 s = ■ s
    g) 720 min = ■ h   h) 480 s = ■ min

13.

	a)	b)	c)	d)
Anfang	8:15 Uhr	12:30 Uhr	9:45 Uhr	
Dauer			2 h 40 min	4 h 30 min
Ende	12:05 Uhr	19:19 Uhr		1:08 Uhr

14. a) In einem Bauplan im Maßstab 1:50 ist eine
     Wand 12 cm lang. Wie lang ist sie wirklich?
    b) Eine Kleiderlaus ist im Maßstab 20:1 vergrö-
     ßert 6 cm lang. Wie lang ist sie wirklich?

Längen, Einheiten
1 km = 1 000 m 1 m = 10 dm = 100 cm
1 dm = 10 cm   1 cm = 10 mm

Kommaschreibweise bei Längen

km		m	
12	5	0	0

12,5 km
= 12 km 500 m = 12 500 m

m		cm	
2	3	5	

2,35 m
= 2 m 35 cm = 235 cm

Rechnen in drei Schritten
① Umwandeln in eine kleinere Einheit
② Rechnen ohne Komma
③ Umwandeln in die ursprüngliche Einheit
3,84 m + 1,73 m = 384 cm + 173 cm
                       = 557 cm = 5,57 m
1,6 km · 4 = 1 600 m · 4 = 6 400 m = 6,4 km

Massen, Einheiten
1 t = 1 000 kg 1 kg = 1 000 g 1 g = 1 000 mg

Kommaschreibweise bei Massen

kg		g	
2	4	5	0

2,450 kg
= 2 kg 450 g = 2 450 g

Rechnen in drei Schritten: ① ② ③
1,8 kg + 0,5 kg $\overset{①}{=}$ 1 800 g + 500 g
                 $\overset{②}{=}$ 2 300 g $\overset{③}{=}$ 2,3 kg
1,8 kg · 4 $\overset{①}{=}$ 1 800 g · 4 $\overset{②}{=}$ 7 200 g $\overset{③}{=}$ 7,2 kg

Zeiten, Einheiten   1 Jahr = 365 Tage
1 Tag = 24 h   1 h = 60 min   1 min = 60 s

Anfang   **Dauer**   **Ende**
  8:45   12:15

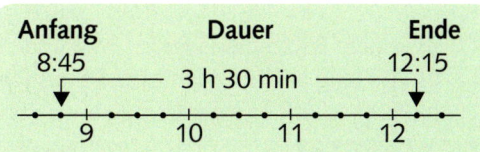

Maßstab
1:5 verkleinert: 1 cm im Bild für 5 cm wirklich.
5:1 vergrößert: 5 cm im Bild für 1 cm wirklich.

TESTEN · ÜBEN · VERGLEICHEN

TÜV

1. Frau Sprint kauft eine Packung Cornflakes zu 3,15 € und eine Flasche Spülmittel zu 1,97 €. Wie viel Euro muss sie bezahlen?

2. Schreibe mit Komma in der größeren Einheit.   a) 3 cm 7 mm   b) 1 km 130 m

3. Schreibe ohne Komma in der nächstkleineren Einheit.   a) 7,350 kg   b) 2,050 t

4. Rechne in die angegebene Einheit um.   a) 4 h = ■ min   b) 3 Tage 4 h = ■ h

5. a) Wie viel Kilogramm wiegt der Hund?   b) Wie viel Kilometer ist Jan gefahren?

6. Eine Dose Hundefutter kostet normalerweise 1,78 €. Im Sonderangebot wird die Dose für 1,59 € angeboten.
a) Wie viel Euro zahlt man beim Normalpreis beim Einkauf von 6 Dosen?
b) Wie viel Euro spart man, wenn man die gleiche Menge im Sonderangebot einkauft?

7. Berechne.   a) 77,2 kg : 4   b) 0,257 t · 8

8. Ein Pkw ist 1,48 m hoch. Es wird ein Fahrradträger montiert, der das Auto mit Fahrrädern um 88 cm erhöht. Darf man mit Fahrrädern auf dem Dach in ein Parkhaus einfahren, bei dem die Einfahrt auf 2,10 m begrenzt ist?

9. Timos Schultag beginnt um 7:40 Uhr und endet um 13:05 Uhr.
a) Wie viel Zeit verbringt er täglich in der Schule?
b) Wie viele Stunden sind das in einer Woche (Mo.–Fr.)?

10. In einem Autoatlas sind Karten im Maßstab 1:400000 abgedruckt. Dort ist die Entfernung zwischen Stuttgart und Ulm etwa 18 cm groß. Wie viel km beträgt sie in Wirklichkeit?

11. Bei einem Radrennen werden 15 Runden gefahren, jede 9,4 km lang.
a) Wie lang ist die Gesamtstrecke des Rennens?
b) Peter schafft in einer Stunde etwa 35 km. Wie lange würde er ungefähr für das Rennen brauchen?

12. Schreibe die wichtigen Informationen auf und löse die Aufgabe:
Peter ist 12 Jahre alt. Seine Schule ist 1,3 km von seiner Wohnung entfernt. Morgens verlässt er pünktlich um 7:30 Uhr das Haus. Im letzten Schuljahr ist Peter an 190 Tagen zur Schule geradelt. Wie viel Kilometer hat er dabei zurückgelegt?

Umfang und Flächeninhalt

Wie oft passt deine Handfläche, dein Fußabdruck, … auf 1 m²?

1 Quadratmeter (1 m²)

1 m

1 m

Das Spielfeld soll vollständig mit Matten ausgelegt werden.

Wie viele Matten sollen wir denn holen?

18 m

8 m

1 m

2 m

Zerlegen und Vergleichen von Flächen

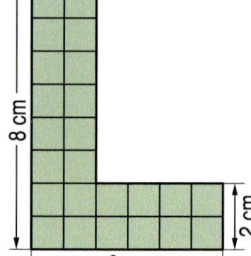

LVL **1.** Vergleiche das Rechteck und den Buchstaben „L". Welche Fläche ist größer? Begründe deine Antwort. Du kannst dazu auch zeichnen und schneiden.

LVL **2.** Partnerarbeit: Findet ein Beispiel zu der Aussage im Kasten und präsentiert dieses Beispiel den anderen.

> Flächen von unterschiedlicher Form sind gleich groß, wenn man sie aus gleich großen Teilflächen zusammensetzen kann.

3. Zeichne ein Rechteck mit den Maßen 8 cm und 4 cm auf Karopapier. Zerschneide es so geschickt in Teilflächen, dass du mit ihnen den Buchstaben **F** legen kannst.

4. Jan bastelt im Werkunterricht eine Schachtel und möchte den Deckel mit Moosgummi bekleben. Die Lehrerin gibt ihm zwei gleich große rechteckige Stücke in grün und blau mit den Maßen 4 cm und 8 cm. Kann Jan daraus sein Muster herstellen? Zeichne dazu die zwei Rechtecke in dein Heft oder auf Tonpapier und zerlege sie. Überprüfe dann mit Hilfe von Jans Musterzeichnung.

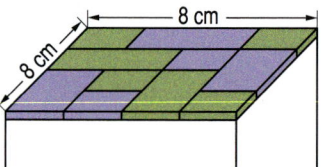

5. Zeichne das Rechteck und schneide alle Teilfiguren aus.
a) Lege aus den Teilen eine neue Figur mit gleichem Flächeninhalt. Zeichne diese in dein Heft und vergleiche mit anderen.
b) Lege aus den Teilen ein Quadrat mit gleichem Flächeninhalt wie das Rechteck.

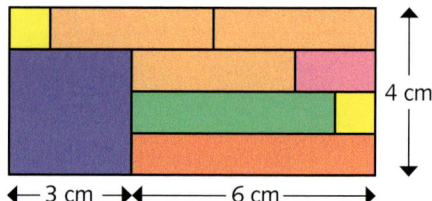

LVL **6.** Welche Druckbuchstaben kannst du in deinem Heft mit Hilfe der Kästchen zeichnen und zerlegen, sodass sie sich zu einem gleich großen Rechteck neu zusammensetzen lassen?

LVL **7.** Welche Figuren sind gleich groß? Übertrage in dein Heft und begründe deine Antwort.

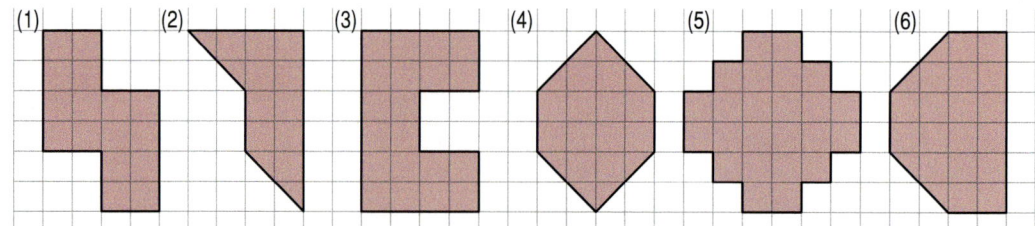

8. Zeichne ein Quadrat mit einer Seitenlänge von 4 cm und zerlege es in vier Teilflächen. Setze diese auf zwei verschiedene Arten zu anderen Vierecken mit gleichem Flächeninhalt wie das Quadrat zusammen. Zeichne die Figuren und vergleiche mit anderen.

9. Lassen sich die Matten von der Einstiegsseite auch zu einem Quadrat zusammenlegen, wenn alle Matten des Spielfeldes verwendet werden? Begründe deine Antwort.

Parkettieren

 1. Familie Schmidt hat die Fußbodenbeläge in den Kinderzimmern erneuert. Die Zimmer von Stefan, Sabine und Hella sind mit Korkfliesen ausgelegt worden. Stefan sagt: „Sabine hat es gut. Sie hat am meisten Platz in ihrem Zimmer." Sprich mit deinem Tischnachbarn über Stefans Äußerung und begründe deine Stellungnahme.

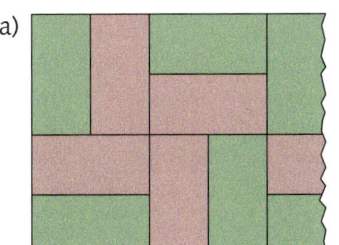

2. Zeichne das angefangene Muster in dein Heft und setze es bis zum Heftrand fort. Vergleiche jeweils die rote und die grüne Fläche miteinander.

a) b) c)

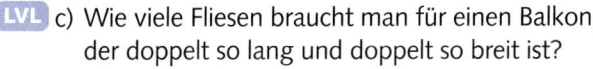

3. Familie Fischer hat damit begonnen, ihren Balkon zu fliesen. Der Balkon ist 2 m breit und 4 m lang. Die Fliesen sind quadratisch (50 cm × 50 cm).

a) Zeichne den Balkon im Maßstab 1:100 (1 cm für 1 m).

b) Zeichne die Fliesen im selben Maßstab ein. Wie viele Fliesen braucht man?

LVL c) Wie viele Fliesen braucht man für einen Balkon, der doppelt so lang und doppelt so breit ist?

 4. Mittlerweile hat die Sophie-Scholl-Schule 16 Klassen. Dafür ist der bisherige Schulhof zu klein. Für einen neuen Schulhof werden die Grundstücke I und II angeboten.

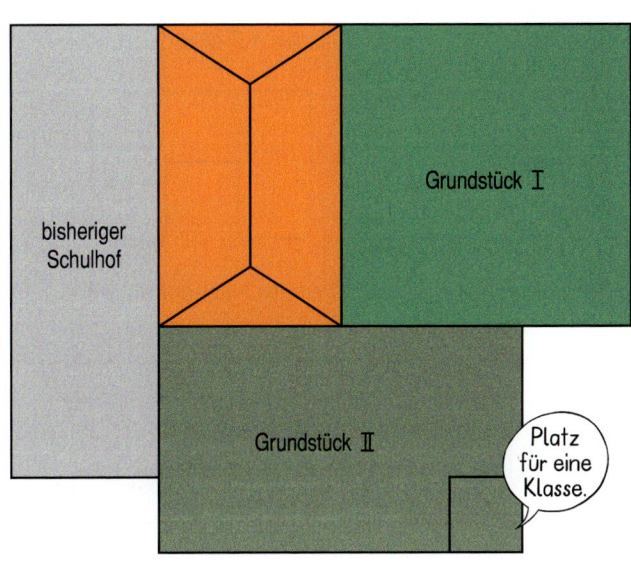

a) Wie viele Klassen sind in der Sophie-Scholl-Schule dazu gekommen? Vorher reichte der Schulhof gerade aus.

b) Welches Grundstück sollte man kaufen? Begründe.

c) Zeichne zwei verschiedene Möglichkeiten für rechteckige Grundstücksflächen, die vier weitere Klassen Platz böten.

Parkettieren mit Quadratzentimetern

LVL **1.** Wie groß ist der Flächeninhalt der abgebildeten Figuren? Begründe deine Antwort mit Hilfe der Zusammenhänge im Kasten.

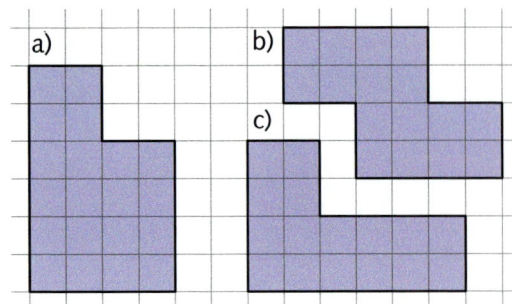

Ein Quadrat mit einer Seitenlänge von 1 cm hat den Flächeninhalt 1 cm² (1 Quadratzentimeter).

Der Flächeninhalt beträgt 3 cm².

Maßzahl   Maßeinheit

2. Nenne Gegenstände, die ungefähr einen Flächeninhalt von 1 cm² haben.

3. Gib den Inhalt der Fläche in cm² an.

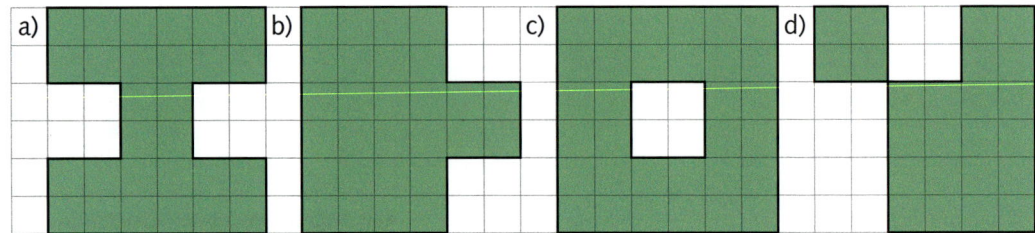

4. Welche Flächeninhalte sind gleich groß?

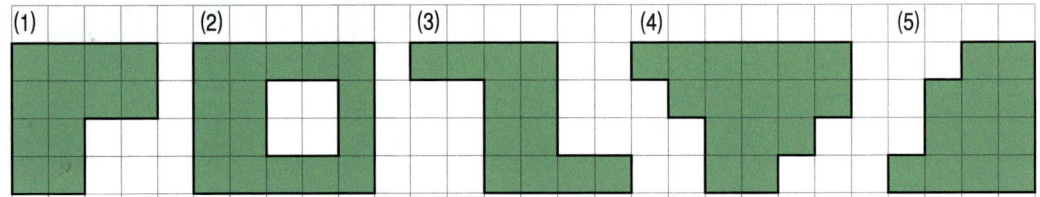

5. Zeichne die Figur ab, fülle sie mit Maßquadraten (1 cm²) aus und gib den Flächeninhalt an.

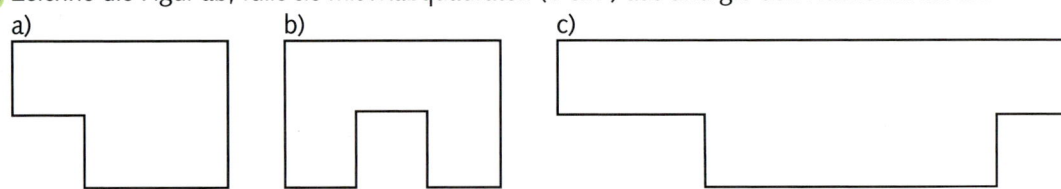

6. Ermittle alle Figuren mit einem Flächeninhalt von 2 Quadratzentimetern.

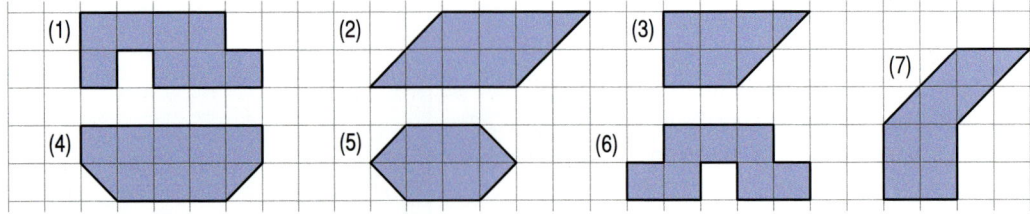

LVL

Der Flächeninhalt eines Rechtecks

1. Sandra, Kim und Jasmin haben das Rechteck mit Quadratzentimetern ausgelegt. Was sagt ihr zu den Ansichten der drei Kinder?

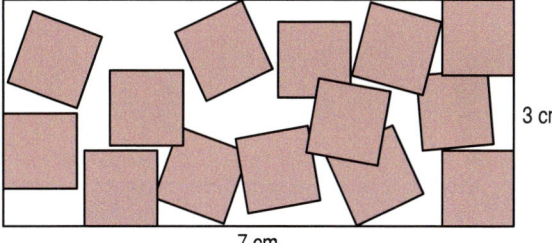

3 cm

7 cm

Sandra

Auf jeden Fall ist das Rechteck größer als 14 cm².

Jch schätze mal, dass in die Lücken noch 6 cm² passen, wenn wir sie zerschneiden würden. Also ist das Rechteck rund 20 cm² groß.

Kim

Jasmin

Vielleicht hätten wir das Rechteck auch etwas geschickter mit Quadratzentimetern auslegen können …

2. Beurteilt die Ergebnisse von Alma, Bernd und Christof.

Alma

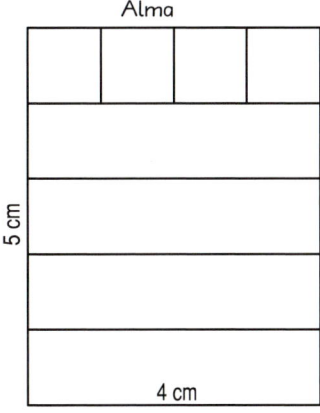

5 cm

4 cm

Das Rechteck ist 20 cm² groß.

Bernd

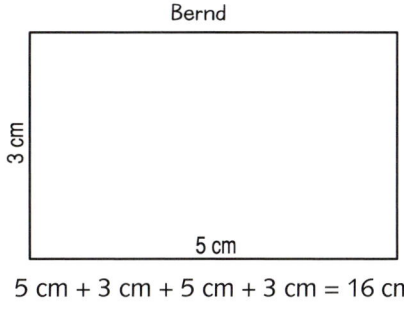

3 cm

5 cm

5 cm + 3 cm + 5 cm + 3 cm = 16 cm

Das Rechteck ist 16 cm² groß.

Christof

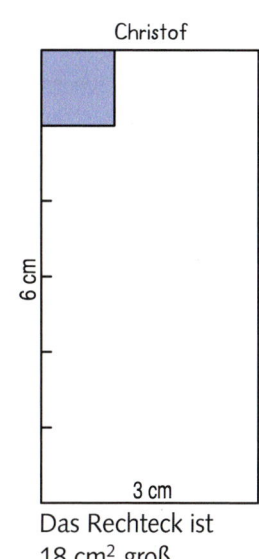

6 cm

3 cm

Das Rechteck ist 18 cm² groß.

3. Zeichnet auf Karopapier ein Rechteck, das 9 cm lang und 7 cm breit ist. Teilt es so in Längsstreifen und Querstreifen ein, dass ihr erklären könnt, wie viel Quadratzentimeter das Rechteck groß ist.

4. Gülhan behauptet: „Ich brauche keine Quadratzentimeter zum Auslegen. Und ein Lineal brauche ich auch nicht. Ich rechne einfach im Kopf, wie groß der Flächeninhalt des Rechtecks ist." Wenn ihr Gülhan versteht, könnt ihr eine Regel aufschreiben, wie man den Flächeninhalt eines Rechtecks ausrechnet. Stellt diese Regel in der Klasse vor.

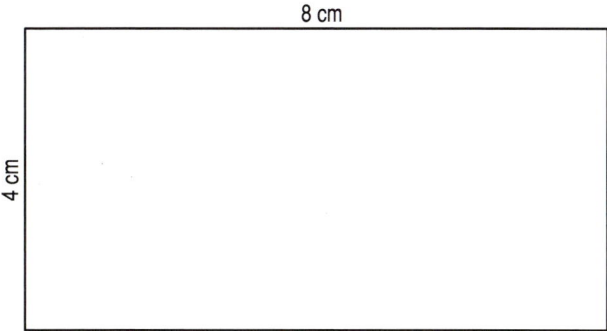

8 cm

4 cm

5. Wie lang und wie breit kann ein Rechteck sein, damit es den angegebenen Flächeninhalt hat? Stellt eure Überlegungen in der Klasse vor.
a) 24 cm²　　　b) 56 cm²　　　c) 48 cm²　　　d) 80 cm²　　　e) 91 cm²

Flächeninhalt des Rechtecks

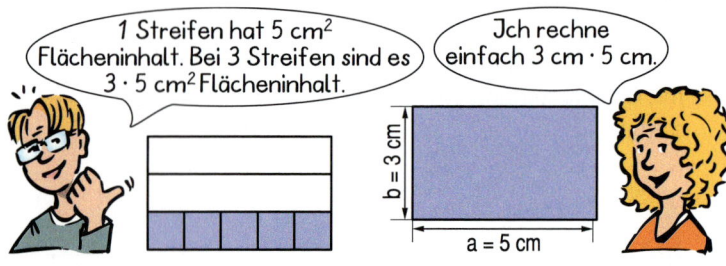

LVL **1.** a) Andre und Alina haben den Flächeninhalt eines Rechtecks berechnet. Wer hat Recht?
b) Welchen Weg würdest du wählen? Begründe deine Wahl.

Flächeninhalt (A) des Rechtecks: Länge · Breite*

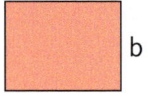

A = a · b
Beispiel: a = 4 cm, b = 3 cm
A = 4 cm · 3 cm
A = 12 cm²

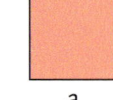

A = a · a
Beispiel: a = 3 cm
A = 3 cm · 3 cm
A = 9 cm²

---

2. Zeichne das Rechteck und berechne seinen Flächeninhalt. Unterteile die Fläche zur Kontrolle in Quadratzentimeter.

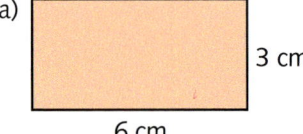
a) 3 cm / 6 cm

b) 4 cm / 12 cm

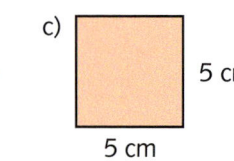
c) 5 cm / 5 cm

3. Berechne den Flächeninhalt des Rechtecks. Wenn es dir hilft, fertige eine Zeichnung an.
a) Länge 7 cm und Breite 3 cm b) Länge 8 cm und Breite 4 cm c) Länge 2 cm und Breite 10 cm
d) Länge 6 cm und Breite 5 cm e) Länge 9 cm und Breite 1 cm f) Länge 4 cm und Breite 5 cm

4. Berechne den Flächeninhalt des Quadrats mit der angegebenen Seitenlänge.
a) 6 cm b) 3 cm c) 1 cm d) 34 cm e) 67 cm

LVL **5.** Tim: „Mein Rechteck hat zwei Seiten von 11 cm und zwei Seiten von 8 cm. Aber ich weiß nicht, was die Länge und was die Breite ist. So kann ich den Flächeninhalt nicht berechnen." – Was sagst du dazu?

6. Berechne den Flächeninhalt des Rechtecks mit den angegebenen Seitenlängen.
a) a = 5 cm   b) a = 6 cm   c) a = 9 cm   d) a = 14 cm   e) a = 24 cm   f) a = 20 cm
   b = 4 cm   b = 6 cm   b = 7 cm   b = 11 cm   b = 18 cm   b = 20 cm

LVL **7.** Der Flächeninhalt eines Rechtecks wird mit 36 cm² angegeben. Wie lang ist dann Seite a, wie lang Seite b? Notiere mehrere Möglichkeiten und vergleiche mit anderen.

8. Die Seitenlänge a eines Rechtecks beträgt 5 cm. Wie groß ist der Flächeninhalt des Rechtecks, wenn Seite b um 1 cm kürzer als die dreifache Länge von a ist?

LVL **9.** Wie verändert sich der Flächeninhalt eines Rechtecks, wenn beide Seitenlängen verdoppelt werden? Überlege und begründe deine Meinung gegenüber den anderen.

---

* Das lateinische Wort für Fläche ist „area". Deswegen wird der Flächeninhalt mit A abgekürzt.

Umfang des Rechtecks

LVL **1.** Partnerarbeit: Was meint ihr zu Nicos Bedenken? Begründet eure Antwort mit einer Rechnung und präsentiert sie den anderen.

2. Nenne Maße für ein Kaninchengehege, bei dem der Maschendraht vollständig verarbeitet würde. Kontrolliere durch Rechnung.

Umfang (u) des Rechtecks und des Quadrates: Summe aller Seitenlängen

$u = a + b + a + b = 2 \cdot a + 2 \cdot b$
Beispiel: a = 4 cm, b = 5 cm
u = 4 cm + 5 cm + 4 cm + 5 cm
u = 18 cm

$u = a + a + a + a = 4 \cdot a$
Beispiel: a = 3 cm
u = 3 cm + 3 cm +
3 cm + 3 cm
u = 12 cm

---

3. Berechne den Umfang des abgebildeten Rechtecks.

a)
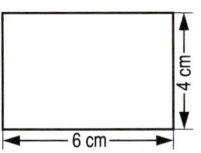

b)
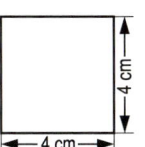

c)
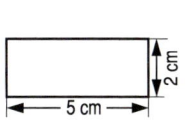

d)
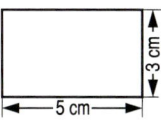

4. Berechne den Umfang des Rechtecks. Vielleicht hilft dir eine Skizze.

	a)	b)	c)	d)	e)	f)
Länge	8 cm	15 cm	38 cm	72 cm	16,5 cm	26,5 cm
Breite	7 cm	10 cm	59 cm	16 cm	20 cm	58,5 cm

LVL **5.** Elli und Tim berechnen den Umfang eines Rechtecks. Setze die Rechnungen im Heft fort. Erkläre, wie beide vorgegangen sind, und begründe, welchen Weg du wählen würdest.

Elli a = 25 cm; b = 12 cm
Berechne u

u = 25 cm + 12 cm +
25 cm + 12 cm
u = 37 …

Tim a = 25 cm; b = 12 cm
Berechne u

u = 2 · 25 cm +
2 · 12 cm
u = …

6. Berechne den Umfang des Quadrats mit der angegebenen Seitenlänge.
a) a = 19 cm   b) a = 34 cm   c) a = 122 m   d) a = 148 m   e) a = 256 m   f) a = 62,5 m

7. Berechne den Umfang des Rechtecks mit den angegebenen Seitenlängen.
a) a = 16 cm   b = a + 4 cm   b) a = 24 cm   b = 2 · a   c) a = 42 cm   b = 2a − 37 cm

LVL **8.** Berate dich mit anderen und stelle dein Ergebnis dar: Welche Rechtecke sind mit dem angegebenen Flächeninhalt und Umfang möglich, und wie sehen sie aus?
① A = 24 cm², u = 22 cm   ② A = 48 cm², u = 24 cm   ③ A = 36 cm², u = 26 cm

Vermischte Aufgaben

1. Ordne die passenden Flächeninhalte zu.

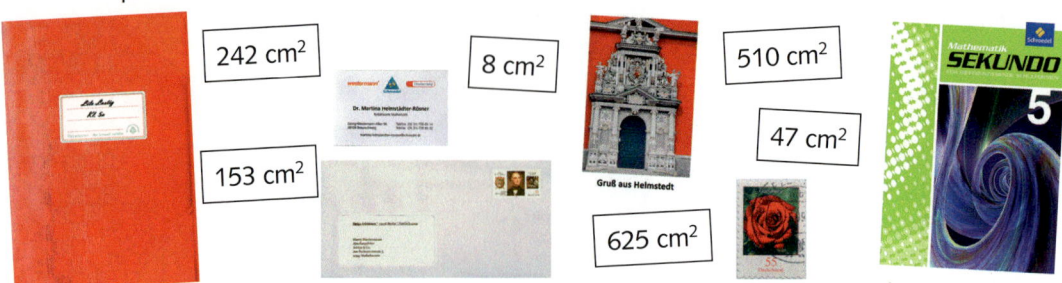

2. Ordne die Rechtecke R1 bis R5 erst nach der Größe des Flächeninhalts und dann nach der Größe des Umfangs.

	R1	R2	R3	R4	R5
Länge	12 cm	5 cm	2 cm	7 cm	33 cm
Breite	3 cm	8 cm	17 cm	7 cm	1 cm

LVL 3. Sabines Füller hat in der Schule gekleckst. Zu Hause sitzt sie vor der Aufgabe und überlegt, welche Breite das Rechteck wohl hatte. Kannst du ihr helfen? Überlege und begründe dein Ergebnis.

$A = 48$ cm^2

12 cm

LVL 4. Klaus möchte die zweite Seitenlänge des Rechtecks wissen. Er überlegt:
„Der Umfang ist 18 cm und ich kenne zwei Seitenlängen …"
Was muss Klaus rechnen, um die Länge der fehlenden Seite zu erhalten? Überlege, sprich mit anderen und begründe dein Ergebnis.

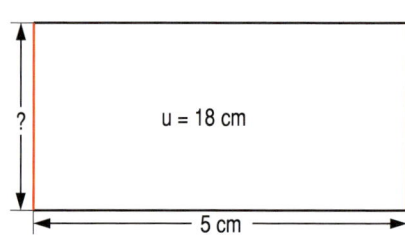

? u = 18 cm

5 cm

5. Berechne aus dem Umfang u und einer Seitenlänge eines Rechtecks die zweite Seitenlänge und dann den Flächeninhalt A.
a) u = 48 cm; Länge 14 cm   b) u = 76 cm; Breite 18 cm   c) u = 62 cm; eine Seite 17 cm

6. Zeichne zwei Rechtecke mit demselben Flächeninhalt. Notiere alle Größen in einer Tabelle.
a) 12 cm^2 b) 16 cm^2 c) 20 cm^2 d) 24 cm^2

Länge	Breite	Umfang	Flächeninhalt
1 cm	12 cm	26 cm	**12 cm²**

7. Berechne jeweils die fehlenden Größen a, b, A, u des Rechtecks.
a) a = 6 cm, u = 22 cm   b) b = 26 cm, A = 1 170 cm^2 c) b = 35 cm, u = 154 cm
d) a = 21 cm, A = 1 806 cm^2 e) a = 23 cm, u = 84 cm   f) b = 30 cm, A = 1 170 cm^2

8. Der Umfang eines Quadrates beträgt 48 cm. Wie lang ist die Seite a eines Rechtecks mit gleichem Flächeninhalt wie das Quadrat, wenn die Seite b des Rechtecks eine Länge von 9 cm misst?

9. Ulli möchte seinen Zeichenblock mit in die Schule nehmen. Der Zeichenblock ist 30 cm breit und 42 cm lang. Passt der Zeichenblock in eine rechteckige Stofftasche mit einem Flächeninhalt von 1 280 cm^2 und einem Umfang von 144 cm, ohne oben „rauszugucken"?

BLEIB FIT!

Die Ergebnisse der Aufgaben 1 bis 8 ergeben drei berühmte deutsche Baudenkmäler.

1. Rechne in die angegebene Einheit um.

   a) 4 Tage 6 Std = ▦ h (Stunden)
   b) 3 Std 35 min = ▦ min (Minuten)
   c) 1 875 g = ▦ kg (Kilogramm)
   d) 3 m 4 dm = ▦ cm (Zentimeter)

2. Berechne.

   a) 2,87 m + 0,95 m = ▦ m
   b) 12,75 m − 8,87 m = ▦ m
   c) 725 m + 1,3 km = ▦ m

3. Berechne.

   a) 332 · 27
   b) 167 · 23
   c) 235 · 58

4. Ein Sportgeschäft kauft 30 Paar Turnschuhe zum Gesamtpreis von 2 340 €. Wie viel Euro kostet ein Paar Turnschuhe für das Sportgeschäft?

5. Berechne die fehlenden Werte.

Anfang	8:30 Uhr	7:45 Uhr	▦:▦ Uhr
Dauer	▦ h ▦ min	▦ h ▦ min	3 h 15 min
Ende	11:45 Uhr	12:05 Uhr	18:00 Uhr

6. Wie oft gibt es die Note 2, wie oft die Note 4?

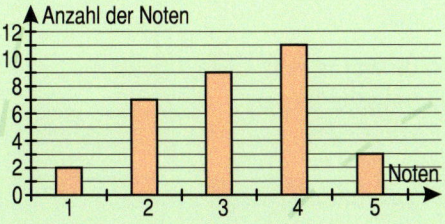

7. Überschlage. Runde die Ergebnisse auf Tausender.

   a) 157 000 : 78
   b) 215 · 58

8. Berechne die fehlende Zahl.

   a) 260 : ▦ = 10
   b) ▦ : 2 = 494

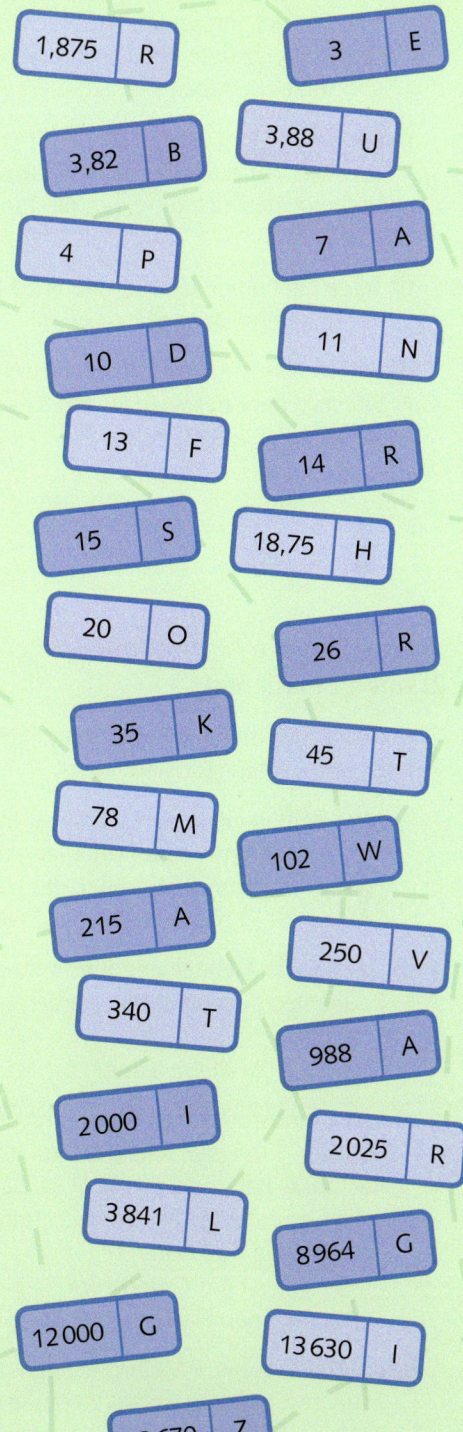

1,875 R
3 E
3,82 B
3,88 U
4 P
7 A
10 D
11 N
13 F
14 R
15 S
18,75 H
20 O
26 R
35 K
45 T
78 M
102 W
215 A
250 V
340 T
988 A
2 000 I
2 025 R
3 841 L
8 964 G
12 000 G
13 630 I
13 670 Z

WISSEN · ANWENDEN · VERNETZEN

WAV

1. Punkte und Strecken

a) Die Lage des Punktes A im Achsenkreuz ist durch die Koordinaten festgelegt: A(4|6). Wie lauten die Koordinaten der Punkte B, C, D, E und F?

b) Von den sechs Punkten soll jeder mit jedem durch eine Strecke verbunden werden. Übertrage das rechts abgebildete Koordinatensystem in dein Heft und setze die Arbeit fort.

c) Die Tabelle gibt die Anzahl der Strecken an, die benötigt werden, um 2 bzw. 3 Punkte zu verbinden. Nutze deine Zeichnung, um die Tabelle zu vervollständigen.

d) Trage die Punkte G(0|2) und H(3|1) in dein Koordinatensystem ein.

e) Bestimme – möglichst ohne zu zeichnen –, wie viele Strecken benötigt werden, um 8 Punkte paarweise miteinander zu verbinden.

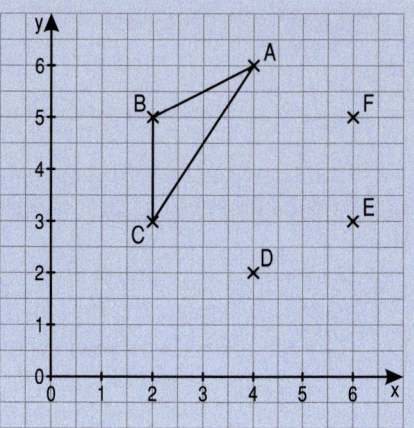

Anzahl der Punkte	Anzahl der Strecken
2	1
3	1 + 2 = 3
4	1 + 2 + …
5	1 + 2 + ……
6	

2. Aus alt mach neu

In diesen Sommerferien verzichtet Familie Stazinski auf die Urlaubsreise. Stattdessen wird in Haus und Garten renoviert.

a) Mira zieht in ein anderes Zimmer. Ihr altes Kinderzimmer war 5 Meter lang und 4 Meter breit. Das neue Zimmer ist 6 Meter lang und hat eine Fläche von 24 Quadratmetern.
– Welches Zimmer ist größer, das alte oder das neue? Begründe deine Antwort.
– Wie breit ist das neue Zimmer? Notiere deine Rechnung.

b) Das Bad ist 4 Meter lang und 3 Meter breit. Gerade wurde sein Boden neu gefliest. Dafür wurden genau 48 quadratische Fliesen benötigt.
Bestimme die Maße (Länge, Breite) so einer Fliese.

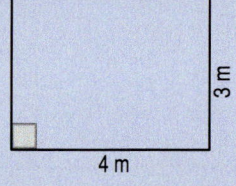

3 m

4 m

c) Das Grundstück erhält ringsherum einen kleinen Gartenzaun. Tim weiß, dass das Grundstück die Form eines Rechtecks hat und 27 m breit ist. Sein Vater hat gesagt: „Die Gesamtlänge des Zauns einschließlich der Toreinfahrt beträgt 120 Meter."
– Wie lang ist das Grundstück?
– Berechne den Flächeninhalt des Grundstücks.

d) Im Abstand von 3 Metern werden die Pfähle für den Zaun gesetzt, dazwischen kommen die Zaunelemente.
– Wie viele Zaunelemente werden benötigt?
– Wie viele Pfähle müssen gesetzt werden?

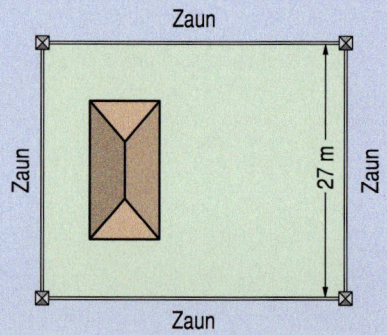

Zaun

Zaun

Zaun

Zaun

27 m

WISSEN · ANWENDEN · VERNETZEN

WAV

3. Ausflug in den Erlebnispark

In den Ferien besuchen die Großeltern mit Hatiye und Serkan einen Erlebnispark.

a) Bei der Abfahrt um 8:45 Uhr in Dortmund zeigt der Tacho einen Stand von 37 827 km an. Die Fahrt dauert 70 Minuten. Der Tacho zeigt nun einen Stand von 37 936 km an.
  – Wann kommen sie am Ziel an?
  – Wie viele Kilometer sind sie gefahren?

b) Der große Parkplatz gegenüber dem Eingang zum Park ist schon voll belegt. Zum Glück entdeckt Hatiye ein Hinweisschild auf ein nahegelegenes Parkhaus. Wie viele Plätze sind bereits belegt? Schreibe auf, wie du gerechnet hast.

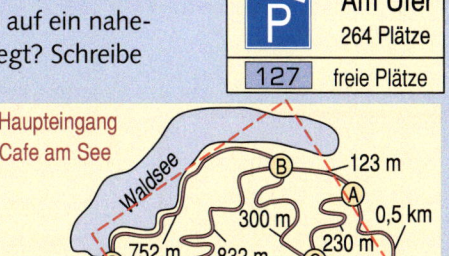

P	Am Ufer
	264 Plätze
127	freie Plätze

c) Die Attraktionen des Erlebnisparks sind auf einer fast rechteckigen Fläche von 840 000 m² verteilt. Sie ist ca. 1 200 m lang. Wie breit ist sie?

d) Serkan möchte auf jeden Fall Tauchboot fahren und die Kirmes besuchen. Hatiye will zu Schloss Schreckenstein und in die Spielewelt. Die Großeltern schlagen vor, zwischendurch eine Rast im Café am See einzulegen.
  – Findest du einen Weg durch den Park, der alle Wünsche berücksichtigt?
  – Wie lang ist der kürzeste Weg von der Mittelalterstadt zum Café am See?

A Haupteingang
B Cafe am See
C Schloss Schreckenstein
D Kirmes
E Mittelalterstadt
F Spielewelt
G Tauchboot

Waldsee

B – 123 m
A – 0,5 km
300 m
752 m   832 m   230 m
0,5 km
0,9 km
0,4 km F
630 m   D
750 m
E 412 m

e) Serkans Opa muss am Kassenautomat 7 € bezahlen.
  – Wie lang war die Parkdauer mindestens?
  – Hatiye schaut auf die Uhr und meint: „Es ist jetzt 16:20 Uhr. Wären wir zehn Minuten später gekommen, hätten wir 8 € zahlen müssen."
  Wie spät war es, als die Familie ins Parkhaus fuhr?

**Parkhaus *Am Ufer*
Parkgebühren**

bis 1 Stunde   2 €
jede weitere angefangene
Stunde   1 €

Das Parkhaus schließt um 22 Uhr

4. Von Körpern und Flächen

Zerschneidet man eine quaderförmige Schachtel an allen Kanten, so erhält man sechs Rechtecke. Drei dieser Rechtecke sind hier abgebildet.

2 cm
8 cm

65 mm
20 mm

80 mm
6,5 cm

a) Bestimme den Umfang der Figuren.

b) Finde und zeichne zu jeder Figur zwei weitere Rechtecke, die denselben Umfang besitzen. Bestimme anschließend den Flächeninhalt deiner Figuren in mm².

c) Es gibt Rechtecke, die zwar denselben Umfang besitzen, aber verschiedene Flächeninhalte haben. Überprüfe diese Behauptung anhand deiner Beispiele.

d) Anja meint: „Ebenso gibt es Rechtecke, die zwar denselben Flächeninhalt besitzen, aber verschiedene Umfänge." Findest du zu Anjas Aussage ein passendes Beispiel?

e) Stell dir vor, dass die Schachtel wieder zusammengeklebt wird.
  – Zeichne ein mögliches Quadernetz.
  – Berechne die Summe aller Kantenlängen des Quaders.
  – Ron berechnet die Summe aller Kantenlängen so:
    2 · (2 cm + 8 cm) + 4 · 6,5 cm = 38 cm. Wo steckt der Fehler?

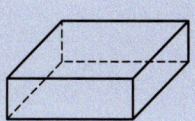

Flächenmaße dm², cm², mm²

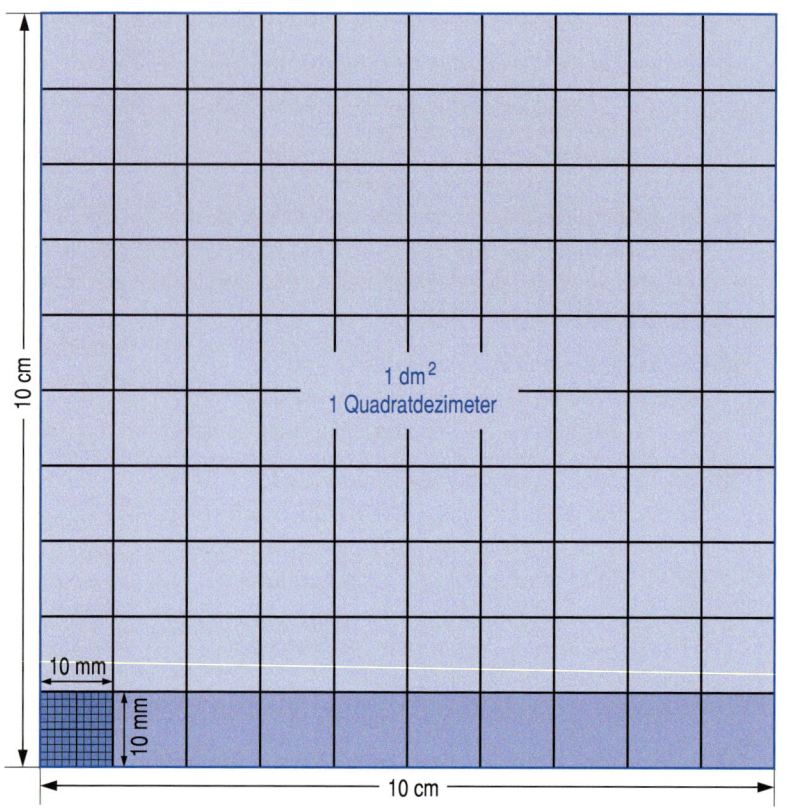

1 dm² = 100 cm²
(Quadratdezimeter)

(Quadratzentimeter)
1 cm² = 100 mm²
(Quadratmillimeter)

1 dm² = 10000 mm²

10 cm

1 dm²
1 Quadratdezimeter

10 mm

10 mm

10 cm

LVL 1. Gruppenarbeit: Begründet die Formeln in den Kästen mit Hilfe der Abbildung des Quadratdezimeters. Präsentiert eure Ergebnisse in der Klasse.

TIPP
Umwandeln in die kleinere Einheit: **malnehmen.**

Aufgabe: **Wandle um: 13 dm² in cm²**
Rechnung: 1 dm² = 100 cm²
　　　　　 13 · 100 = 1300
Ergebnis: **13 dm² = 1300 cm²**

Aufgabe: **Wandle um: 24000 mm² in cm²**
Rechnung: 100 mm² = 1 cm²
　　　　　 24000 : 100 = 240
Ergebnis: **24000 mm² = 240 cm²**

TIPP
Umwandeln in die größere Einheit: **teilen.**

2. Benenne Beispiele für Flächen, die jeweils einen Flächeninhalt von ungefähr 1 dm², 1 cm² und 1 mm² haben. Vergleiche mit den Beispielen anderer.

LVL 3. Mit welchen Maßquadraten würdest du die folgenden Flächen messen?

| Atlas | Postkarte | Stecknadelkopf | Briefmarke | Mücke | Telefonbuch |

4. a)　6 dm² = ▦ cm²　　b)　5 cm² = ▦ mm²　　c) 9800 cm²　= ▦ dm²　　d) 2800 mm² = ▦ cm²
　　 12 dm² = ▦ cm²　　　 82 cm² = ▦ mm²　　　 6400 mm² = ▦ cm²　　　 900 cm²　= ▦ dm²

5. Hier sind einige Einheiten verwischt. Ergänze, so dass die Umwandlung stimmt.

| a) 6 0 0 mm² = | 6 ▰ | b) | 1 ▰ = 1 0 0 mm² | c) | 6 8 0 0 cm² = 6 8 ▰ |
| d) | 2 7 ▰ = 2 7 0 0 cm² | e) 7 0 0 ▰ = | 7 dm² | f) 8 0 0 0 0 ▰ = | 8 dm² |

Flächenmaß m²

LVL **1.** Partnerarbeit: Begründet die Formeln im Kasten. Eigene Messungen und die Aussagen der Schülerinnen und Schüler an der Tafel können dabei helfen. Präsentiert eure Erklärungen den anderen.

Quadratmeter: **1 m² = 100 dm² = 10 000 cm²**

TIPP

Umwandeln in die kleinere Einheit: **malnehmen.**

Aufgabe: **Wandle um: 15 m² in dm²**
Rechnung: 1 m² = 100 dm²
            $15 \cdot 100 = 1500$
Ergebnis: **15 m² = 1 500 dm²**

Aufgabe: **Wandle um: 700 dm² in m²**
Rechnung: 100 dm² = 1 m²
            $700 : 100 = 7$
Ergebnis: **700 dm² = 7 m²**

TIPP

Umwandeln in die größere Einheit: **teilen.**

2. Welche Fläche ist größer als 1 m²?
   a) Garagentor   b) Autodach   c) Computerbildschirm   d) Schreibtischplatte
   e) Englischbuch   f) Zeichenblock   g) Klassenzimmertür   h) Badetuch

3. Ordne die Flächenmaße richtig zu.

4. Wandle in die angegebene Einheit um.
   a)   7 m²   = ▣ dm²   b)   4 dm² = ▣ cm²   c) 500 dm² = ▣ m²   d) 30 000 mm² = ▣ cm²
   e) 600 mm² = ▣ cm²   f) 41 000 dm² = ▣ m²   g) 81 dm² = ▣ cm²   h)   120 cm² = ▣ mm²

5. Passt ein 8 100 cm² großes Quadrat aus Packpapier auf die Klapptafel im Bild oben? Begründe deine Meinung mit einer Skizze.

LVL **6.** Zeichne ein Quadrat mit dem Inhalt 1 dm² und dann ein Quadrat mit dem Inhalt $\frac{1}{2}$ dm².

LVL **7.** Die Klassenlehrerin der 5a stellt den Schülerinnen und Schülern die Aufgabe der Woche:
   „Ist unser Klassenraum 5 Millionen mm² oder 54 Millionen mm² oder 520 000 mm² groß?"

Vermischte Aufgaben

1. Wie groß ist der Flächeninhalt ungefähr, der von den Gegenständen überdeckt wird?

2. a) Wie viele Maßquadrate von 1 dm² braucht man, um 1 m² auszulegen?
b) Wie viele Maßquadrate von 1 cm² braucht man, um 1 m² auszulegen?
c) Wie viele Maßquadrate von 1 mm² braucht man, um 1 cm² auszulegen?

3. Wandle in die angegebene Einheit um.
a) 100 cm² (dm²)   b) 3 200 dm² (m²)   c) 1 m² (dm²)   d) 10 dm² (cm²)
    9 000 dm² (m²)   46 000 mm² (cm²)   5 cm² (mm²)   12 m² (dm²)

4. a) 100 Quadratzentimeter sind zu einem Quadrat gelegt. Gib die Seitenlänge an.
b) 10 000 Quadratmillimeter sind zu einem Quadrat gelegt. Wie lang ist seine Seitenlänge?

5. Wandle bei Bedarf zuerst in die nächst kleinere oder größere Einheit um, dann in die angegebene.
a) 3 750 000 cm² (dm²)   b) 70 000 cm² (m²)   c) 37 m² (dm²)   d) 367 m² (cm²)
   8 520 000 mm² (dm²)   280 000 dm² (m²)   2 dm² (mm²)   625 cm² (mm²)

6. a) 12 dm² 34 cm² = ▨ cm²   b) 5 m² 7 dm² = ▨ dm²   c) 21 cm² 5 mm² = ▨ mm²
d) 5 m² 20 dm² = ▨ dm²   e) 31 dm² 20 cm² = ▨ cm²   f) 60 cm² 30 mm² = ▨ mm²

7. a) 6 m² 15 dm² 10 cm² = ▨ cm²   b) 7 dm² 14 cm² 3 mm² = ▨ mm²   c) 5 m² 13 cm² = ▨ cm²

8. Familie Menz möchte eine neue Einbauküche kaufen. Das Küchenstudio Küchli arbeitet einen Vorschlag für die Küchengestaltung aus. 4 mm² in der Zeichnung entsprechen in der Wirklichkeit 1 dm².
a) Es sollen zwei elektrische Geräte eingebaut werden. Welche Fläche nehmen sie in der Küche ein?
b) Berechne, welche Bodenfläche durch die Eckbank bedeckt wird.
LVL c) In welchem Maßstab ist der Vorschlag für die Küchengestaltung gezeichnet? Hinweis: Zeichne im Heft einen Quadratdezimeter und in eine Ecke dieses Quadratdezimeters ein 4 mm² großes Quadrat. Stelle deine Lösung in der Klasse vor.

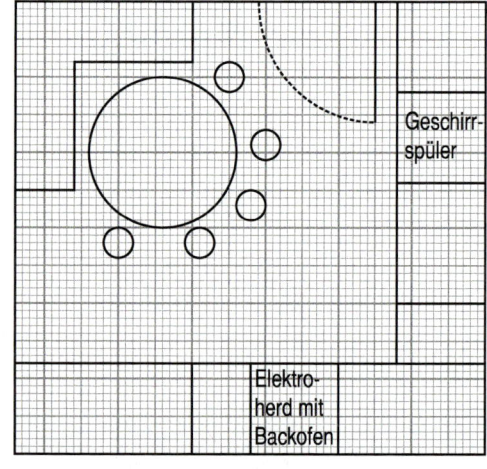

Die Flächeneinheiten Ar und Hektar

LVL

1. Gruppenarbeit: Bildet 10 Partnergruppen aus 2 Kindern; die übrigen Kinder bilden eine Großgruppe.
Die Großgruppe geht mit einer langen Schnur, vier langen Nägeln, einem Bandmaß und einem Tafel-Geodreieck auf den Schulhof und steckt ein Quadrat ab, das 10 m × 10 m groß ist. Der Flächeninhalt dieses Quadrates heißt ein **Ar** (1 a).
Die Partnergruppen schneiden aus Packpapier jeweils ein Quadrat aus, das 1 m² groß ist.

a) Legt einen Quadratmeter Packpapier auf den Boden und probiert, wie viele Kinder gleichzeitig darauf stehen können (kein Körperteil darf den Boden außerhalb berühren). In Kiel haben sogar 23 Kinder einer fünften Klasse Platz auf dem Quadratmeter gefunden.

b) Geht alle zur Großgruppe auf den Hof und nehmt die ausgeschnittenen 10 Quadratmeter mit. Legt die Quadratmeter so geschickt auf das 1 a große Quadrat, dass ihr erkennt, wie viele m² ein Ar groß ist.

c) In Stuttgart hat eine Klasse ebenfalls ein Quadrat mit dem Flächeninhalt 1 a abgesteckt und die Zeit gestoppt, die man bei normaler Schrittgeschwindigkeit braucht, um dieses Quadrat zu umrunden. Waren das 11 s oder 20 s oder 36 s oder 58 s?

2. Das Straßenviereck um das abgebildete Rote Rathaus von Berlin ist ein 100 m × 100 m großes Quadrat. Der Flächeninhalt heißt ein **Hektar** (1 ha).

a) Entdeckt ihr den Rathausturm auf dem Satellitenbild?

b) Wie lange braucht man bei normaler Schrittgeschwindigkeit, um den Hektar zu umrunden?

c) Daniel soll die Frage beantworten, wie viel Ar ein Hektar groß ist. Seine Antwort: „Das ist einfach. Ein Hektar ist ein Hektoar – also wie beim Hektoliter …" Versteht ihr Daniel?

3. Frederik überlegt: „Um einen Hektar zu umrunden, braucht man bei Schrittgeschwindigkeit ungefähr 6 Minuten. Dann möchte ich nicht um einen Quadratkilometer herumlaufen müssen. Der ist 100-mal so groß wie ein Hektar, da wäre man also 600 Minuten unterwegs. Das ist ja ein ganzer Tag von morgens bis abends."
Was sagst du zu Frederiks Überlegungen und Berechnungen? Sind sie richtig oder falsch oder nur teilweise richtig bzw. falsch?

Maßquadrate für große Flächen

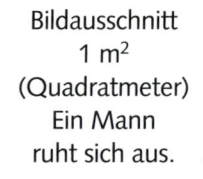

Bildausschnitt
1 m²
(Quadratmeter)
Ein Mann
ruht sich aus.

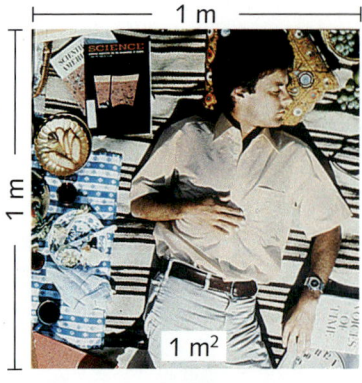

1 m

1 m²

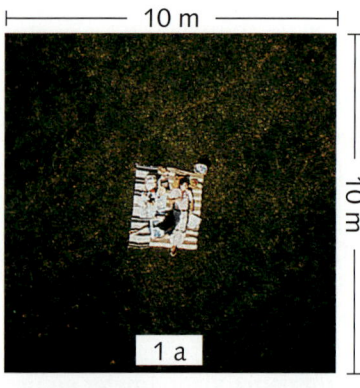

10 m

1 a

Bildausschnitt
1 a
(Ar)
1 a = 100 m²

100 m

1 ha

100 m

Bildausschnitt
1 ha
(Hektar)
1 ha = 100 a

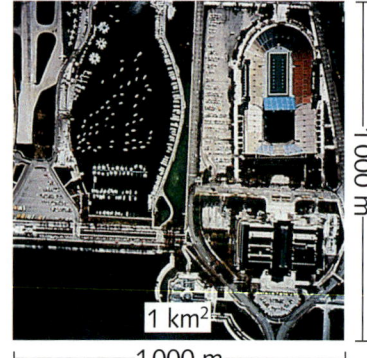

1 000 m

1 km²

1 000 m

Bildausschnitt
1 km²
(Quadratkilometer)
1 km² = 100 ha

LVL **1.** Partnerarbeit: Zeigt am vorletzten Bild den Ausschnitt des ersten Bildes. Wo befindet sich dieser Ausschnitt auf dem letzten Bild? Erklärt anschließend, wie die vier Fotos zusammenhängen.

2. a) Rechne in Ar um: 5 ha   9 ha   3 ha   12 ha   26 ha   7 ha   325 ha   37 ha   580 ha   9,5 ha
   b) Rechne in Hektar um: 300 a   500 a   4 000 a   2 700 a   800 a   30 000 a   300 000 a

3. a) Wie viel Ar (a) beträgt die Größe des Ackers mit Hafer?
   b) Wie groß ist die Gesamtfläche aller abgebildeten Flurstücke? Gib in Hektar und Ar an.
   c) Wie viel m² ist das Weizenfeld groß?
   LVL d) Überlege dir weitere Fragen und gib die Lösungen an.

Wald 1 ha	Roggen 1 ha	Kartoffeln 1 ha	Weizen 1 ha
Hafer 100 a =1 ha	Rüben 1 ha	Gerste 1 ha	Brachland 1 ha

100 m — 100 m

4. Übertrage die Tabelle ins Heft und fülle sie aus.

	a)	b)	c)	d)	e)	f)	g)
km²	3 km²		17 km²				
ha		500 ha			2 500 ha		
a				40 000 a		320 000 a	600 000 a

5. Zerlege so weit wie möglich in gemischte Einheiten.
   a) 4 970 m²   b) 909 a   c) 369 ha   d) 7 143 m²
   e) 41 620 m²   f) 27 143 a   g) 6 258 470 m²   h) 5 062 005 m²

> 4 680 m²
> = 4 600 m² + 80 m²
> = 46 a 80 m²

6. Ein Fußballfeld ist ungefähr 1 ha, eine Klapptafel 1 m² groß. Wie viele Fußballfelder bzw. wie viele Klapptafeln passen auf die Fläche des 35 752 km² großen Landes Baden-Württemberg?

Umwandeln

1. Gib den Inhalt der Fläche in Quadratmillimeter und Quadratzentimeter an.

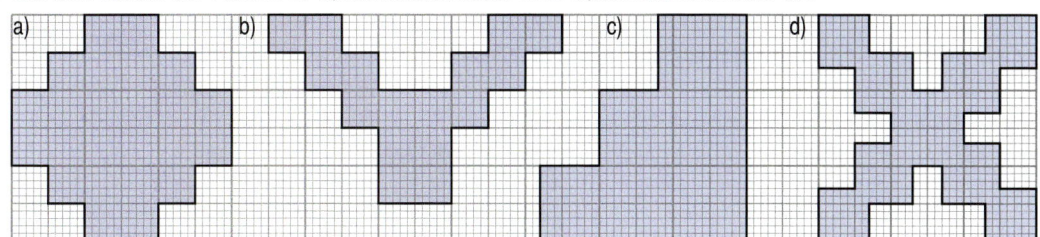

2. Wandle in die angegebene Einheit um.

a) $1 \text{ cm}^2 = \blacksquare \text{ mm}^2$
 $15 \text{ cm}^2 = \blacksquare \text{ mm}^2$

b) $4 \text{ m}^2 = \blacksquare \text{ dm}^2$
 $69 \text{ m}^2 = \blacksquare \text{ dm}^2$

c) $65\,000 \text{ cm}^2 = \blacksquare \text{ dm}^2$
 $58\,000 \text{ mm}^2 = \blacksquare \text{ cm}^2$

d) $7800 \text{ a} = \blacksquare \text{ ha}$
 $6500 \text{ m}^2 = \blacksquare \text{ a}$

3. Wandle in die angegebene Einheit um.

a) $\frac{1}{2} \text{ cm}^2 = \blacksquare \text{ mm}^2$
 $2\frac{1}{2} \text{ dm}^2 = \blacksquare \text{ cm}^2$

b) $15\frac{1}{2} \text{ m}^2 = \blacksquare \text{ dm}^2$
 $55\frac{1}{2} \text{ ha} = \blacksquare \text{ a}$

c) $250 \text{ mm}^2 = \blacksquare \text{ cm}^2$
 $2450 \text{ ha} = \blacksquare \text{ km}^2$

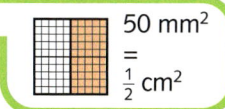

$50 \text{ mm}^2 = \frac{1}{2} \text{ cm}^2$

4.

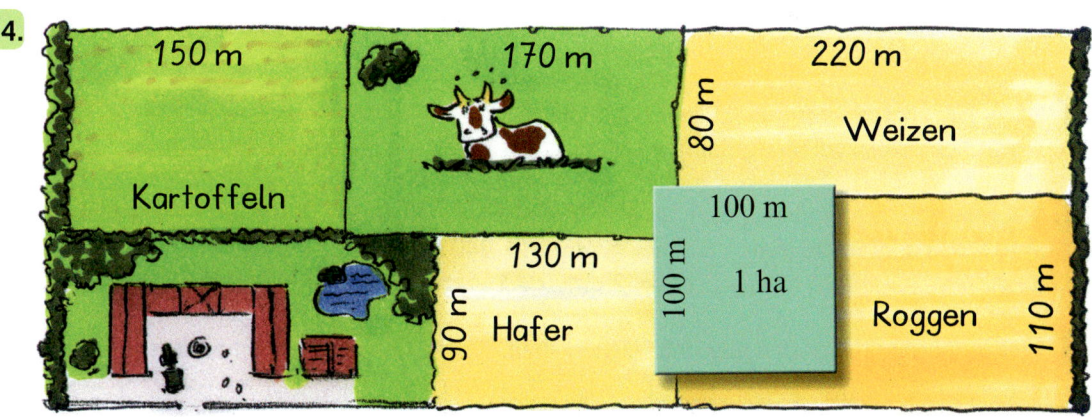

a) Der Hof von Bauer Sievers liegt nahe bei seinen Feldern. Das Grundstück, auf dem er sein Haus gebaut hat, ist 190 m lang. Erkläre. Gib die Maße aller Felder an.

b) Berechne den Flächeninhalt des Grundstücks mit dem Haus. Gib ihn auch in Ar an.

c) Ermittle die Gesamtfläche der drei Getreideäcker in Quadratmeter und Ar.

d) Wie groß ist der Flächeninhalt des Kartoffelfeldes? Gib in Ar und Hektar an.

e) Welche Fläche haben die Kühe auf ihrer Weide zur Verfügung? Rechne in Ar um.

f) Bestimme die gesamte Nutzfläche in Quadratmeter und Ar. Wie viel Hektar sind das ungefähr?

g) Wie viel Hektar fehlen Bauer Sievers noch zu einem Quadratkilometer? Gib auch in Ar an.

h) Wie viele Fußballfelder hätten auf Bauer Sievers Feldern Platz? (Fußballfeld: ≈ 110 m × 60 m).

5. a) Ein Quadrat ist $49\,000\,000 \text{ mm}^2$ groß. Passt dieses Quadrat in deinen Klassenraum?

b) Wie viel Quadratmillimeter ist der Deckel deines Mathematikbuches groß? Schätze zuerst, dann miss und rechne mit gerundeten Werten.

TIPP

Maßstab 1:43 heißt: 1 cm im Modell sind 43 cm im Original.

LVL 6. Ein bekanntes Auto-Museum in Stuttgart zeigt auf einer Ausstellungsfläche von 5600 m^2 neben Originalen (Länge: ca. 4300 mm, Breite: ca. 1720 mm) auch Kleinmodelle der Autos. Ron meint: „Wenn ich die gesamte Fläche dicht an dicht mit Spielzeugmodellen im Maßstab 1:43 voll stelle, brauche ich bestimmt 1 Mio. Autos." Stimmst du Ron zu? Begründe deine Antwort.

Vermischte Aufgaben

1. Berechne Flächeninhalt und Umfang des Rechtecks.

    a) Länge 7 m   b) Länge 26 cm   a) Länge 34 mm
       Breite 8 m   Breite 9 cm   Breite 12 mm

2. Die Villa Kunterbunt hat sechs verschiedene Fenstertypen. Dies sind die Maße für Länge und Breite:

    80 cm × 90 cm;   80 cm × 190 cm
160 cm × 90 cm;   40 cm × 100 cm
100 cm × 150 cm; 120 cm × 130 cm

    a) Berechne die Glasflächen in Quadratdezimeter und vergleiche sie hinsichtlich der Größe.
    b) Berechne den Umfang des Holzrahmens in m für jeden Fenstertyp.

3. Der Balkon hat eine Fläche von 5 m² und eine Breite von 2 m. Passt das Pferd mit einer Länge von 2,20 m unter den Balkon?

4. Nach dem letzten Regen entschließt sich Pippi, das Dach neu decken zu lassen. Wie viel m² ist es groß? Ziehe dabei von der gesamten Dachfläche 4 m² für die dreieckige Gaube ab.

5. Berechne von den Größen a, b, A, u eines Rechtecks die fehlenden. Achte auf gleiche Einheiten.

    a) a = 28 mm, u = 126 mm   b) a = 47 dm, A = 940 dm²   c) b = 35 cm, u = 17 dm
    d) b = 4 m, A = 1 a   e) a = 2 dm, u = 154 cm   f) b = 200 m, A = $2\frac{1}{2}$ ha

6. Welche Flächen haben den gleichen Flächeninhalt, welche den gleichen Umfang? Begründe.

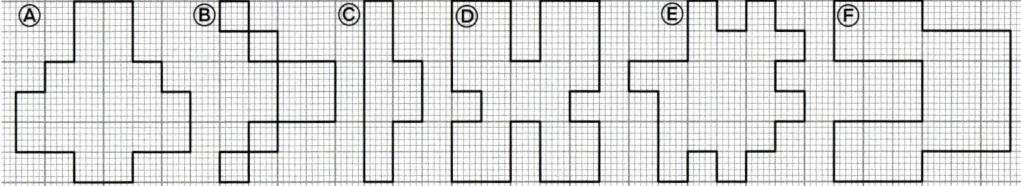

7. Frau Lampes Joggingstrecke (rot) ist 2 km lang.

    a) Heute ist sie gerade 400 m gelaufen, da sieht sie einen Hund. Wie weit ist er noch entfernt?
    b) Berechne den Flächeninhalt der Tannenschonung, die Frau Lampe jeden Morgen umrundet. Gib die Fläche in a und in ha an.

LVL **8.** Die Rasenfläche in Sinas Garten ist 9 m² groß. Reichen alle Blätter ihres Mathebuches „Sekundo" aus, um die Rasenfläche damit auszulegen? Präsentiere deine Überlegungen und Ergebnisse den anderen.

9. Wie verändern sich Flächeninhalt und Umfang eines Rechtecks, wenn eine der Seite verdreifacht wird? Wie verändern sie sich, wenn beide Seiten verdreifacht werden?

Die Klasse 5d gestaltet ihren Klassenraum neu

Die Schülerinnen und Schüler der Klasse 5d möchten mit Hilfe ihrer Eltern und ihrer Klassenlehrerin den Klassenraum renovieren.

1. Die Wände sollen neu gestrichen werden. Dazu muss die Gesamtfläche ermittelt werden. Bedenkt, dass Türen und Fenster nicht gestrichen werden. Auch die Tafel wird nicht abgebaut. Die Heizkörper sind neu, aber die Wand hinter ihnen wird gestrichen. Übertragt die Tabelle in euer Heft und berechnet die einzelnen Flächeninhalte.

	1. Wand	Tafel	2. Wand	Fenster	3. Wand	Tür	4. Wand
Länge	6 m						
Breite	3 m						
Flächeninhalt							

2. Überlegt nun, welche Flächen addiert und welche subtrahiert werden müssen. Ermittelt dann, wie viel Farbe eingekauft werden muss und wie teuer die Farbe ist.

TIPP

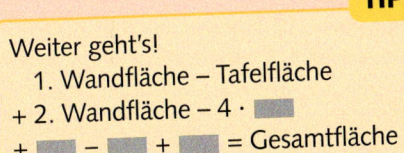

Weiter geht's!
  1. Wandfläche – Tafelfläche
+ 2. Wandfläche – 4 · ▮
+ ▮ – ▮ + ▮ = Gesamtfläche

3. Um dem Klassenraum etwas mehr Farbe zu geben, sollen bunte Leisten an den Deckenkanten angebracht werden. Wie viel m Leisten werden gebraucht?

4. Für die geplante Leseecke, die 3 m × 2 m groß werden soll, wollen Julias Eltern einen Teppichrest zur Verfügung stellen. Zwei Reste stehen zur Auswahl: ein 7 m² großes rechteckiges Stück (eine Seite 3,50 m) und ein 7,6 m² großes rechteckiges Stück (eine Seite 4 m). Welcher Rest wäre geeignet?

Tierhaltung

Aus der Gesetzesvorschrift für Hundehalter:

> Die Grundfläche des Zwingers muss der Zahl
> und Art der gehaltenen Hunde angepasst sein.
> Die Mindestbreite des Zwingers muss der
> Körperlänge des Hundes entsprechen.
> Für einen mittelgroßen, über 20 kg schweren
> Hund ist eine Grundfläche von mindestens
> 6 m² erforderlich; für jeden weiteren in dem-
> selben Zwinger gehaltenen Hund sind der
> Grundfläche 3 m² hinzuzurechnen.

1. Bevor du die Fragen a) bis d) beantwortest, lege dir eine Tabelle an, wie du es auf Seite 77
   gelernt hast. Dann beantworte die Fragen.

   a) Wie breit muss der Zwinger für einen 1 m langen Hund mindestens sein?
   b) Wie viel Quadratmeter Grundfläche muss der Zwinger für einen 25 kg schweren Hund
      mindestens haben?
   c) Wie viel Quadratmeter Grundfläche muss der Zwinger für zwei Hunde (beide schwerer als
      20 kg) mindestens haben?
   d) Wie viel Quadratmeter Grundfläche muss der Zwinger für drei über 20 kg schwere Hunde
      mindestens haben?

Wichtig für Frage a)	Wichtig für Frage b)	Wichtig für Frage …
Die Mindestbreite des Zwingers muss der Körperlänge des Hundes entsprechen, …	Für einen mittelgroßen, …	

2. a) Zeichne zwei Möglichkeiten auf, wie der Zwinger für einen 1 m langen Hund aussehen könnte.
      (Maßstab 1 : 100, d. h. 1 cm entspricht 1 m).
   b) Zeichne zwei Möglichkeiten auf, wie der Zwinger für drei Hunde aussehen könnte.
   c) Überschlage, wie viel Platz in deinem Klassenzimmer für einen Schüler zur Verfügung steht.
      Vergleiche mit der „Hundezwingerverordnung" und diskutiere mit deinem Nachbarn.

3. Jannik hat ein Kaninchen geschenkt bekommen. Er weiß, dass ein Kaninchen mindestens 20 dm², besser aber 40 dm² Platz
   im Käfig haben sollte.

   a) Welche der angebotenen Käfige kom-
      men in Frage?
   b) In seinem Zimmer hat Jannik zwischen
      dem Schreibtisch und dem Schrank ge-
      nau 65 cm Platz für einen Käfig. Welche
      Käfige könnte er kaufen?
   c) Für welchen Käfig soll er sich entschei-
      den? Begründe deine Meinung.

1. Nenne Gegenstände, die ungefähr 1 m² groß sind (z. B. Schreibtischplatte).

2. Gib den Inhalt der Fläche in cm² an.

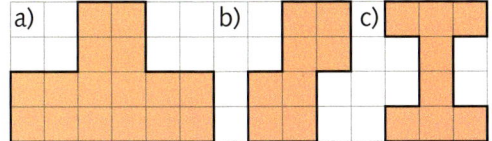

a)   b)   c)

3. Gib die Flächeninhalte in cm² an.

a)	1 dm²	b)	300 mm²	c)	56 dm²
	21 dm²		2 500 mm²		200 mm²
	765 dm²		100 mm²		22 dm²

4. a) Ein Quadrat hat eine Seitenlänge von 1 cm. Wie viele mm² passen dort hinein?
  b) Welche Seitenlänge hat ein Quadrat, das mit 100 dm² ausgelegt ist?

5. a)   9 ha = ▩ a   b) 4 500 km² = ▩ ha
     37 m² = ▩ dm²   625 a   = ▩ m²
   c) 2 900 a = ▩ ha   d) 56 700 m² = ▩ a
     800 ha = ▩ km²   3 000 dm² = ▩ m²

6. Berechne den Flächeninhalt des Rechtecks.
  a) Länge 15 cm   b) Länge 28 cm
    Breite 12 cm   Breite 56 cm

7. Berechne die fehlende Seitenlänge des Rechtecks.
  a) A = 36 cm²   b) A = 135 cm²
    Länge 6 cm   Breite 5 cm

8. Ein rechteckiger Handspiegel hat die Maße 12 cm und 9 cm. Wie groß ist die Fläche?

9. Ein Grundstück ist 30 m lang und 20 m breit. Gib den Flächeninhalt in m² und auch in Ar an.

10. Berechne den Umfang der beiden Rechtecke.

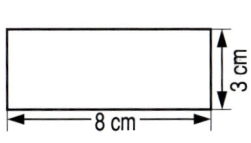
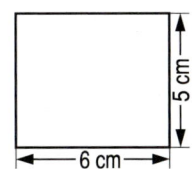

8 cm, 3 cm ; 6 cm, 5 cm

11. Wie groß ist die fehlende Seitenlänge des Rechtecks mit den angegebenen Maßen?
  a) u = 38 cm   b) u = 95 cm
    Länge 12 cm   Breite 13 cm

Ein Quadrat mit einer Seitenlänge von 1 m hat den Flächeninhalt 1 m² **(1 Quadratmeter).**

1 m²

Flächenmaße für kleine Flächen

1 m² = 100 dm²
  1 dm² = 100 cm²
    1 cm² = 100 mm²
      1 mm² .

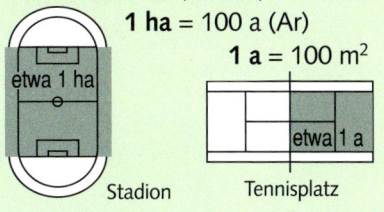

1cm²

Flächenmaße für große Flächen

1 km² = 100 ha (Hektar)
  1 ha = 100 a (Ar)
    1 a = 100 m²

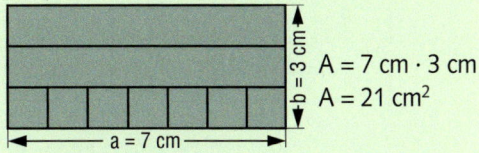

etwa 1 ha

etwa 1 a

Stadion   Tennisplatz

Flächeninhalt A eines Rechtecks:

A = Länge · Breite   A = a · b

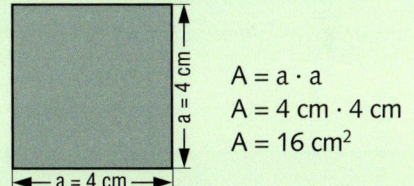

A = 7 cm · 3 cm
A = 21 cm²
b = 3 cm
a = 7 cm

Flächeninhalt A eines Quadrates:

A = a · a
A = 4 cm · 4 cm
A = 16 cm²
a = 4 cm

Umfang u eines Rechtecks:

u = Summe aller Seitenlängen

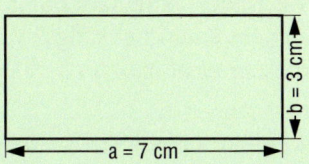

b = 3 cm
a = 7 cm

u = a + b + a + b; u = 2a + 2b
u = 7 cm + 3 cm + 7 cm + 3 cm
u = 20 cm

TESTEN · ÜBEN · VERGLEICHEN

TÜV

DIAGNOSETEST

1. Ordne den Gegenständen den passenden Flächeninhalt zu:
Englischbuch – Sportplatz – Badetuch – Briefmarke – Bauplatz für ein Einfamilienhaus
6 cm² – 340 cm² – 6 a – 2 m² – 1 ha

2. Ein Rechteck ist 6 cm lang und 4 cm breit.
a) Berechne den Flächeninhalt A.   b) Berechne den Umfang u.

3. Bestimme den Flächeninhalt der abgebildeten
Figur in cm².

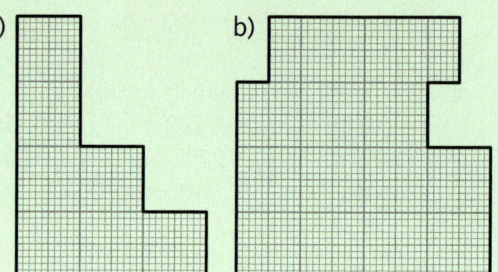

4. Rechne um:
a) 20 cm² = ▦ mm²   b) 1 m² = ▦ dm²
   2 dm² = ▦ cm²   50 dm² = ▦ cm²
c) 300 m² = ▦ a   d) 25 000 ha = ▦ km²
   4 900 ha = ▦ km²   90 a = ▦ m²

5. Zeichne zwei verschiedene Rechtecke, die beide einen Flächeninhalt von 18 cm² haben.

6. Welche Figuren haben den gleichen Flächeninhalt?

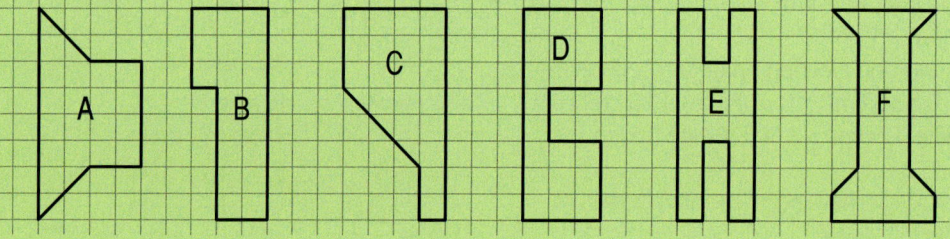

7. Natalie zeichnet ein Quadrat mit einem Umfang von 32 cm. Berechne den Flächeninhalt.

8. Marcos Rechteck ist 5 cm breit und hat einen Umfang von 34 cm. Berechne A.

9. Zeichne die Grundfläche (den Boden) des Kaninchenkäfigs. (Maßstab 1 : 10). Welche Fläche soll laut
Gesetz ein Kaninchen zur Verfügung haben?

10. Wie viel Meter Gitterdraht braucht man für die
4 Seiten des Kaninchenkäfigs? Wie viel Quadratmeter
Sperrholz braucht man für den Deckel des Käfigs?

> **Aus einer Tierzeitschrift:**
> Kaninchen haben einen starken Bewegungs-
> drang. Deshalb ist für zwei Zwergkaninchen
> eine Mindestgröße des Käfigs von 120 cm × 80 cm
> vorgeschrieben. Die Höhe darf nicht unter 50 cm
> sein. Außerdem muss der Käfig einen Deckel ha-
> ben, da Kaninchen problemlos 70 cm hohe Hin-
> dernisse überspringen können.

11. Bauer Lütge verkauft einen Teil seines Ackers als Bauland. Wie viele Grundstücke zu je 900 m²
kann er verkaufen, wenn eine Fläche von 3 ha 60 a als Bauland ausgewiesen wird?

12. Sinas Eltern stiften für eine Pinnwand Korkplatten, 30 cm lang und 25 cm breit. Wie viele Platten
werden für eine 1 m hohe und 1,50 m breite Pinnwand gebraucht?

Brüche und Dezimalzahlen

Stammbrüche!

$\frac{1}{2}$ $\frac{1}{3}$ $\frac{1}{10}$

ein Viertel
drei Viertel
0,1 0,5

ein halber Meter

1 Stunde = 60 Minuten
1 kg = 1000 g
1 m = 100 cm

$\frac{1}{2}$ Stunde = 30 Minuten

$\frac{1}{2}$ kg = 500 g

$\frac{1}{2}$ m =

Fruchtbowle für Supersportler

$\frac{1}{4}$ l Ananassaft ⎫

$\frac{1}{4}$ l Orangensaft ⎬ Zusammenschütten, mit Zucker abschmecken. Falls gewünscht, Kiwischeiben dazugeben.

$\frac{1}{4}$ l Zitronensaft ⎭

Alles kühlen und vor dem Servieren mit $\frac{3}{4}$ l Ginger Ale auffüllen. Nicht mehr rühren.

Reicht ein 2-l-Krug für die Bowle?

Gesucht: Kommazahlen im Alltag!

In 100 ml Vollmilch sind im Durchschnitt enthalten:

Fett_____3,5 g
Eiweiß _____3,4 g
Kohlenhydrate _____4,8 g
Calcium_____120 mg
Phosphor_

Handcreme	2,79 €
Zahncreme	3,89 €
Duschgel	2,89 €
Total	9,57 €
Bar:	20,00 €
Rückgeld:	10,43 €

Was bedeuten die Kommas?

Stammbrüche

LVL **1.** Besprecht, welche Pizza gerecht geteilt wurde. Welchen Anteil bekommt jeder davon?

Brüche wie $\frac{1}{2}$ (ein halb), $\frac{1}{3}$ (ein Drittel), $\frac{1}{4}$ (ein Viertel), … heißen **Stammbrüche**.

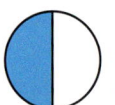 $\frac{1}{2}$ vom Ganzen ist die Hälfte.

 $\frac{1}{3}$ vom Ganzen ist der dritte Teil.

 $\frac{1}{4}$ vom Ganzen ist der vierte Teil.

$\dfrac{1}{6}$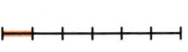

---

2. Zeichne für jede Teilaufgabe zwei Quadrate mit 3 cm Seitenlänge auf Karopapier und markiere in ihnen auf zwei verschiedene Arten

a) den Bruchteil $\frac{1}{2}$,   b) den Bruchteil $\frac{1}{4}$,   c) den Bruchteil $\frac{1}{3}$,

d) den Bruchteil $\frac{1}{12}$,   e) den Bruchteil $\frac{1}{6}$,   f) den Bruchteil $\frac{1}{36}$.

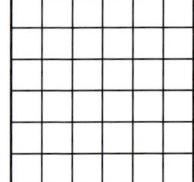

3. Welcher Bruchteil ist gefärbt?

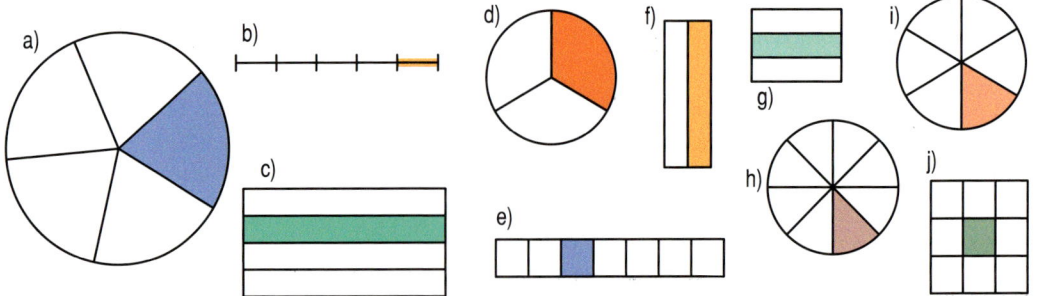

a)   b)   c)   d)   e)   f)   g)   h)   i)   j)

4. Zeichne eine Strecke mit der angegebenen Länge. Markiere den Bruchteil der Strecke farbig.

a) $\frac{1}{2}$ von 10 cm   b) $\frac{1}{5}$ von 15 cm   c) $\frac{1}{3}$ von 12 cm   d) $\frac{1}{4}$ von 8 cm   e) $\frac{1}{6}$ von 12 cm

5. Falte ein rechteckiges Blatt Papier so, dass du darauf die Stammbrüche $\frac{1}{3}$, $\frac{1}{4}$, $\frac{1}{6}$ und $\frac{1}{8}$ erkennen und verschieden färben kannst. Wie viele Felder bleiben ungefärbt? Gib den Bruchteil dafür an.

Rechnen mit Stammbrüchen

Wie viel ist ein Viertel von 20 €?

Die Umrechnung von Größen kannst du im Anhang nachschlagen.

Wie viel ist ein Sechstel von einer Stunde?

LVL **1.** Partnerarbeit: a) Löst die Aufgaben im Bild.
b) Erfindet ähnliche Aufgaben und lasst sie von anderen lösen.

2. Berechne.
a) ein halb von 20 €
b) ein Achtel von 72 €
c) ein Fünftel von 40 €
d) ein Viertel von 40 €
e) ein Sechstel von 42 €
f) ein Achtel von 40 €

3. In einem Streichelzoo gibt es 150 Tiere. Davon sind $\frac{1}{3}$ Meerschweinchen, $\frac{1}{5}$ Ziegen und $\frac{1}{6}$ Esel.

a) Wie viele Esel, Ziegen und Meerschweinchen sind im Streichelzoo vertreten?
b) Es gibt außerdem 15 Schafe. Welcher Bruchteil ist das?
c) Die restlichen Tiere sind Hasen. Wie viele Hasen hat der Streichelzoo? Welcher Bruchteil ist das?

4. a) $\frac{1}{5}$ von 100 kg
b) $\frac{1}{2}$ von 1 000 km
c) $\frac{1}{9}$ von 810 kg
d) $\frac{1}{3}$ von 900 l
e) $\frac{1}{7}$ von 140 kg
f) $\frac{1}{5}$ von 500 km
g) $\frac{1}{4}$ von 360 kg
h) $\frac{1}{8}$ von 640 l

5. Bruchteile von einer Stunde: Wie viele Minuten sind es?
a) $\frac{1}{2}$ h
b) $\frac{1}{4}$ h
c) $\frac{1}{3}$ h
d) $\frac{1}{5}$ h
e) $\frac{1}{10}$ h
f) $\frac{1}{12}$ h
g) $\frac{1}{15}$ h

6. Wie viel Gramm sind es? Rechne erst in die kleinere Einheit um. 1 kg = 1 000 g.
a) $\frac{1}{2}$ von 3 kg
b) $\frac{1}{5}$ von 4 kg
c) $\frac{1}{4}$ von 2 kg
d) $\frac{1}{8}$ von 1 kg
e) $\frac{1}{6}$ von 3 kg

LVL **7.** In der Zeichnung siehst du Tante Lilos Pflanzen. $\frac{1}{3}$ ihrer Pflanzen sind Grünlilien, $\frac{1}{4}$ sind Veilchen, $\frac{1}{6}$ sind Pfennigbäumchen und der Rest sind Farne. Stelle Fragen und beantworte sie.

8. a) $\frac{1}{2}$ von 5 m 20 cm
b) $\frac{1}{10}$ von 2 m 30 cm
c) $\frac{1}{4}$ von 3 m 60 cm
d) $\frac{1}{5}$ von 6 m 40 cm
e) $\frac{1}{6}$ von 1 km 800 m
f) $\frac{1}{2}$ von 3 km 50 m
g) $\frac{1}{8}$ von 2 km 480 m
h) $\frac{1}{5}$ von 7 km 150 m

Bruchteile vom Ganzen

LVL **1.** Welchen Bruchteil des Kuchens isst das Mädchen; welcher Bruchteil ist im letzten Bild übrig?

Man erhält den **Bruchteil eines Ganzen** so:
① Das Ganze wird in so viele gleiche Teile zerlegt, wie der Nenner angibt.
② Man nimmt so viele Teile, wie der Zähler angibt.

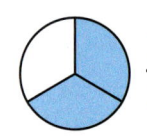

$\frac{2}{3}$ Zähler — Zählt die Bruchteile!
Nenner — Nennt die Bruchteile!

$\frac{3}{8}$ eines Kreises

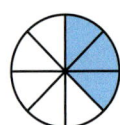

Zerlegen in 8 gleiche Teile, 3 Teile nehmen.

$\frac{5}{12}$ eines Rechtecks

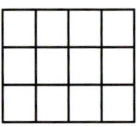
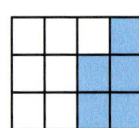

Zerlegen in 12 gleiche Teile, 5 Teile nehmen.

2. Welcher Bruchteil ist eingefärbt, welcher nicht?

a) 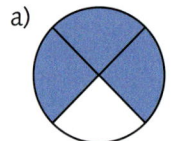   b) 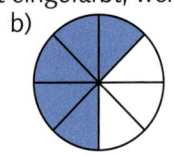   c) 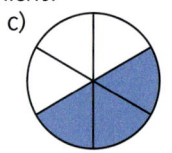   d) 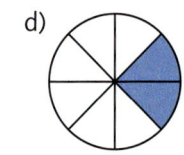   e)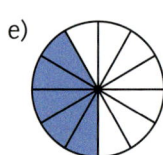

f)    g) 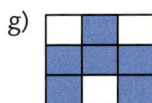   h) 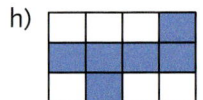   i)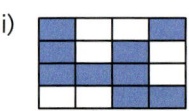

3. Welcher Bruchteil des großen Rechtecks ist es?
a) weiße Fläche ☐   b) grüne Fläche ▨
c) schraffierte Fläche ▨   d) punktierte Fläche

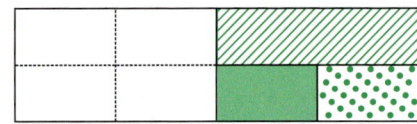

LVL **4.** Zwei Väter und zwei Söhne teilen sich einen Liter Orangensaft. Jeder bekommt ein Glas, das mit $\frac{1}{3}$ l gefüllt ist. Wie ist das möglich?

5. Der abgebildete Würfel setzt sich aus vielen kleinen Würfeln zusammen. Wie groß ist der Anteil der kleinen Würfel, die vollständig im Inneren des abgebildeten Würfels liegen? Schreibe als Bruchteil.

6. Gib den gefärbten Bruchteil an.

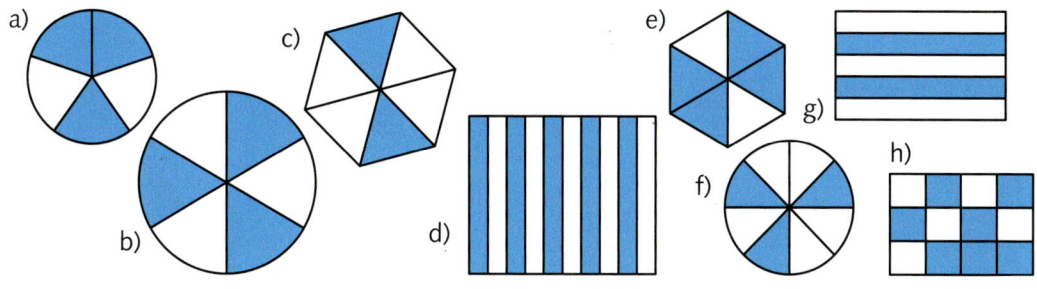

7. Großes Käferrennen! Um 8 Uhr ist jeder Käfer am Fuß seiner Messlatte gestartet. Hier ist der Stand um 8:10 Uhr abgebildet.
   a) Welchen Bruchteil der Latte haben die Käfer jeweils geschafft?
   b) Wie liegen sie im Rennen? Stelle eine Rangliste für die fünf Käfer auf.

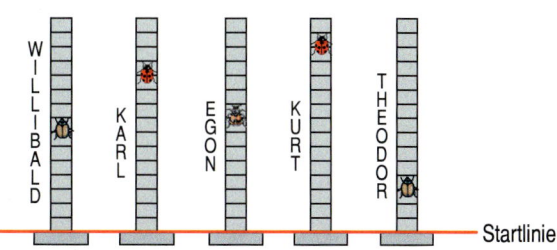

8. Zeichne die angegebene Strecke und markiere den Bruchteil darauf farbig.

   a) $\frac{5}{6}$ von 6 cm   b) $\frac{2}{5}$ von 10 cm   c) $\frac{3}{4}$ von 4 cm   d) $\frac{3}{7}$ von 7 cm

   e) $\frac{3}{5}$ von 15 cm   f) $\frac{2}{3}$ von 9 cm   g) $\frac{5}{6}$ von 12 cm   h) $\frac{3}{8}$ von 16 cm

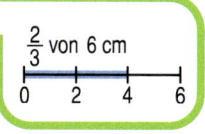

9. Zeichne die Strecke und markiere die angegebenen Bruchteile.

   a) Streckenlänge: 6 cm   b) Streckenlänge: 9 cm   c) Streckenlänge: 12 cm

   $\frac{2}{3}$ $\frac{1}{2}$ $\frac{3}{4}$ $\frac{5}{6}$ $\frac{1}{2}$ $\frac{6}{9}$ $\frac{2}{3}$ $\frac{5}{9}$ $\frac{2}{3}$ $\frac{4}{6}$ $\frac{5}{8}$ $\frac{8}{12}$

10. Zeichne ein Rechteck, 6 Karos lang, 4 Karos breit. Färbe den Bruchteil.

   a) $\frac{1}{2}$ b) $\frac{1}{4}$ c) $\frac{3}{4}$ d) $\frac{1}{6}$ e) $\frac{5}{6}$ f) $\frac{3}{8}$ g) $\frac{8}{12}$ h) $\frac{15}{24}$

11. Die Schokolade hatte 18 Stücke. Gib jeweils zwei Brüche an, die den Anteil, der gegessen wurde, beschreiben.

   a)    b)    c)    d)

LVL **12.** Fußballfeld: Die äußeren weißen Linien um ein Tor schließen den Strafraum ein. Wird hier ein Stürmer gefoult, gibt es einen Elfmeter.
   a) Welchen Bruchteil vom ganzen Spielfeld nimmt ein Strafraum ein? Gib zwei Brüche an.
   b) Welcher Bruchteil des Spielfeldes liegt außerhalb beider Strafräume? Gib drei Brüche an.

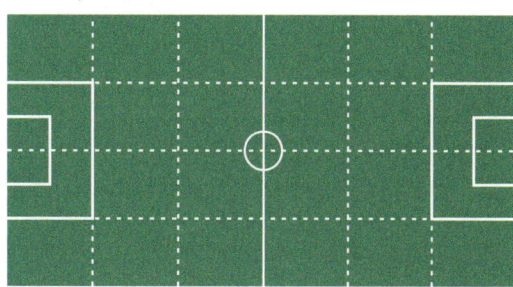

13. Zeichne ein Rechteck auf Karopapier: 24 Karos lang und 9 Karos breit. Färbe links $\frac{3}{8}$ der Fläche blau und rechts $\frac{5}{12}$ der Fläche rot.

Berechnen von Bruchteilen

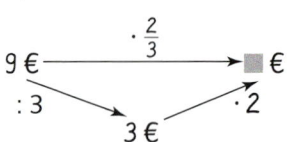

Wie viel Euro sind $\frac{2}{3}$ von 9 €?

Wie viel Minuten sind $\frac{3}{4}$ von 1 Stunde?

$\frac{3}{4}$ h

$9 € \xrightarrow{\cdot \frac{2}{3}} \blacksquare €$

$9 € \xrightarrow{:3} 3 € \xrightarrow{\cdot 2} \blacksquare €$

$9 € : 3 = 3 €$

$3 € \cdot 2 = \blacksquare €$

LVL **1.** Partnerarbeit: Löst gemeinsam die Aufgaben. Schreibt einen Rechenweg wie im Beispiel einmal mit Pfeilen (Operatoren) und einmal mit Gleichheitszeichen auf.

2. Berechne. Notiere den Lösungsweg mit Pfeilen.

a) $\frac{3}{4}$ von 36 €   b) $\frac{5}{6}$ von 42 €   c) $\frac{7}{12}$ von 84 €   d) $\frac{7}{9}$ von 99 €   e) $\frac{3}{8}$ von 64 €

f) $\frac{2}{3}$ von 24 €   g) $\frac{3}{5}$ von 30 €   h) $\frac{3}{10}$ von 80 €   i) $\frac{5}{8}$ von 96 €   j) $\frac{7}{11}$ von 121 €

3. Wie viele Minuten sind es? Berechne den Bruchteil einer Stunde.

a) $\frac{2}{3}$ h   b) $\frac{2}{5}$ h   c) $\frac{5}{6}$ h   d) $\frac{7}{10}$ h   e) $\frac{5}{12}$ h   f) $\frac{8}{15}$ h   g) $\frac{7}{30}$ h

4. a) $\frac{2}{5}$ von 50 kg   b) $\frac{7}{9}$ von 81 l c) $\frac{2}{7}$ von 28 m   d) $\frac{5}{6}$ von 30 t   e) $\frac{3}{8}$ von 16 cm

f) $\frac{7}{10}$ von 90 kg   g) $\frac{2}{3}$ von 33 l h) $\frac{5}{9}$ von 81 m   i) $\frac{11}{12}$ von 24 t   j) $\frac{5}{9}$ von 45 cm

LVL **5.** In Uschis Klasse sind 27 Kinder.
a) Zwei Drittel von ihnen haben ein Haustier.
b) Zwei Neuntel haben einen Hund.
c) Niemand hat zwei Haustiere. Wie viele
   Kinder haben ein Haustier, aber keinen
   Hund? Welcher Bruchteil der Klasse ist das?

6. Gib den Bruchteil in der kleineren Einheit an.

a) $\frac{3}{4}$ kg = $\blacksquare$ g   b) $\frac{2}{5}$ kg = $\blacksquare$ g   c) $\frac{5}{8}$ kg = $\blacksquare$ g   d) $\frac{3}{5}$ t = $\blacksquare$ kg   e) $\frac{3}{8}$ t = $\blacksquare$ kg   f) $\frac{7}{10}$ t = $\blacksquare$ kg

g) $\frac{3}{4}$ m = $\blacksquare$ cm   h) $\frac{4}{5}$ m = $\blacksquare$ cm   i) $\frac{7}{10}$ m = $\blacksquare$ cm   j) $\frac{3}{8}$ km = $\blacksquare$ m   k) $\frac{2}{5}$ km = $\blacksquare$ m   l) $\frac{3}{4}$ km = $\blacksquare$ m

7. a) $\frac{3}{4}$ von 2 m   b) $\frac{2}{5}$ von 3 m   c) $\frac{7}{10}$ von 4 km   d) $\frac{5}{8}$ von 2 km   e) $\frac{4}{5}$ von 6 m   f) $\frac{2}{3}$ von 9 km

8. a) Nach dem Fest sind noch $\frac{2}{5}$ der Limonade
       und $\frac{3}{8}$ der Würstchen übrig.
       Wie viele Flaschen und Würstchen sind das?
   b) Außerdem sind 6 Flaschen Cola übrig.
       Welcher Bruchteil des Cola-Vorrats ist das?
   c) Chips gingen auch nicht so gut weg. Vier Tüten
       blieben übrig. Welcher Bruchteil ist das?
   d) Welcher Bruchteil der gesamten Getränke ist
       übrig geblieben?

Hier die Einkäufe für's Klassenfest.

Bruchteile auf dem Nagelbrett   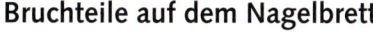 LVL

> Wozu ein Nagelbrett bauen?

> Damit wir Bruchteile darstellen können.

> Du brauchst:
> – quadratische Holzplatte (Seitenlänge ca. 14 cm) 2 cm dick
> – Karopapier (10 cm lang und 10 cm breit) unterteilt in Kästchen von 1 cm x 1 cm
> – Nägel (1,5 cm lang) mit breitem Kopf
> – Gummibänder in Rot und Blau (verschiedene Größen)
> – Klebstoff
> – Hammer

> 100 Kästchen, brauchen wir dafür auch 100 Nägel?

> Nein, es sind gewiss mehr als 100 Nägel.

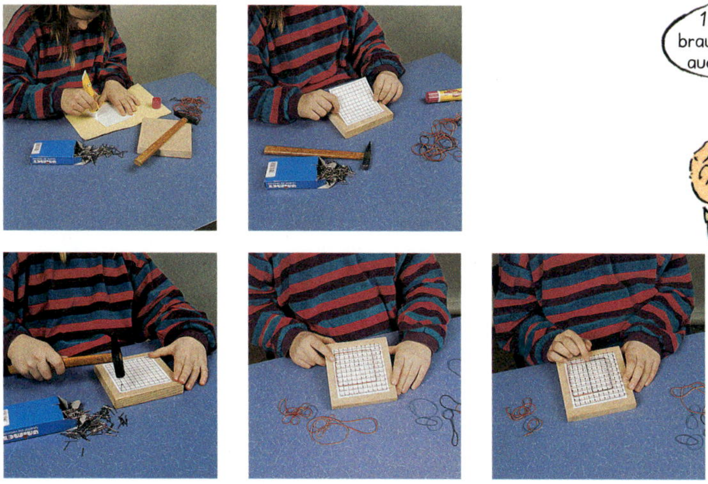

1. a) Das rote Gummiband soll 100 Kästchen umschließen. Das ist jetzt das „Ganze".
Stelle mit dem blauen Gummiband folgende Bruchteile dar: $\frac{1}{2}$, $\frac{1}{4}$, $\frac{3}{4}$, $\frac{2}{5}$, $\frac{4}{5}$, $\frac{3}{10}$, $\frac{7}{10}$.

b) Welche Bruchteile kannst du noch herstellen? Finde mindestens drei weitere.

2. Partnerarbeit: Stellt Bruchteile am Nagelbrett dar und bestimmt sie dann abwechselnd.

3. Das rote Gummiband soll 56 Kästchen umschließen, 8 in der Höhe und 7 in der Breite. Das ist jetzt das „Ganze".

a) Spanne nun das blaue Gummiband so, dass es folgende Bruchteile umschließt:

$\frac{1}{2}$, $\frac{1}{4}$, $\frac{3}{4}$, $\frac{1}{7}$, $\frac{2}{7}$, $\frac{4}{7}$, $\frac{1}{8}$, $\frac{5}{8}$

Lass jedes Mal deinen Nachbarn kontrollieren.

b) Finde weitere Bruchteile, die sich mit dem blauen Gummiband im roten Feld darstellen lassen.

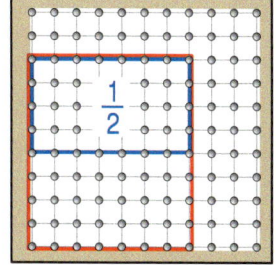

4. Auf dem Nagelbrett sollen $\frac{3}{8}$ veranschaulicht werden. Überlege mit anderen, aus wie vielen Kästchen das „Ganze" am besten bestehen sollte. Findet mindestens vier verschiedene Möglichkeiten.

5. Lege das „Ganze" auf dem Nagelbrett so fest, dass die Brüche dargestellt werden können.

a) vier Fünftel   b) drei Viertel   c) zwei Drittel   d) sieben Zehntel   e) vier Neuntel

Bruchteile beim Dividieren

LVL **1.** Gruppenarbeit: Schneidet drei gleich große Kreise als Pizzas aus. Wie würdet ihr teilen, welchen Anteil bekommt jeder? Stellt euer Ergebnis der Klasse vor.

> Beim Dividieren kann das Ergebnis ein Bruch sein. Beispiel:
>
> 2   Pizzas   verteilt an 3 Kinder   jedes Kind bekommt an Pizza $2 : 3 = \frac{1}{3}$ von $2 = \frac{2}{3}$

2. Übertrage ins Heft und zeichne, wie geteilt wird. Notiere den Bruchteil, den jeder bekommt.

a) 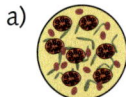    2 Pizzas an 4 Kinder

b) 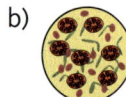 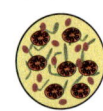    3 Pizzas an 4 Kinder

c)     2 Kuchen an 6 Kinder

d)     2 Kuchen an 5 Kinder

3. Zeichne mit Rechtecken, wie Tafeln Schokolade verteilt werden. Notiere den Bruchteil, den jedes Kind bekommt.
   a) 2 Tafeln an 3 Kinder   b) 3 Tafeln an 4 Kinder   c) 4 Tafeln an 6 Kinder

4. Welchen Bruchteil bekommt jedes Kind, wenn gerecht geteilt wird? Schreibe als Divisionsaufgabe und gib den Bruchteil an, den jedes Kind bekommt.
   a) 5 Pizzas an 8 Kinder   b) 3 Kuchen an 5 Kinder   c) 4 Waffeln an 6 Kinder
   d) 3 Pfannkuchen an 4 Kinder   e) 8 Waffeln an 8 Kinder   f) 4 Torten an 12 Kinder

LVL **5.** a) Anna: „Zwei Fünftel stelle ich mir vor als 1 Fünftel von 2". Maxi: „Ich meine, 2 geteilt durch 5 ergibt auch zwei Fünftel". Wie stellst du dir $\frac{2}{5}$ vor?
   b) Ergänze fehlende Zahlen:

   $2 : 5 = \frac{1}{\blacksquare}$ von $\blacksquare = \frac{\blacksquare}{\blacksquare}$ $4 : \blacksquare = \frac{1}{9}$ von $4 = \frac{\blacksquare}{\blacksquare}$ $\blacksquare : 6 = \frac{1}{\blacksquare}$ von $2 = \frac{\blacksquare}{\blacksquare}$ $5 : \blacksquare = \frac{1}{8}$ von $5 = \frac{\blacksquare}{\blacksquare}$

6. Wie viele Pizzas wurden an wie viele Personen verteilt und wie viel erhielt jede Person?

a)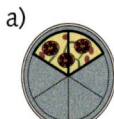

b)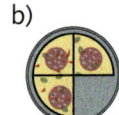

Brüche größer als ein Ganzes

LVL **1.** Überlegt, wie viel ganze Pizzas und wie viel Viertel Pizzas zusätzlich im Karton sind.
Berechnet anschließend, wie viel Euro für die Bestellung bezahlt werden muss.
Präsentiert eure Überlegungen der Klasse.

> **TIPP**
> Ganze plus Bruch
> gemischte Zahl

Brüche, die größer als ein Ganzes sind, kann man als **gemischte Zahl** schreiben. $\frac{5}{4} = \frac{4}{4} + \frac{1}{4} = 1\frac{1}{4}$

2. Notiere als Bruch und als gemischte Zahl.

a)

b)

c)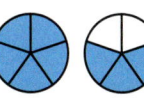

d)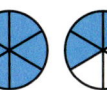

e)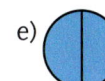

f)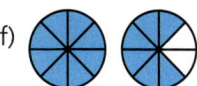

3. Schreibe den Bruch als gemischte Zahl.

a) $\frac{3}{2}$ b) $\frac{5}{4}$ c) $\frac{13}{9}$ d) $\frac{8}{5}$ e) $\frac{9}{4}$

f) $\frac{4}{3}$ g) $\frac{17}{10}$ h) $\frac{13}{12}$ i) $\frac{11}{6}$ j) $\frac{9}{5}$

k) $\frac{25}{6}$ l) $\frac{29}{10}$ m) $\frac{19}{5}$ n) $\frac{15}{7}$ o) $\frac{25}{8}$

> Der Bruch $\frac{7}{4}$ als gemischte Zahl:
> $\frac{7}{4} = 1\frac{3}{4}$ (denn $\frac{4}{4} = 1$)

4. Notiere die gemischte Zahl als Bruch.

a) $2\frac{1}{2}$ b) $1\frac{4}{5}$ c) $2\frac{1}{3}$ d) $1\frac{3}{8}$ e) $1\frac{2}{7}$

f) $2\frac{2}{3}$ g) $2\frac{3}{4}$ h) $2\frac{3}{5}$ i) $1\frac{5}{6}$ j) $1\frac{5}{9}$

k) $7\frac{5}{7}$ l) $10\frac{8}{9}$ m) $4\frac{2}{5}$ n) $8\frac{5}{8}$ o) $9\frac{7}{10}$ p) $5\frac{5}{6}$ q) $11\frac{3}{4}$

> Die gemischte Zahl $2\frac{2}{3}$ als Bruch:
> $2\frac{2}{3} = \frac{8}{3}$ (denn $1 = \frac{3}{3}$; $2 = \frac{6}{3}$)

LVL **5.** Die vier Daltons haben bei einem Überfall sieben Geldsäcke erbeutet. In jedem Sack sind 60 Bündel 50-Dollar-Scheine, jedes Bündel mit 10 Scheinen.
a) Wie würdest du die Beute verteilen? Erkläre deine Lösung deinen Mitschülern.
b) Wie viele Säcke müssen die Daltons öffnen?
c) Wie viel Dollar enthält jeder Sack?

Addieren und Subtrahieren bei gleichem Nenner

LVL **1.** Partnerarbeit: Welcher Bruchteil der Pizza wurde vom ersten Blech, welcher vom zweiten Blech verkauft? Welcher Bruchteil wurde von beiden Blechen zusammen verkauft?

> Brüche mit gleichem Nenner werden addiert oder subtrahiert, indem man die Zähler addiert oder subtrahiert und den Nenner unverändert lässt.
>
> $$\frac{2}{4} + \frac{1}{4} = \frac{2+1}{4} = \frac{3}{4}$$
> $$\frac{5}{6} - \frac{2}{6} = \frac{5-2}{6} = \frac{3}{6}$$

2. Bei Florians Geburtstagsparty sind fünf Sechstel Pizza übrig geblieben. Florians kleine Schwester isst noch zwei Sechstel.
a) Wie viel Pizza ist jetzt noch vorhanden?
b) Nachdem Florians Hund auch noch etwas erwischt hat, liegt noch ein Sechstel Pizza auf dem Teller.

3. a) $\frac{1}{9} + \frac{2}{9}$ b) $\frac{2}{7} + \frac{4}{7}$ c) $\frac{1}{5} + \frac{3}{5}$ d) $\frac{2}{8} + \frac{3}{8}$ e) $\frac{2}{10} + \frac{7}{10}$ f) $\frac{2}{6} + \frac{3}{6}$

4. a) $\frac{4}{7} - \frac{3}{7}$ b) $\frac{6}{9} - \frac{3}{9}$ c) $\frac{2}{3} - \frac{1}{3}$ d) $\frac{6}{8} - \frac{3}{8}$ e) $\frac{4}{5} - \frac{3}{5}$ f) $\frac{7}{9} - \frac{5}{9}$

5. Berechne. Ist das Ergebnis größer als 1, schreibe als gemischte Zahl.
a) $\frac{2}{5} + \frac{4}{5}$ b) $\frac{3}{4} + \frac{3}{4}$ c) $\frac{4}{6} + \frac{3}{6}$ d) $\frac{7}{8} + \frac{3}{8}$ e) $\frac{4}{7} + \frac{5}{7}$ f) $\frac{4}{6} + \frac{2}{6}$

6. a) $\frac{1}{6} + \frac{4}{6}$ b) $\frac{4}{5} - \frac{2}{5}$ c) $\frac{7}{9} - \frac{5}{9}$ d) $\frac{5}{7} - \frac{3}{7}$ e) $\frac{8}{10} - \frac{5}{10}$ f) $\frac{3}{9} + \frac{4}{9}$

g) $\frac{3}{8} + \frac{4}{8}$ h) $\frac{2}{7} + \frac{6}{7}$ i) $\frac{6}{6} - \frac{2}{6}$ j) $\frac{4}{5} + \frac{4}{5}$ k) $\frac{8}{9} + \frac{5}{9}$ l) $\frac{7}{10} - \frac{3}{10}$

7. a) $\blacksquare + \frac{3}{7} = \frac{4}{7}$ b) $\frac{4}{9} - \blacksquare = \frac{2}{9}$ c) $\frac{5}{8} + \blacksquare = \frac{7}{8}$ d) $\blacksquare - \frac{5}{10} = \frac{3}{10}$ e) $\frac{3}{8} + \blacksquare = \frac{7}{8}$

LVL **8.** Lies die Texte. Stelle eine Frage. Schreibe deine Antwort auf.

a)

b)

c)

Vermischte Aufgaben

1.
a) $4 + \frac{1}{3}$ b) $2 + \frac{2}{5}$ c) $3 + \frac{1}{7}$ d) $6 + \frac{2}{9}$

e) $9 + \frac{2}{11}$ f) $4 + \frac{3}{10}$ g) $5 + \frac{1}{13}$ h) $8 + \frac{8}{9}$

$$2 + \frac{1}{4} = 2\frac{1}{4}$$

2.
a) $2\frac{1}{2} + 3$ b) $3\frac{4}{7} + 1$ c) $5\frac{1}{4} + 4$ d) $6\frac{2}{5} + 3$

e) $2\frac{3}{8} + 4$ f) $4\frac{3}{7} + 6$ g) $8\frac{3}{5} + 4$ h) $9\frac{2}{9} + 5$

$$2\frac{1}{5} + 4 = 2 + 4 + \frac{1}{5} = 6\frac{1}{5}$$

3.
a) $2\frac{1}{7} + \frac{3}{7}$ b) $3\frac{2}{5} + \frac{1}{5}$ c) $3\frac{5}{9} + \frac{2}{9}$ d) $2\frac{3}{7} + \frac{1}{7}$

e) $4\frac{4}{10} + \frac{3}{10}$ f) $7\frac{2}{6} + \frac{2}{6}$ g) $6\frac{1}{3} + \frac{1}{3}$ h) $5\frac{2}{7} + \frac{3}{7}$

$$3\frac{2}{6} + \frac{3}{6} = 3 + \frac{2}{6} + \frac{3}{6} = 3\frac{5}{6}$$

4. Wie viel Liter entstehen?

a) $\frac{3}{8}$ l Himbeersirup werden mit 1 l Wasser verdünnt.

b) Sabine stellt Apfelschorle aus $1\frac{1}{4}$ l Apfelsaft und $\frac{2}{4}$ l Mineralwasser her.

c) Jan mischt $1\frac{1}{8}$ l Cola mit $\frac{3}{8}$ l Orangenlimonade.

d) Herstellung von Früchtetee: Zu $2\frac{2}{10}$ l Tee werden $\frac{5}{10}$ l Fruchtsaft gegeben.

5.
a) $2\frac{1}{6} - 1$ b) $4\frac{7}{8} - 3$ c) $9\frac{3}{4} - 2$ d) $7\frac{2}{5} - 5$

e) $5\frac{2}{7} - 3$ f) $8\frac{5}{8} - 5$ g) $19\frac{2}{7} - 4$ h) $12\frac{1}{2} - 4$

$$3\frac{4}{7} - 2 = 3 - 2 + \frac{4}{7} = 1\frac{4}{7}$$

6.
a) $1\frac{2}{3} - \frac{1}{3}$ b) $4\frac{5}{6} - \frac{2}{6}$ c) $7\frac{3}{4} - \frac{2}{4}$ d) $6\frac{5}{9} - \frac{2}{9}$

e) $3\frac{4}{5} - \frac{4}{5}$ f) $9\frac{4}{6} - \frac{3}{6}$ g) $2\frac{5}{11} - \frac{2}{11}$ h) $5\frac{8}{14} - \frac{5}{14}$

$$1\frac{3}{5} - \frac{2}{5}$$
$$1 + \frac{3}{5} - \frac{2}{5} = 1\frac{1}{5}$$

7. Die Literflasche ist mit Apfelsaft gefüllt. Der Apfelsaft wird in die $\frac{7}{10}$ l-Flasche umgegossen, bis diese voll ist. Wie viel Apfelsaft bleibt in der größeren Flasche?

8.
a) $1 - \frac{4}{5}$ b) $1 - \frac{1}{3}$ c) $1 - \frac{3}{8}$ d) $1 - \frac{7}{10}$ e) $1 - \frac{1}{6}$

f) $1 - \frac{4}{9}$ g) $1 - \frac{1}{2}$ h) $1 - \frac{3}{4}$ i) $1 - \frac{6}{7}$ j) $1 - \frac{2}{7}$

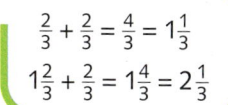

9. Ramona besucht ihre Patentante. Sie fährt zunächst $2\frac{3}{4}$ h mit dem Zug und anschließend noch $\frac{3}{4}$ h mit dem Bus. Wie lang ist die gesamte Fahrzeit?

10.
a) $\frac{3}{4} + \frac{2}{4}$ b) $\frac{5}{6} + \frac{4}{6}$ c) $\frac{3}{7} + \frac{6}{7}$ d) $\frac{8}{10} + \frac{9}{10}$

e) $\frac{2}{3} + \frac{1}{3}$ f) $\frac{5}{8} + \frac{4}{8}$ g) $\frac{3}{5} + \frac{3}{5}$ h) $\frac{8}{9} + \frac{7}{9}$

i) $\frac{3}{5} + \frac{4}{5}$ j) $\frac{5}{6} + \frac{5}{6}$ k) $\frac{5}{7} + \frac{4}{7}$ l) $\frac{6}{10} + \frac{7}{10}$

$$\frac{2}{3} + \frac{2}{3} = \frac{4}{3} = 1\frac{1}{3}$$
$$1\frac{2}{3} + \frac{2}{3} = 1\frac{4}{3} = 2\frac{1}{3}$$

11.
a) $2\frac{3}{5} + \frac{4}{5}$ b) $\frac{3}{7} + 1\frac{6}{7}$ c) $3\frac{2}{4} + \frac{3}{4}$ d) $\frac{5}{8} + 2\frac{7}{8}$ e) $4\frac{8}{10} + \frac{6}{10}$ f) $5\frac{5}{6} + \frac{4}{6}$

g) $3\frac{4}{9} + \frac{6}{9}$ h) $6\frac{4}{8} + \frac{6}{8}$ i) $\frac{9}{10} + 4\frac{8}{10}$ j) $\frac{2}{3} + 6\frac{1}{3}$ k) $3\frac{4}{7} + \frac{6}{7}$ l) $\frac{3}{6} + 7\frac{5}{6}$

12. Max fährt mit dem Zug zu seiner Tante nach Hannover, genau 4 h dauert die Fahrt nach Plan. Nach $\frac{3}{4}$ h schaut Max ungeduldig auf die Uhr. Wie lange wird die Fahrt noch dauern?

LVL 13.

14. a) $4\frac{2}{10} + 3\frac{6}{10}$ b) $2\frac{1}{3} + 3\frac{1}{3}$ c) $1\frac{4}{7} + 2\frac{2}{7}$ d) $5\frac{3}{10} + 2\frac{4}{10}$

e) $2\frac{1}{4} + 1\frac{1}{4}$ f) $4\frac{1}{5} + 2\frac{3}{5}$ g) $7\frac{2}{6} + 2\frac{1}{6}$ h) $2\frac{2}{9} + 4\frac{3}{9}$

i) $8\frac{3}{20} + 1\frac{11}{20}$ j) $4\frac{5}{12} + 1\frac{6}{12}$ k) $2\frac{7}{10} + 3\frac{2}{10}$ l) $3\frac{3}{8} + 2\frac{2}{8}$

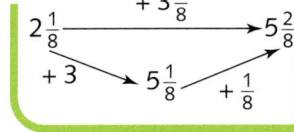

TIPP
Erst die Ganzen, dann die Brüche.

15. a) $3\frac{5}{9} - 2\frac{1}{9}$ b) $4\frac{3}{6} - 2\frac{1}{6}$ c) $5\frac{6}{7} - 2\frac{3}{7}$ d) $9\frac{7}{10} - 3\frac{5}{10}$

e) $5\frac{5}{6} - 4\frac{2}{6}$ f) $4\frac{3}{4} - 3\frac{2}{4}$ g) $6\frac{5}{8} - 4\frac{3}{8}$ h) $9\frac{4}{5} - 6\frac{2}{5}$

i) $8\frac{13}{20} - 5\frac{7}{20}$ j) $8\frac{13}{15} - 2\frac{5}{15}$ k) $3\frac{9}{12} - 1\frac{4}{12}$ l) $7\frac{7}{11} - 4\frac{3}{11}$

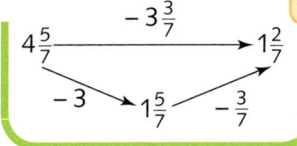

16. Sabine und Jörg radeln sich entgegen. Bis zum Treffpunkt zwischen ihren Wohnungen radelt Sabine $5\frac{3}{4}$ km, Jörg $4\frac{1}{4}$ km. Wie weit wohnen die beiden voneinander entfernt?

17. Familie Teske wandert auf einem $12\frac{3}{4}$ km langen Rundweg. $8\frac{1}{4}$ km haben sie zurückgelegt. Wie viel km sind noch zu wandern?

18. a) $2\frac{2}{6} + 3\frac{5}{6}$ b) $1\frac{3}{5} + 2\frac{4}{5}$ c) $3\frac{5}{7} + 4\frac{6}{7}$

d) $4\frac{3}{8} + 2\frac{5}{8}$ e) $9\frac{7}{10} + 3\frac{9}{10}$ f) $3\frac{7}{9} + 1\frac{5}{9}$

g) $5\frac{4}{9} + 1\frac{8}{9}$ h) $4\frac{4}{7} + 3\frac{5}{7}$ i) $8\frac{6}{10} + 6\frac{8}{10}$

$2\frac{3}{8} + 3\frac{7}{8} = 5\frac{3}{8} + \frac{7}{8}$
$= 5\frac{10}{8} = 6\frac{2}{8}$

19. a) $2\frac{2}{7} - \frac{5}{7}$ b) $3\frac{1}{4} - \frac{3}{4}$ c) $4\frac{5}{8} - \frac{7}{8}$ d) $4\frac{2}{5} - \frac{4}{5}$

e) $5\frac{3}{6} - \frac{5}{6}$ f) $4\frac{1}{3} - 1\frac{2}{3}$ g) $4\frac{2}{6} - \frac{3}{6}$ h) $2\frac{2}{7} - \frac{4}{7}$

i) $3\frac{2}{5} - \frac{4}{5}$ j) $5\frac{1}{8} - \frac{6}{8}$ k) $4\frac{3}{9} - \frac{5}{9}$ l) $3\frac{2}{10} - \frac{5}{10}$

$3\frac{1}{3} - \frac{2}{3}$
$= 2\frac{4}{3} - \frac{2}{3}$
$= 2\frac{2}{3}$

1 Ganzes umwandeln:
$1 = \frac{3}{3}$

LVL 20. a) Würdest du die Entfernungen auf der Karte auch so angeben?
b) Wie lang ist der Weg vom Parkplatz aus über den Minigolfplatz zum Wildgehege?
c) Wie weit ist es vom Parkplatz am Hünengrab vorbei zur Grillhütte?
d) Stelle selbst drei weitere Fragen und berechne die Lösungen.

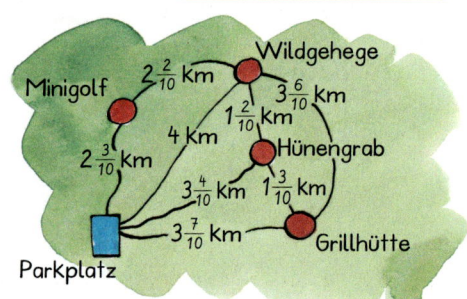

21. Thorsten füllt aus einer $1\frac{1}{2}$-l-Limonadenflasche 3 Gläser mit $\frac{1}{4}$ l. Wie viel Liter bleiben in der Flasche?

BLEIB FIT!

Die Ergebnisse der Aufgaben 1 bis 8 ergeben zwei Ausflugsziele in Berlin.

1. a) $123 + 79$ b) $12345 + 678$ c) $1602 - 789$

2. a) 7 cm = ■ mm   b) 16 dm = ■ cm
c) 4,5 m = ■ cm   d) 180 cm = ■ m

3. Bestimme
a) den Umfang in cm und
b) den Flächeninhalt des Rechtecks in cm².

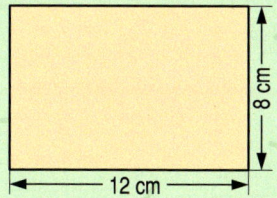

8 cm, 12 cm

4. a) 2 m² = ■ dm²   b) 12 kg = ■ g
c) 8100 Sekunden = ■ h ■ min

5. Trage in ein Quadratgitter die Punkte ein und verbinde sie. A(2|1), B(3|3), C(2|5), D(1|3). Welches Viereck entsteht dabei?
Rechteck (20), Raute (35), Quadrat (45)

6. Berechne.
a) 15258 m : 6 = ■ m   b) 282,5 kg · 4 = ■ kg
c) 112,50 € + 344,25 € + 24 € = ■ €
d) 15,50 € − 12,29 € = ■ €

7. Den neuen Film sahen 246 Schüler und Schülerinnen. Ein Drittel davon war 12 Jahre alt oder jünger. Die Hälfte der Zuschauer war weiblich.
a) Wie viele Jungen sahen den Film?
b) Wie viele Zuschauer waren 12 Jahre oder jünger?
c) Wie viele waren älter als 12 Jahre?

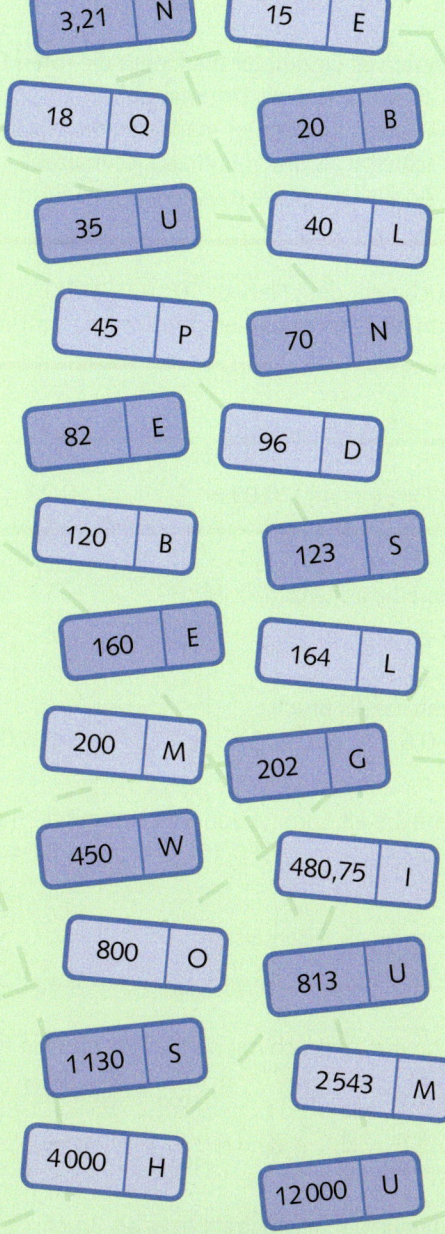

1,80 A | 2 S | 3,21 N | 15 E | 18 Q | 20 B | 35 U | 40 L | 45 P | 70 N | 82 E | 96 D | 120 B | 123 S | 160 E | 164 L | 200 M | 202 G | 450 W | 480,75 I | 800 O | 813 U | 1130 S | 2543 M | 4000 H | 12000 U | 13023 R

Dezimalzahlen

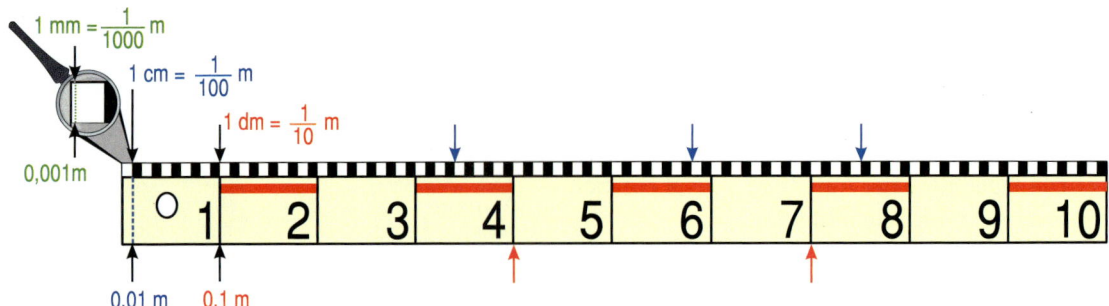

LVL **1.** a) Wie viel Dezimeter markieren die roten Pfeile? Wandle dann die Angabe in Meter um, schreibe als Bruch und als Dezimalzahl.

b) Wie viel Zentimeter markieren die blauen Pfeile? Wandle dann die Angabe in Meter um, schreibe als Bruch und als Dezimalzahl.

c) An welcher Stelle müsste ein Pfeil für die Angabe 0,975 m stehen?

> Brüche mit dem Nenner 10, 100, 1 000, … kann man als **Dezimalzahlen** mit Komma schreiben.
> $\frac{1}{10} = 0,1 \quad \frac{1}{100} = 0,01 \quad \frac{1}{1000} = 0,001 \quad …$

Null Komma null vier fünf

$0,7 = \frac{7}{10}$ $0,09 = \frac{9}{100}$ $0,23 = \frac{2}{10} + \frac{3}{100} = \frac{23}{100}$ $0,045 = \frac{4}{100} + \frac{5}{1000} = \frac{45}{1000}$

2. Schreibe als Dezimalzahl.

a) $\frac{9}{10}$ b) $\frac{3}{1000}$ c) $\frac{7}{1000}$ d) $\frac{6}{100}$ e) $\frac{5}{10}$ f) $\frac{7}{100}$ g) $\frac{4}{100}$ h) $\frac{9}{1000}$

3. Schreibe als Bruch.

a) 0,6 b) 0,008 c) 0,04 d) 0,006 e) 0,8 f) 0,009 g) 0,03 h) 0,08

4. Schreibe als Summe von Brüchen mit dem Nenner 10 und 100.

a) 0,34 b) 0,75 c) 0,94 d) 0,38 e) 0,25 f) 0,26

5. Schreibe als Dezimalzahl.

a) $\frac{3}{10} + \frac{7}{100}$ b) $\frac{7}{10} + \frac{3}{100}$ c) $\frac{2}{10} + \frac{3}{100}$ d) $\frac{6}{10} + \frac{2}{100}$ e) $\frac{1}{10} + \frac{3}{100}$ f) $\frac{9}{10} + \frac{2}{100}$

6. Schreibe als Bruch mit dem angegebenen Nenner und dann als Dezimalzahl. **T**

a) $\frac{80}{100} = \frac{\blacksquare}{10} = 0,\blacksquare$ b) $\frac{10}{1000} = \frac{\blacksquare}{100} = 0,\blacksquare$ c) $\frac{100}{1000} = \frac{\blacksquare}{10} = 0,\blacksquare$ d) $\frac{70}{100} = \frac{\blacksquare}{10} = 0,\blacksquare$

e) $\frac{300}{1000} = \frac{\blacksquare}{10} = 0,\blacksquare$ f) $\frac{60}{100} = \frac{\blacksquare}{10} = 0,\blacksquare$ g) $\frac{80}{100} = \frac{\blacksquare}{10} = 0,\blacksquare$ h) $\frac{500}{1000} = \frac{\blacksquare}{10} = 0,\blacksquare$

> $10 \text{ cm} = \frac{10}{100} \text{ m}$
> $10 \text{ cm} = 1 \text{ dm} = \frac{1}{10}$

7. Schreibe als Dezimalzahl bzw. als Bruch.

a) $\frac{28}{100}$ b) 0,63 c) $\frac{47}{100}$ d) 0,942 e) 0,146 f) $\frac{237}{1000}$ g) 0,938 h) $\frac{905}{1000}$

i) $\frac{33}{100}$ j) 0,743 k) $\frac{98}{100}$ l) 0,59 m) 0,421 n) $\frac{128}{1000}$ o) 0,277 p) $\frac{785}{1000}$

Stellenwerttafel

1. Übertrage die Stellenwerttafel ins Heft, trage dann die Dezimalzahlen ein.

> Zur Darstellung von Dezimalzahlen wird die Stellenwerttafel nach rechts erweitert.
> An der ersten Stelle nach dem Komma stehen die Zehntel, an der zweiten die Hundertstel …

100	10	1	$\frac{1}{10}$	$\frac{1}{100}$	$\frac{1}{1000}$
		7	3	4	

7,34

$$= 7 + \frac{3}{10} + \frac{4}{100} = \frac{734}{100} = 7\frac{34}{100}$$

100	10	1	$\frac{1}{10}$	$\frac{1}{100}$	$\frac{1}{1000}$
		2	0	5	8

2,058

$$= 2 + \frac{0}{10} + \frac{5}{100} + \frac{8}{1000} = \frac{2058}{1000} = 2\frac{58}{1000}$$

2. Schreibe die Zahl aus der Stellenwerttafel als Dezimalzahl und dann als Bruch.

3. Trage in eine Stellenwerttafel ein und schreibe als Dezimalzahl.

a) $\frac{7}{100}$ b) $\frac{503}{100}$ c) $\frac{2204}{100}$ d) $\frac{42}{10}$ e) $\frac{7}{1000}$

f) $\frac{234}{10}$ g) $\frac{875}{1000}$ h) $\frac{1715}{10}$ i) $\frac{23}{1000}$ j) $\frac{18475}{1000}$

	100	10	1	$\frac{1}{10}$	$\frac{1}{100}$	$\frac{1}{1000}$
a)		1	2	2	4	
b)			9	5	7	3
c)		2	7	0	2	4
d)			1	2	0	5
e)	3	4	8	7		
f)		2	3	5	0	4
g)	5	3	1	0	6	

4. Welche Nullen darf man bei der Zahl in der Stellenwerttafel weglassen, ohne dass sich der Wert der Zahl ändert? Schreibe als Dezimalzahl so kurz wie möglich.

5. Trage in eine Stellenwerttafel ein. Lass dabei unnötige Nullen weg. Schreibe auch als Bruch.

a) 1,070 b) 10,100 c) 23,060 d) 5,002
e) 2,004 f) 7,300 g) 17,305 h) 2,050

	100	10	1	$\frac{1}{10}$	$\frac{1}{100}$	$\frac{1}{1000}$
a)			1	0	2	0
b)			0	1	7	4
c)		1	0	0	5	0
d)			6	0	0	0
e)	2	1	0	1	0	6
f)			0	0	0	8
g)		0	0	3	0	0

LVL 6. a) Lies den Wasserverbrauch ab. Schreibe als Dezimalzahl und als Bruch.
  b) Wie genau zeigt die Wasseruhr den Verbrauch an?

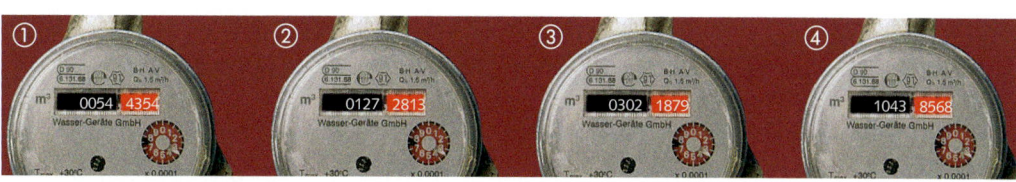

Ordnen von Dezimalzahlen

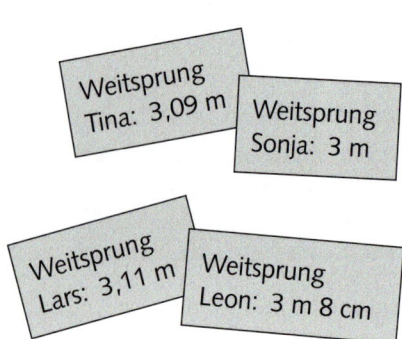

LVL **1.** Beratet in Partnerarbeit: Wie heißt der Gewinner, wie der zweite, dritte und vierte?

Am Zahlenstrahl liegt die kleinere Zahl links von der größeren.

0,2 < 0,3

Dezimalzahlen werden der Größe nach verglichen, indem man ihre Ziffern stellenweise von links nach rechts vergleicht.

Der erste Unterschied entscheidet.

6,3┆4┆8
6,3┆5┆2
6,348 < 6,352

---

2. In Reihenfolge dieser Dezimalzahlen ergeben die zugehörigen Buchstaben ein Lösungswort.

a) 5,2   8,6   0,9   5,7   12,4   11,2   2,7   10,5

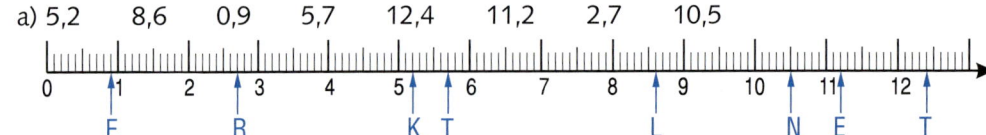

b) 0,83   0,46   0,03   1,17   0,58   0,16   1,06   0,95   0,33   0,55

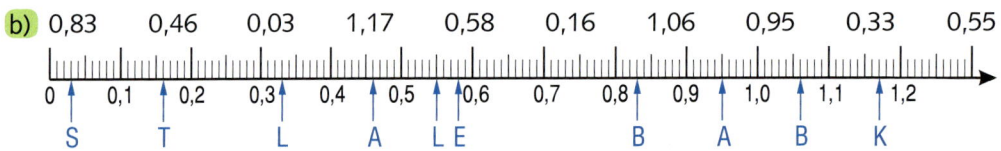

3. Übertrage ins Heft und setze das richtige Zeichen ein: <, > oder =.
   a) 1,7 ▦ 1,07   b) 2,4 ▦ 2,40   c) 0,03 ▦ 0,13   d) 4,67 ▦ 4,86
   e) 2,03 ▦ 2,04   f) 1,7 ▦ 1,70   g) 6,040 ▦ 6,041   h) 7,87 ▦ 78,7

4. Gib 3 Dezimalzahlen an, die die vorgegebene Bedingung erfüllen.
   a) 1,2 < ▦ < 1,3   b) 0,5 < ▦ < 0,6   c) 5,03 < ▦ < 5,04   d) 8,07 < ▦ < 8,08
   e) 0,06 < ▦ < 0,07   f) 2,43 < ▦ < 2,44   g) 0,034 < ▦ < 0,035 h) 5,78 < ▦ < 5,79

5. Ordne nach der Größe, die kleinste Zahl zuerst.
   a) 0,889; 0,901; 0,92; 0,891; 0,988; 0,903; 0,819; 0,091
   b) 13,80; 14,75; 13,09; 14,599; 13,79; 13,089; 14,705

LVL **6.** Wie viele Dezimalzahlen liegen zwischen 0,1 und 0,2? Begründe deine Meinung.

7. Ordne vom kleinsten zum größten Wert, verwende die Zeichen < und =.
   a) $\frac{7}{10}$; 0,8; $\frac{17}{10}$; $\frac{8}{100}$; 0,17; $\frac{17}{100}$; 1,07   b) 0,01; $\frac{11}{10}$; $\frac{11}{100}$; 0,1; $\frac{1}{100}$; $\frac{10}{10}$; 0,11; 1,01

Runden von Dezimalzahlen

 1. Partnerarbeit: Schreibt euch abwechselnd Dezimalzahlen mit drei Stellen hinter dem Komma ins Heft und lasst sie anschließend auf Zehntel oder Hundertstel runden.

> Dezimalzahlen rundet man nach derselben Rundungsregel wie natürliche Zahlen.
> Bei 0, ..., 4 als nächster Ziffer **abrunden**.   Bei 5, ..., 9 als nächster Ziffer **aufrunden.**
>
> 1. Runde die Zahlen auf Zehntel.   2. Runde die Zahlen auf Hunderstel.
>   a) $2{,}738 \approx 2{,}7$ b) $3{,}092 \approx 3{,}1$ a) $0{,}342 \approx 0{,}34$ b) $2{,}685 \approx 2{,}69$

2. Runde auf Zehntel.

a) 5,64	b) 3,75	c) 2,94	d) 3,17	e) 9,35	f) 8,42	g) 4,63
6,28	2,354	8,379	4,298	5,279	6,028	5,309

3. Runde auf Hundertstel.
   a) 8,475   b) 2,3674   c) 2,653   d) 5,4321   e) 7,4583   f) 3,794   g) 9,8765

4. Runde auf Tausendstel.   a) 2,3947   b) 0,8342   c) 7,4389   d) 6,5139   e) 8,0808

5. Runde auf Kilogramm.

6. Runde auf Zentimeter.

a) 3,743 m	b) 5,639 m	c) 6,720 m	d) 5,647 m	e) 2,384 m	f) 9,271 m
9,838 m	4,725 m	9,342 m	4,325 m	8,125 m	8,624 m

7. Runde sinnvoll. Gib jeweils an, auf welche Stelle du gerundet hast.

8. Durch Runden wurde es eine Stelle weniger.
Fertige eine Tabelle an und trage ein.
   a) 3,74   b) 2,80   c) 5,65   d) 3,04
   e) 1,253   f) 7,549   g) 6,356   h) 8,130

mindestens	gerundete Zahl	höchstens
1,375	1,38	1,384

9. Wie viel könnte es mindestens, wie viel höchstens sein?
   a) Ich fahre rund 1,2 km bis zur Schule.
   b) Den 75-m-Lauf schaffe ich in rund 11,7 s. Die Stoppuhr ist auf hundertstel Sekunden genau.

Addieren und Subtrahieren von Dezimalzahlen

LVL **1.** Besprecht die Bildfolge und berechnet dann die Summe der Dezimalzahlen auf zwei Weisen.

> Dezimalzahlen werden addiert oder subtrahiert
>
> ① als Brüche mit gleichem Nenner   *oder*   ② wie natürliche Zahlen
>
> $2,3 + 0,8 = \frac{23}{10} + \frac{8}{10} = \frac{31}{10} = 3,1$ in der Stellenwerttafel, d. h. gleiche Stellenwerte addieren oder subtrahieren.
>
> | 1 | $\frac{1}{10}$ | |
> |---|---|---|
> | 2 | 3 | |
> | + 0₁ | 8 | |
> | 3 | 1 | |

2. Rechne im Kopf.

a) 0,2 + 0,3
   0,7 + 0,2

b) 1,3 + 1,2
   2,5 − 1,3

c) 1,5 − 0,4
   2,4 − 0,3

d) 0,23 + 0,15
   0,16 + 0,32

e) 0,25 − 0,13
   0,78 − 0,56

f) 0,6 − 0,3
   0,8 − 0,4

g) 0,4 + 0,3
   0,1 + 0,6

h) 3,4 + 2,5
   2,9 − 1,7

i) 0,13 + 0,25
   0,25 + 0,33

j) 0,74 − 0,51
   0,73 − 0,62

3.

5,3 − 0,6 **S**   0,7 + 0,9 **U**   0,3 + 0,8 **B**   2,9 + 0,7 **E**   3,5 + 0,9 **K**

3,2 − 0,5 **R**   2,4 − 0,6 **T**   1,6 + 0,6 **T**   2,7 + 0,4 **K**   1,8 + 0,5 **E**

> Der Größe nach: süß und lecker.

4. Rechne im Kopf. Achte darauf, immer nur gleiche Stellenwerte zu addieren oder zu subtrahieren.

a) 0,4 + 0,03
   0,05 + 0,2

b) 0,2 + 0,23
   0,37 + 0,4

c) 0,34 − 0,02
   0,07 − 0,03

d) 0,78 − 0,4
   0,20 − 0,05

e) 0,64 − 0,03
   1,45 + 0,4

f) 1,3 + 0,02
   0,24 + 1,02

g) 1,4 + 0,28
   0,14 + 1,5

h) 1,48 − 0,20
   3,08 − 1,06

i) 0,5 − 0,01
   0,3 − 0,02

j) 0,81 − 0,7
   1,8 + 0,05

LVL **5.** Die Kinder kaufen ein. Überlege dir verschiedene Aufgaben und berechne die Lösungen.

Peter	Sara	Andreas	Dénise
Chips 1,50 €	Bonbons 1,39 €	Eis 1,20 €	Bananen 1,55 €
Cola 0,59 €	Kaugummi 0,60 €	Schokolade 0,78 €	Kekse 1,35 €

6. a) Auf einem Stoffballen sind noch 9,85 m Stoff. Eine Kundin verlangt 2,35 m.

b) Herr Sonters sägt von einer 3,80 m langen Holzlatte 1,24 m ab.

c) Carina hat zum Ausflug 6,50 € mitgenommen. Davon hat sie 4,75 € ausgegeben.

LVL **7.** Entscheide selbst, wie du rechnest. Schreibe den Rechenweg und das Ergebnis auf.

a) $0,3 + \frac{6}{10}$

b) $0,5 - \frac{4}{10}$

c) $\frac{9}{10} - 0,6$

d) $\frac{9}{10} + 0,2$

e) $\frac{3}{10} + 0,8$

f) $0,09 - \frac{7}{100}$

g) $\frac{7}{100} + 0,01$

h) $0,02 + \frac{6}{100}$

i) $0,07 - \frac{4}{100}$

j) $\frac{6}{100} + 0,05$

Schriftlich addieren und subtrahieren

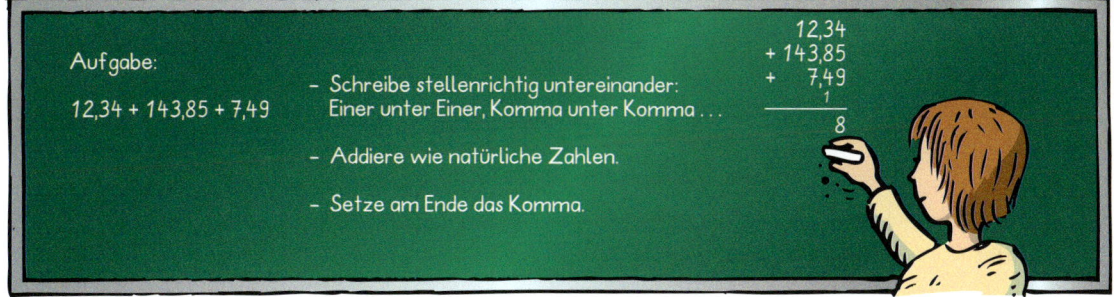

Aufgabe:

12,34 + 143,85 + 7,49

– Schreibe stellenrichtig untereinander:
  Einer unter Einer, Komma unter Komma ...

– Addiere wie natürliche Zahlen.

– Setze am Ende das Komma.

```
  12,34
+143,85
+  7,49
     1
─────────
     8
```

LVL **1.** Übertrage die Aufgabe in dein Heft und beende anschließend die Rechnung.

2. a) 26,36 b) 95,72 c) 122,94 d) 156,8 e) 89,83 f) 297,942
    + 89,45   + 29,88   + 31,68   + 79,7   + 76,52   + 58,696

LVL **3.** Beim Skislalom gibt es zwei Wertungsläufe, deren
Ergebnisse addiert werden. Sieger ist der Läufer
mit der besten Gesamtzeit. Berechne für jeden
Läufer die Gesamtzeit. Stelle eine Siegerliste auf.

Läufer	1. Lauf	2. Lauf
Spitzer	54,76 s	55,84 s
Mollenhauer	52,95 s	53,47 s
Sperling	53,48 s	54,75 s
Wetzke	55,39 s	53,85 s
Schleef	54,13 s	52,59 s

4.

133,78 + 81,42 **O** 159,73 + 219,81 **R** 72,34 + 18,93 **I** 273,9 + 119,2 **K**

132,5 + 63,8 **D** 256,94 + 37,65 **O** 42,73 + 192,13 **K** 23,7 + 58,4 **L**

Vom Größten
zum Kleinsten:
ein Tier.

5. a) 48,35 b) 93,47 c) 76,4 d) 67,49 e) 95,62 f) 95,93
    – 29,64   – 86,93   – 63,9   – 33,72   – 53,99   – 67,29

6. a) 123,75 b) 35,73 c) 254,942 d) 85,62 e) 291,74 f) 336,454
    + 245,83   + 126,94   + 82,825   + 181,73   + 72,31   + 83,746
    + 89,04   + 83,61   + 76,437   + 294,34   + 44,95   + 126,928

7. a) 538,74 b) 633,5 c) 482,34 d) 285,76 e) 492,456 f) 666,437
    – 116,93   – 89,4   – 216,68   – 89,34   – 113,243   – 258,135

8.

275,4 – 83,9 **H** 72,35 – 48,42 **G** 352,3 – 53,6 **C** 64,37 – 57,52 **E**

86,93 – 47,69 **A** 93,54 – 56,96 **N** 152,86 – 78,49 **L** 857,21 – 248,10 **S**

Und noch
ein Tier.

9. Schreibe richtig untereinander und rechne schriftlich.
  a) 38,54 + 122,8 b) 87,3 + 19,358 c) 189,74 + 37,6 d) 123,54 + 26,456
  e) 56,82 – 38,4 f) 89,354 – 46,9 g) 85,174 – 59,67 h) 98,7 – 64,35

10. Berechne das Gesamtgewicht.

a) 0,705 t / 1,850 t   b) 1,753 t / 2,680 t   c) 2,6 t / 3,45 t   d) 0,834 t / 1,05 t   e) 1,475 t / 2,430 t

11. Addiere immer zwei Zahlen in nebeneinander liegenden Feldern. Schreibe das Ergebnis in das Feld darüber. Kontrolliere mit dem obersten Feld.

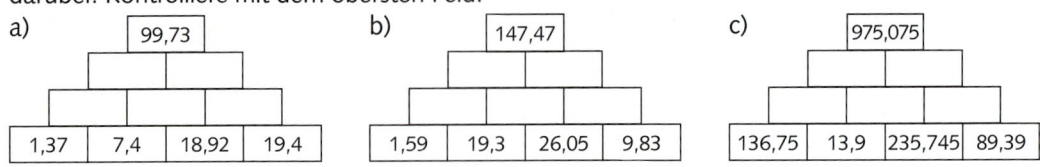

a) 99,73 — 1,37 | 7,4 | 18,92 | 19,4

b) 147,47 — 1,59 | 19,3 | 26,05 | 9,83

c) 975,075 — 136,75 | 13,9 | 235,745 | 89,39

12. Wie viel Kilogramm wiegt die Verpackung ohne Inhalt?

a) SAUERKRAUT 0,810 kg / 0,925 kg   b) VOLLKORN SMACKIES 0,375 kg / 0,437 kg   c) KNUSPER PRALINEN 0,175 kg / 0,248 kg   d) MARMELADE 0,45 kg / 0,725 kg   e) NUDELN 0,125 kg / 0,163 kg

13. Subtrahiere die kleinere Zahl von der größeren Zahl.
a) 9,745 und 9,754   b) 145,949 und 145,999   c) 1034,78 und 1043,78   d) 32,123 und 23,79
e) 8,634 und 8,346   f) 213,886 und 213,868   g) 1053,62 und 1503,62   h) 52,86 und 52,862

14. Wie hoch war das alte Guthaben auf dem Sparbuch?

a) altes Guthaben ▦ €
Auszahlung 150,00 €
neues Guthaben 375,58 €

b) altes Guthaben ▦ €
Einzahlung 153,23 €
neues Guthaben 548,75 €

c) altes Guthaben ▦ €
Auszahlung 275,80 €
neues Guthaben 592,53 €

15. a) $12,25 + ▦ = 17,13$ b) $18,75 − ▦ = 16,34$ c) $▦ + 19,43 = 83,75$
d) $85,22 − ▦ = 49,28$ e) $▦ − 23,43 = 47,58$ f) $62,43 + ▦ = 192,38$
g) $13,04 + ▦ = 27,5$ h) $▦ + 62,4 = 81,47$ i) $91,7 − ▦ = 36,43$

16. a) $35,83 − (7,41 + 9,38)$ b) $126,7 + (38,42 − 29,7)$ c) $574,8 − (38,834 − 27,93)$
d) $125,67 + (79,75 − 38,39)$ e) $538,52 − (126,3 + 329,49)$ f) $645,93 − (312,4 + 147,528)$
g) $136,52 − (18,61 + 19,34)$ h) $124,8 + (18,3 − 7,42)$ i) $483,4 − (49,452 + 112,8)$

> **TIP**
> Zuerst, was in der Klammer steht, sonst von links nach rechts.

17. a) $38,57 + 39,54 − 18,75$ b) $195,6 − 79,4 + 28,35$ c) $597,13 + 276,349 − 183,56$
d) $98,34 + 76,58 − 19,37$ e) $226,48 − 68,5 + 83,9$ f) $813,7 − 219,364 + 56,78$
g) $46,25 + 53,81 − 29,23$ h) $348,7 − 96,58 + 52,8$ i) $942,61 − 116,34 + 18,73$

LVL **18.**

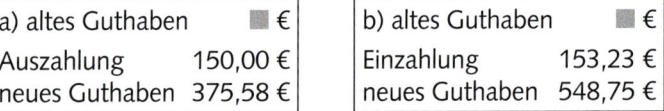

a)
```
    1*,84
+ 123,*3
  **9,2*
```

b)
```
  117,83
−  **,**
   39,21
```

c)
```
  *2,347
+ 43,8**
  86,*49
```

d)
```
  *43,26
+ 31,*4
+ 5**,6*
  741,43
```

e)
```
  ***,**
− 404,81
  144,44
```

f)
```
  3748,94
− ****,26
  1125,**
```

Zahlen und Daten in Texten und Listen

1. Aus einem Tierlexikon:

„**Igel** leben in Gärten mit Hecken und Sträuchern, wo sie sich tagsüber gut verstecken können und nachts genügend Insekten als Nahrung finden. Igel halten Winterschlaf in einer Laubhöhle. Ein ausgewachsener Igel wiegt 800 bis 1 200 Gramm, seine normale Körpertemperatur beträgt etwa 35 °C, und sein Herz schlägt etwa 180-mal pro Minute. Während des Winterschlafs sinkt seine Körpertemperatur auf $\frac{1}{7}$ des normalen Wertes, die Zahl der Herzschläge auf $\frac{1}{25}$ des Normalwertes, und er verliert etwa $\frac{1}{4}$ seines Gewichts. Wenn sein Gewicht unter 350 g sinkt, wird es für den Igel lebensgefährlich.“

a) Lies den Text genau durch. Lege dir im Heft eine Tabelle mit 3 Spalten an.
   Trage alle Informationen in die passende Spalte ein.

Lebensgewohnheiten	Körpertemperatur	Körpergewicht

b) Beantworte diese beiden Fragen und zwei *weitere* Fragen, die du selbst stellst.
   (1) Wo kannst du Igel tagsüber antreffen?
   (2) Wie hoch ist die Körpertemperatur eines Igels im Januar?
c) Carina und Christian finden Ende Oktober einen Igel mit 490 g Körpergewicht und sind
   unsicher, ob sie ihn zur Igelstation bringen sollen.

2. Das Ehepaar Käfer will mit seinen Kindern (4, 6, 8 Jahre alt) in den Osterferien den Urlaub in der JH Todtnauberg „Fleinerhaus“ verbringen. Sie haben sich vorher Unterlagen über das Haus mit einer Preisliste schicken lassen.

a) Der Fahrplan zeigt die Anreise der Familie Käfer. Sie reisen vom Stuttgarter Hauptbahnhof mit dem IC 2266 um 09:11 Uhr ab.
   Schreibe auf, wie die Reise weiter verläuft.
b) Berechne die reine Fahrzeit (ohne Pausen) von Stuttgart nach Todtnauberg.
c) Familie Käfer überlegt, ob 900 € für 7 Tage Übernachtung mit Halbpension reichen.
d) Erfinde eigene Aufgaben und löse sie.

Jugendherberge „Fleinerhaus“, 1150 m ü. M.

Bahnhof/Haltestelle	Zeit	Verkehrsmittel
Stuttgart Hbf	ab 09:11	IC 2266
Karlsruhe Hbf	an 09:53	
Karlsruhe Hbf	ab 10:00	ICE 275
Freiburg (Brsg) Hbf	an 10:59	
Freiburg (Brsg) Hbf	7 min	Fußweg
Freiburg (Brsg) ZOB		
Freiburg (Brsg) ZOB	ab 11:35	Bus 7215
Todtnauberg Rathaus	an 12:39	

Preise 2014 incl. Bettwäsche (in Euro)

		Ü/F	HP	VP
Junior (bis 26 Jahre)	1. Nacht	21,20	26,70	31,00
	jede weitere Nacht	17,70	23,40	26,10
27 plus (ab 27 Jahre)	1. Nacht	26,70	32,20	36,50
	jede weitere Nacht	23,20	28,90	31,60

Familien mit mindestens einem minderjährigen Kind zahlen den Juniorpreis.
Für Kinder unter 6 Jahren wird keine Unterkunft und Verpflegung berechnet.

Sportfest

Einnahmen:		
	1. Tag	2. Tag
Eintritt	935 €	812 €
Getränkestand	753,50 €	729,50 €
Cafeteria	676,50 €	621,50 €
Würstchenbude	420 €	392 €

1. Zum Sportfest kamen:
am 1. Tag: 561 Zuschauer, davon $\frac{1}{3}$ Kinder.
am 2. Tag: 464 Zuschauer, davon $\frac{1}{4}$ Kinder.

2. a) Berechne die Gesamteinnahmen des Sport-
festes durch Eintrittsgelder und Speisen-
und Getränkeverkauf.
b) Für Pokale, Würstchen und Getränke wurden
vorher 1386,75 € ausgegeben. Wie viel Geld
bleibt von den Einnahmen übrig?

4. Ist die Auswertung für den 50-m-Lauf schon
fertig?

3. – In der Siegerstaffel über 4 × 100 m lief
die Startläuferin 15,0 s, die zweite Läu-
ferin 15,3 s, die dritte 15,4 s und die
Schlussläuferin 14,8 s.
– Die langsamste Staffel benötigte 61,2 s.

Ergebnisse	Berg, S.	Wang, D.	Lehn, P.	Helmdach, T.	Hermsmeier, B.	Laufenberg, M.
50-m-Lauf:	7,5 s	7,8 s	7,3 s	8,1 s	8,4 s	8,0 s

5. Der LC Adorf nahm mit der größten Mannschaft am Sportfest teil. Er stellte beim
- Weitsprung $\frac{1}{5}$ von 15 Teilnehmern,
- Kugelstoßen $\frac{3}{8}$ von 24 Teilnehmern,
- Hochsprung $\frac{2}{9}$ von 18 Teilnehmern,
- 1 000-m-Lauf $\frac{2}{7}$ von 21 Teilnehmern.

6. Eine Kugel für die männliche A-Jugend wiegt 6,25 kg, die für die weibliche A-Jugend 4 kg.

7. Beim Kugelstoßen wird für die Vergabe der Plätze nur der beste Stoß gewertet!

Ergebnisse Kugelstoßen (männl. Jugend)			
	1. Stoß	2. Stoß	3. Stoß
Uding, S.	8,35 m	8,40 m	8,45 m
Böllhoff, B.	8,23 m	ungültig	8,33 m
Meier, J.	8,51 m	8,56 m	8,24 m
Casiaro, R.	ungültig	8,36 m	8,18 m
Pelz, T.	8,31 m	8,38 m	8,42 m

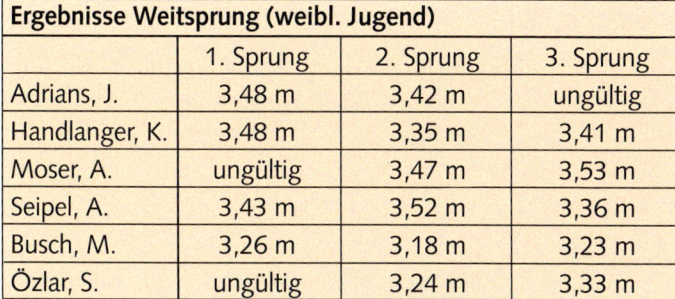

Ergebnisse Weitsprung (weibl. Jugend)			
	1. Sprung	2. Sprung	3. Sprung
Adrians, J.	3,48 m	3,42 m	ungültig
Handlanger, K.	3,48 m	3,35 m	3,41 m
Moser, A.	ungültig	3,47 m	3,53 m
Seipel, A.	3,43 m	3,52 m	3,36 m
Busch, M.	3,26 m	3,18 m	3,23 m
Özlar, S.	ungültig	3,24 m	3,33 m

8. Welche Plätze belegten die Mädchen im Weitsprung?

1. a) $\frac{1}{2}$ von 40 €   b) $\frac{1}{3}$ von 60 €

c) $\frac{1}{8}$ von 56 €   d) $\frac{1}{7}$ von 42 €

e) $\frac{1}{5}$ von 300 €   f) $\frac{1}{4}$ von 120 €

2. a) $\frac{3}{5}$ von 10 m   b) $\frac{6}{8}$ von 8 m

c) $\frac{2}{3}$ von 18 m   d) $\frac{2}{7}$ von 21 m

e) $\frac{3}{10}$ von 50 m   f) $\frac{5}{6}$ von 24 m

3. Schreibe als gemischte Zahl.

a) $\frac{5}{3}$ b) $\frac{8}{7}$ c) $\frac{9}{5}$ d) $\frac{7}{4}$

e) $\frac{9}{4}$ f) $\frac{8}{3}$ g) $\frac{12}{5}$ h) $\frac{7}{2}$

4. a) $\frac{3}{7} + \frac{2}{7}$ b) $\frac{4}{5} - \frac{3}{5}$ c) $\frac{5}{12} + \frac{9}{12}$

d) $\frac{9}{10} - \frac{2}{10}$ e) $\frac{2}{6} + \frac{5}{6}$ f) $\frac{7}{8} - \frac{3}{8}$

5. a) $1\frac{1}{3} + 2$ b) $2\frac{2}{5} + \frac{1}{5}$ c) $4\frac{2}{7} + \frac{1}{7}$

d) $4\frac{3}{8} - 2$ e) $7\frac{5}{7} - \frac{3}{7}$ f) $5\frac{2}{3} - \frac{1}{3}$

6. a) $2 - \frac{7}{8}$ b) $3 - \frac{2}{3}$ c) $3\frac{3}{5} - \frac{4}{5}$

d) $3\frac{2}{3} + 1\frac{2}{3}$ e) $2\frac{3}{7} - \frac{6}{7}$ f) $1\frac{3}{4} + 2\frac{3}{4}$

7. Schreibe als Dezimalzahl.

a) $\frac{3}{10}$ b) $\frac{7}{100}$ c) $\frac{4}{10}$ d) $\frac{2}{100}$

e) $\frac{15}{1000}$ f) $\frac{273}{100}$ g) $\frac{45}{100}$ h) $\frac{123}{10}$

8. Schreibe als Bruch.

a) 0,07   b) 1,006   c) 1,03

d) 0,048   e) 1,405   f) 7,031

9. Runde auf Zehntel.

a) 1,58   b) 13,75   c) 9,42

d) 8,03   e) 7,52   f) 8,36

10. Runde auf Hundertstel.

a) 1,347   b) 2,083   c) 0,926

d) 5,426   e) 13,5256   f) 0,0519

11. a) 0,3 + 0,4   b) 0,6 + 0,2   c) 0,8 – 0,4

d) 1,3 + 1,6   e) 2,8 – 2,4   f) 1,2 + 1,7

g) 1,3 – 0,7   h) 2,2 – 0,4   i) 2,4 + 3,9

12. a)   5,34   b)   13,68   c)   15,74

       + 7,15   + 8,25   – 6,51

$\frac{1}{2}$ (ein halb), $\frac{1}{3}$ (ein Drittel), $\frac{1}{4}$ (ein Viertel) … heißen **Stammbrüche**.

Man erhält einen **Bruchteil eines Ganzen** so:

(1) Das Ganze wird in so viele Teile zerlegt, wie der Nenner angibt.

(2) Man nimmt so viele Teile, wie der Zähler angibt.

Brüche, die größer als ein Ganzes sind, kann man als **gemischte Zahl** schreiben.

$$\frac{5}{4} = 1\frac{1}{4}$$

Brüche mit gleichem Nenner werden **addiert** (**subtrahiert**), indem man die Zähler addiert (subtrahiert) und den Nenner unverändert lässt.

$$\frac{1}{5} + \frac{2}{5} = \frac{1+2}{5} = \frac{3}{5} \qquad \frac{4}{5} - \frac{2}{5} = \frac{4-2}{5} = \frac{2}{5}$$

Man **addiert** (**subtrahiert**) eine gemischte Zahl, indem man zuerst die Ganzen addiert (subtrahiert) und dann den Bruch addiert (subtrahiert).

$$8\frac{4}{5} - 3\frac{3}{5} = 8 - 3 + \frac{4}{5} - \frac{3}{5} = 5 + \frac{1}{5} = 5\frac{1}{5}$$

Brüche mit dem Nenner 10, 100, 1 000, … kann man als **Dezimalzahlen** mit Komma schreiben.

$$\frac{1}{10} = 0,1 \qquad \frac{1}{100} = 0,01 \qquad \frac{1}{1000} = 0,001$$

Man **rundet** Dezimalzahlen nach derselben Rundungsregel wie natürliche Zahlen.

$$2,73 \approx 2,7 \qquad 3,55 \approx 3,6$$
(gerundet auf Zehntel)

Dezimalzahlen können **addiert** (**subtrahiert**) werden als Brüche mit gleichem Nenner *oder* wie natürliche Zahlen in der Stellenwerttafel.

$$3,3 + 8,9$$
$$= \frac{33}{10} + \frac{89}{10} = \frac{122}{10} = 12,2$$

10	1	$\frac{1}{10}$	$\frac{1}{100}$
		3	3
+ 1	8₁	9	
1	2	2	

1. Berechne.   a) $\frac{1}{3}$ von einer 30 m langen Schnur   b) $\frac{5}{7}$ von 420 km

2. Schreibe als gemischte Zahl oder natürliche Zahl. a) $\frac{19}{12}$ b) $\frac{35}{7}$ c) $\frac{87}{10}$ d) $\frac{21}{4}$

3. Welche Zahl ist kleiner?
   a) 0,031 oder 0,013   b) 17,98 oder 18,79   c) 26,4 oder 26,35   d) 1,47 oder 1,408

4. a) $2\frac{9}{12} + \frac{2}{12}$ b) $5\frac{8}{10} - 2\frac{3}{10}$

5. Tim möchte sich einen Bausatz für 49,95 € kaufen. Er hat 24,75 € gespart.
   Wie viel Euro fehlen ihm noch?

6. Onkel Hartmut kommt zum Geburtstag. Er fragt Tobias: „Ich habe 20 € mitgebracht.
   Möchtest du davon lieber $\frac{1}{5}$ oder $\frac{1}{4}$ haben?"

7. Ordne die Dezimalzahlen. Beginne mit dem kleinsten.
   a) 3,6; 3,06; 0,66; 0,307; 0,606   b) 0,4; 0,44; 0,41; 0,412; 0,402

8. Berechne. Mache vorher einen Überschlag.
   a) 129,48 + 89,145 + 320,047   b) 741,457 − 255,98

9. Zwei Reisegruppen mit je 20 Personen besuchen Freiburg. Drei Viertel der ersten Gruppe und
   zwei Fünftel der zweiten Gruppe machen eine gemeinsame Stadtführung. Welche Gruppe ist
   bei der Stadtführung stärker vertreten? Gib an, wie viel Personen es mehr sind.

10. Eine Schulsekretärin berichtet: „Von unseren 480 Schülern kommen $\frac{5}{12}$ mit dem Bus, $\frac{2}{6}$ fahren mit
   dem Rad und der Rest kommt zu Fuß." Berechne, wie viele Schüler zu Fuß zur Schule kommen.

11. Auf einem Bauernhof leben 60 Tiere, davon sind $\frac{1}{4}$ Schweine, $\frac{1}{3}$ Kühe, $\frac{1}{6}$ Stallhasen und $\frac{1}{10}$ Katzen.
   Sonst gibt es dort noch Hühner und einen Wachhund.
   a) Wie viele Schweine, Kühe, Hasen, Katzen gibt es?
   b) Wie viele Hühner gibt es auf dem Bauernhof?

12. a) $3\frac{3}{4} + 4\frac{1}{4}$ b) $7\frac{2}{6} + 3\frac{5}{6}$ c) $9\frac{7}{12} + 8\frac{9}{12}$

13. a) $4\frac{1}{3} - \frac{2}{3}$ b) $2\frac{1}{8} - 1\frac{5}{8}$ c) $7 - 3\frac{5}{7}$

14. Bei einem Schulfest sollen von den Einnahmen $\frac{2}{3}$ einem Kinderheim gespendet werden.
   Der Rest bleibt für die Klassenkassen. Die Klasse 6a hat mit ihrer Tombola 147 € einge-
   nommen, die Klasse 6b mit ihrem Trödelmarkt 258 €, die Klasse 6c mit ihrer Milchbar 453 €.
   Berechne für jede Klasse die Spende an das Kinderheim. Wie hoch ist der Gesamtbetrag der
   Spenden?

15. Herr Ludwig kocht Marmelade aus 3,5 kg Johannisbeeren und 1,75 kg Erdbeeren. Dazu gibt
   er ebenso viel Kilogramm Zucker wie Früchte. Beim Kochen verdunsten 300 g Wasser.
   Wie viel wiegt die fertige Marmelade?

1. Wie viele von diesen Kopfrechenaufgaben schaffst du in 1 Minute?

a)	b)	c)	d)	e)	f)	g)	h)
17 + 14	32 − 8	5 · 7	12 · 6	4 · 8	48 : 6	99 : 9	$1 - \frac{1}{2}$
17 + 140	320 − 8	5 · 70	120 · 6	40 · 8	480 : 6	990 : 9	$1 - \frac{1}{3}$
170 + 140	320 − 80	50 · 70	120 · 60	40 · 80	480 : 60	990 : 90	$1 - \frac{1}{4}$
1700 + 140	3200 − 80	500 · 700	1 200 · 600	400 · 800	4 800 : 600	9 900 : 900	$1 - \frac{1}{5}$

2. Partnerarbeit: Kopfrechentraining mit Zufalls-Würfel-Zahlen. Einer würfelt mit drei (oder auch vier) Würfeln. Die Summe von zwei Augenzahlen muss der Partner mit der Zahl auf dem dritten Würfel (mit der Augensumme der beiden anderen) multiplizieren. Wer würfelt, notiert, wie viele Aufgaben der Partner richtig bzw. falsch löst. Nach 10 Aufgaben werden die Rollen getauscht.

3. Zeichne den Zahlenstrahl in dein Heft. Trage die fehlenden Zahlen an den Markierungen ein.

a)
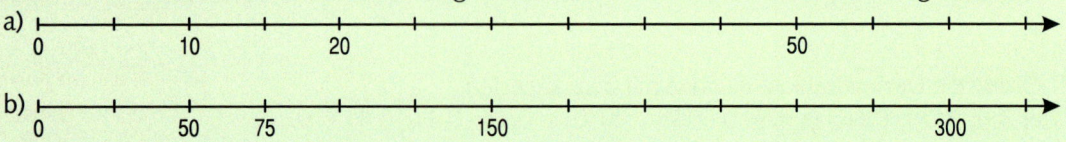
0   10   20   50

b)
0   50   75   150   300

4. Schreibe die Zahlen mit Ziffern, dann addiere sie.
a) 3 T + 4 H + 7 E und 4 T + 5 H + 6 Z b) 3 T + 4 Z + 7 E und 4 T + 5 H + 6 Z c) 1 T + 2 Z und 4 T + 5 H

5. Schreibe die Zahlen in 3er-Blöcken. Subtrahiere die kleinere Zahl von der größeren.
a) *zweihundertfünfzigtausend* und *vierzigtausendeinhundert*
b) *zwölf Millionen* und *eine Milliarde*

6. Berechne, dann ordne die Ergebnisse. Beginne mit der kleinsten Zahl.

a) 1 + 2 · 3	b) 20 − 4 · 3	c) 100 · 5 + 40	d) 2 000 · 3 000 · 500
(1 + 2) · 3	(20 − 4) · 3	(100 + 40) · 5	2 000 + 3 000 · 500
3 + 2 · 1	20 − 4 − 3	100 · 5 · 40	(2 000 + 3 000) · 500

7. a) Zeichne ein Rechteck mit den Seitenlängen a = 6 cm und b = 4 cm.
b) Berechne den Umfang (u) und den Flächeninhalt (A) des Recktecks mit a = 6 cm und b = 4 cm.
c) Ein Quadrat hat den Umfang u = 20 cm. Welche Seitenlänge hat das Quadrat?

8. Berechne schriftlich.
a) 40 857 + 877   b) 81 244 − 2 588   c) 2 597 · 8   d) 538 · 12   e) 2 568 : 6

9. Bestimme die gesuchte Größe.
a) Wenn man die Länge verdoppelt, erhält man 2,40 m.   b) Das Dreifache der Masse ist 36 kg.
c) Dividiert man den Flächeninhalt durch 5, erhält man 12 m². d) Ein Viertel des Preises ist 2,50 €.

10. Übertrage ins Heft. Benutze dein Geodreieck. Färbe in jeder Figur drei Viertel der Fläche.

a)
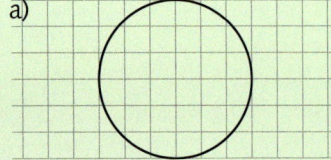

b)
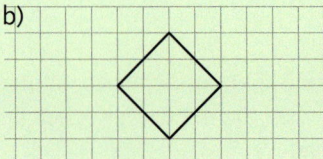

c)
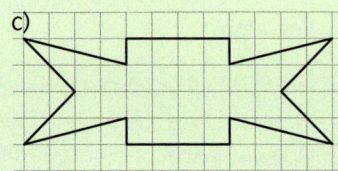

1. Runde auf Hunderttausender und auf Millionen.

a) 105 798 642

b) drei Millionen zweiundfünfzigtausend

2. Schreibe die nächsten drei Zahlen auf.

a) 11, 33, 55, …

b) 1, 2, 4, 8, 16, …

c) 1, 4, 9, 16, 25, …

d) 3, 5, 6, 10, 9, 15, …

3. Schreibe zuerst eine Überschlagsrechnung auf. Dann rechne genau.

a) 3 504 + 55 886 + 20 887

b) 1 049 · 15

c) 388 886 − 64 782 − 306 550

d) 28 136 : 8

4. Wie heißt der Körper? Wie viele Flächen, Kanten und Ecken hat er?

a)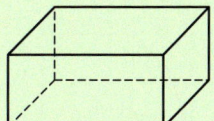

b)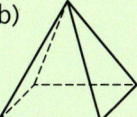

c)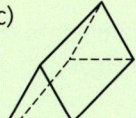

d)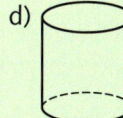

5. Welche der mit Buchstaben bezeichneten Kanten des Quaders sind

a) senkrecht,

b) parallel zur Kante a?

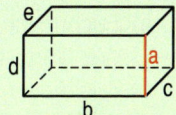

6. a) Zeichne das Viereck ab. Trage alle Symmetrieachsen ein.

b) Welche Seiten stehen senkrecht aufeinander, welche sind parallel zueinander?

7. a) Zeichne ein Rechteck mit 5 cm und 2 cm Seitenlängen.

b) Bestimme Umfang und Flächeninhalt des Rechtecks aus a).

8. Wandle in die angegebene Einheit um.

a) 3,7 cm = ■ mm

b) 1 150 dm = ■ m

c) 2,3 t = ■ kg

d) 775 g = ■ kg

9. Tina kauft eine Tüte Chips zu 1,28 € und eine Flasche Limo zu 0,78 €. Sie bezahlt mit einem 5-€-Schein. Wie viel Geld bekommt sie zurück?

10. Ein Kinofilm beginnt um 15:30 Uhr. Der Film dauert mit Werbung insgesamt 110 Minuten.

a) Um wie viel Uhr endet der Film?

b) Wie viel Zeit ist dann noch bis zum Beginn der nächsten Filmvorführung?

Das Wunder von Bern

Beginn jeweils um:

15:30   17:30   20:00   22:00 Uhr

11. Berechne ein Fünftel und vier Fünftel

a) von 10 €,

b) von 1 m,

c) von 45 cm,

d) von 1 Million.

12. Eine rechteckige Wiese ist 20 m lang und 15 m breit.

a) Wie lang ist eine Elektrozaun rings um die Wiese?

b) Wie groß ist die Wiesenfläche?

13. Sedat hat 5 Freunde zu einem Kinobesuch eingeladen. Eine Kinokarte kostet 5,50 €.

a) Wie viele Karten sind notwendig?

b) Wie viel Euro kosten diese Karten?

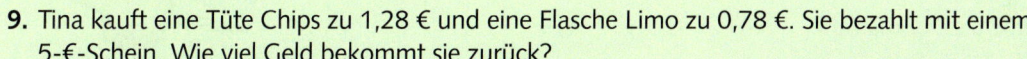

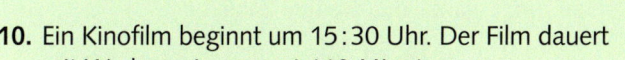

14. a) Halbiere die Zahl 400 und subtrahiere vom Ergebnis die Zahl 125.
b) Vermehre die Zahl 477 um 66 und verdopple dann das Ergebnis.

15. Zeichne Säulen für die Höhen der genannten Bauwerke. Runde zunächst die Höhen auf 10 m.
Zeichne 1 cm für 100 m Höhe und vergiss die Beschriftung im Schaubild nicht.

Kölner Dom	159 m	Stuttgarter Fernsehturm	212 m
Empire State Building (New York)	380 m	Ulmer Münster	161 m
Eiffelturm (Paris)	321 m	Olympiaturm (München)	290 m

16. Wie heißt das Viereck? Hat es eine oder sogar mehrere Symmetrieachsen? Mache eine Skizze.

a)   b)   c)   d)

17. Übertrage in dein Heft. Ergänze die Teilfigur zu einer
achsensymmetrischen Figur.

18. Auf Karopapier sind vier Kästchen zusammen 1 cm² groß.

a) Zeichne ein Rechteck mit einem Flächeninhalt von 12 cm².
Wie lang ist sein Umfang? Gib zwei Möglichkeiten an.
b) Zeichne ein Quadrat mit einem Flächeninhalt von 25 cm².
Wie lang ist sein Umfang?

19. Schreibe zu dem Rechenausdruck eine passende Text-Aufgabe
oder Rechengeschichte.
Rechenausdruck: $12 + 5 \cdot 7$. So kann der Text beginnen:
„Frau Müller kauft 5 …". Schreibe auch eine Antwort auf.

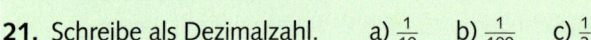

20. a) Ulrike hat 60 € gespart, ein Viertel davon gibt sie für
Geschenke aus. Wie viel Euro sind das?
b) Von den 240 Sitzplätzen eines Kinos sind zwei Drittel
besetzt. Wie viele Plätze sind das?

21. Schreibe als Dezimalzahl.   a) $\frac{1}{10}$ b) $\frac{1}{100}$ c) $\frac{1}{2}$

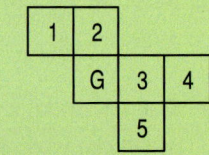

22. Diese Zahlen haben etwas mit Quadratzahlen zu tun. Ergänze drei weitere Zahlen.

a) 2, 5, 10, 17, 26, …   b) 0, 3, 8, 15, 24, 35, …

23. a) Welcher Körper hat nur rechteckige Flächen? Zeichne sein Netz.
b) Welcher Körper hat genau eine quadratische Fläche und sonst nur dreieckige Flächen?
Wie viele Flächen hat dieser Körper? Skizziere sein Netz.

24. Das Würfelnetz ist auf der Grundfläche G festgeklebt. Die anderen Flächen
werden zu einem Würfel aufgefaltet. Welche Fläche ist dann vorne, hinten,
links, rechts und oben?

1	2		
G	3	4	
5			

25. a) $112 + (12 + 5) - 15$ b) $(52 - 41) - 3 + 37$ c) $82 - 72 : 6$

26. a) Bilde die Summe der Zahlen 112 504, 5 484 und 27 058.
b) Multipliziere 8 257 mit 23. Subtrahiere vom Ergebnis das Produkt aus 1 248 und 5.

27. Von einem Würfel sind zwei Flächen blau gefärbt, eine orange und die restlichen nicht gefärbt. Beachte das Würfelbild.

a) Zeichne ein Netz des Würfels. Färbe die Flächen.
b) Welcher Bruchteil der Würfeloberfläche ist blau, welcher orange und welcher nicht gefärbt?

28. a) Wie lang ist der Umfang der T-Figur?
b) Welchen Flächeninhalt hat die T-Figur?
c) Wie groß ist der Flächeninhalt der blau gefärbten Teilfläche?
d) Welcher Bruchteil der Figur ist rot, welcher ist grün gefärbt?

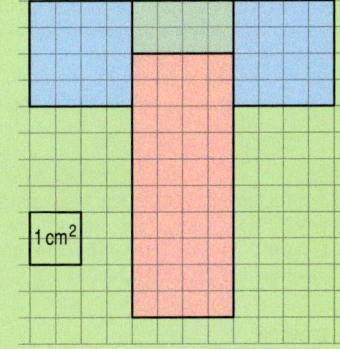

29. Berechne.
a) das 1,5-Fache von 150 €
b) das $2\frac{1}{4}$-Fache von 6 km
c) $\frac{1}{2} + \frac{3}{4}$
d) 2,4 − 1,9

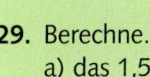
1 cm²

30. Mira hat 60 Nüsse. Sie gibt Ahmed davon die Hälfte und Frederik ein Fünftel. Wie viele Nüsse hat Mira dann noch übrig für sich?

31. Eine Schule bestellt 16 Fußbälle zu je 19,75 €. Zum Preis für die Bälle kommen noch 6,90 € für Porto und Verpackung.
a) Berechne den Rechnungsbetrag.
b) Der Förderverein der Schule übernimmt die Hälfte der Kosten für die neuen Fußbälle. Wie viel Euro zahlt der Förderverein?

32. Arbeite mit einem Quadratgitter. Wähle als Einheit 1 cm (2 Kästchen).
a) Trage die Punkte ein: A(1|1)   B(5|1)   C(5|5)   D(3|7)   E(1|5)
b) Wähle jetzt als Spiegelachse die Gerade BC. Spiegele die Punkte A, B, C, D, E an BC. Wenn du nun Punkte passend durch Strecken verbindest, erhältst du 10 Dreiecke. Diese bilden das „Doppelhaus des Nikolaus".

33. Zeichne eine Gerade g. Zeichne dann drei zu g senkrechte Geraden und drei zu g parallele Geraden.
a) Wie viele Vierecke sind entstanden?   b) Welche Form haben die Vierecke aus a)?

34. a) Schreibe als Dezimalzahlen: $\frac{2}{5}$; $\frac{1}{50}$; $\frac{7}{5}$

b) Gib fünf Brüche an, die alle größer als $\frac{1}{2}$ und kleiner als $\frac{3}{4}$ sind.

35. Nordrhein-Westfalen hat eine Fläche von 34070 km², das Saarland von 2571 km². Wie viel mal passt die Fläche des Saarlands in die von Nordrhein-Westfalen ungefähr hinein?

36. Frau Flink arbeitet seit 25 Jahren in einem Textilgeschäft als Verkäuferin. Ihr monatliches Gehalt beträgt 1250 €. Zusätzlich hat sie im letzten Jahr 375 € Urlaubsgeld, 900 € Weihnachtsgeld und zu ihrem Jubiläum für jedes Jahr Betriebszugehörigkeit 150 € erhalten. Berechne ihren Jahresverdienst für das vergangene Jahr.

37. Schreibe die wichtigen Informationen auf und löse die Aufgabe. Am 1. Adventssamstag findet in der Kantschule ein Basar statt. Die Klasse 5c (12 Mädchen und 14 Jungen) hat dafür in 3 Stunden 6 kg Kekse gebacken. Die Kekse werden in Tüten zu je 75 g verpackt. Eine Tüte soll 0,65 € kosten.
a) Wie viele Tüten Kekse kann die Klasse verkaufen?
b) Wie hoch sind die Einnahmen, wenn alle Tüten verkauft werden?

Lösungen der Seiten Wissen – Anwenden – Vernetzen

Seite 14/15

1. Sportwoche

a) Klasse 5C hat gegen 5B mit 2 : 1 gewonnen, 5C hat gegen 5A mit 0 : 2 verloren.   b) Es wurden 6 Spiele ausgetragen.

c) insgesamt 10 Spiele (hier ohne Tabelle)   d) Bei 8 Mannschaften **28** Spiele.   e) 11 Schüler sind in der Tischtennis AG.

2. Muster legen

a) 3 Glieder: 10 Hölzchen; 4 Glieder: 13 Hölzchen.

b) 6 Glieder: 19 Hölzchen; Max' Lösung ist falsch.

Jeanie: für jedes Kettenglied werden je 2 Hölzchen waagerecht gelegt also 2 · 6, senkrecht werden 7 Hölzchen gelegt, also insgesamt 2 · 6 + 7 Hölzchen.

Ronny: ein Kettenglied aus 4 Hölzern und 5 Glieder aus jeweils 3 Hölzern; insgesamt 4 + 5 · 3 Hölzer

c) Pia: 5 Glieder aus jeweils 4 Hölzern, beim Zusammenlegen werden 4 „übereinander liegende" Hölzer nicht benötigt; insgesamt 5 · 4 – 4 Hölzer

3. Süßes

a) 1 Weingummi kostet 10 Ct, 1 Lakritzstange 40 Ct, 1 Lakritzschnecke 20 Ct.   b) 14,40 €

c) Er wählt die goldene Tüte, dazu 10 einzelne Lakritzstangen, 10 Lakritzschnecken und 12 Weingummidrops, zusammen 13,30 €.

d) Er hätte 2 goldene Tüten und 4 einzelne Lakritzstangen, 4 Lakritzschnecken und 8 Weingummidrops kaufen sollen; dies hätte insgesamt 12,20 € gekostet.

4. Kopfgeometrie

a) Roter Würfel: unten 3; links 5; hinten 6   b) Blauer Würfel: hinten 6; links 5; unten 4

c) Rot in Skizzen A und B; blau in Skizze C. In Skizze D ist der obere Würfel blau, seine untere Fläche zeigt 1. Der untere Würfel kann rot oder blau sein; auf seiner oberen Fläche kann die Augenzahl 1 oder 6 gezeigt werden; die Augensumme der aufeinanderliegenden Flächen kann 2 oder 7 sein.

Seiten 56/57

1. Taschengeld

a) 20 € pro Monat   b) 25 € für Kino

c) Sie spart 36 € mehr als im vorherigen Jahr; der Betrag kann gleichmäßig (6 € pro Bereich) oder ungleichmäßig eingespart werden. Beispieldiagramm von Lehrer/Lehrerin kontrollieren lassen.

2. Merkwürdige Zahlen

a) Tausenderziffer (T) und Einerziffer (E) sind immer gleich, Hunderterziffer (H) und Zehnerziffer (Z) sind immer gleich.

b) 2 332

c) Die nächst größere Anna-Zahl ist 5115; die Differenz beträgt 121.

d) Aus den neun erlaubten Ziffern 1, 2, …, 9 lassen sich 9*8 = 72 verschiedene Anna-Zahlen bilden. Saras Behauptung ist also falsch.

e) Bobs Bruder ist 1991 geboren, er wird im Jahr 2015 24 Jahre alt, 2016 25 Jahre, 2017 26 Jahre,…

f) Bei jedem Ergebnis ist die Summe aus Einerziffer und Zehnerziffer 10, die Summe aus Hunderterziffer und Tausenderziffer ist immer 8.

Größte Differenz zweier Anna-Zahlen: 9 119 – 1 991 = 7 128

3. Autotransporter

a) 100 000 : 550 – 181 Rest 450; 182 Fahrten sind notwendig.   b) etwa 50 Autos

c) 3 825 + 1 795 – 867 – 1 365 = 3 388 Autos kommen in Valencia an. 812 Autos werden in Valencia dazu geladen.

4. Streichholzspiele

Zahl der Streichhölzer in einer Schachtel: a) 3   b) 3   c) 6   d) 1

Seiten 104/105

1. Der Umzug

a) 39 · 25 kg = 975 kg, die Kartons wiegen zusammen weniger als 1 Tonne (= 1 000 kg).

b) 78,02 : 47 = 1,66; 1 l Benzin kostet **1,66 €**. 100 – 78,02 = 21,98; er bekommt **21,98 €** Wechselgeld. Von 10 : 25 Uhr bis 11 : 07 Uhr sind es **42 Min.**

c) Der erste Umzugshelfer läuft keine Stufe. Der zweite Umzugshelfer läuft 1 078 Stufen, der dritte läuft 1 092 Stufen und der vierte 1 106 Stufen. Wenn noch die Stufen dazugezählt werden, bis die Umzugshelfer anschließend alle in der Wohnung im 3. Stock sind, ist der erste Helfer 42 Stufen gegangen, die anderen drei Helfer jeweils 1 106 Stufen.

d) Vom Erdgeschoss bis in die dritte Etage sind es hoch und runter zusammen 84 Stufen. Da 504 = 84 · 6, kann Tims Behauptung stimmen.

2. Am Imbiss

a) 2,40 €

b) Insgesamt sind 3 · 3 · 2 = 18 verschiedene Mahlzeiten möglich.

Eine weitere Beilage: 3 · 4 · 2 = 24 Möglichkeiten; ein weiteres Getränk: 3 · 3 · 3 = 27 Möglichkeiten. Mit einem weiteren Getränk wird die Auswahl größer.

c) Mindestens 6 Münzen

3. Würfel

a) $1 \cdot 1 + 2 \cdot 2 + 3 \cdot 3 + 4 \cdot 4 = 30$ Würfel.   b) Zusätzlich $5 \cdot 5 + 6 \cdot 6 = 61$ Würfel.   c) noch 34 Würfel.

d) 8 Würfel mit 3 blauen Seiten, kein Würfel mit 2, 1 oder keiner blauen Seite.

e) 8 Würfel mit 3 blauen Seiten, 24 Würfel mit 2 blauen Seiten, 24 Würfel mit 1 blauen Fläche, 8 Würfel ohne blaue Fläche.

4. Haustiere

a) 68,58 €

b) Sie könnte gekauft haben:
   – Katzentoilette zu 8,99 €, Transportkorb zu 24,99 €, Trinknapf zu 1,29 €, Futternapf zu 3,99 €, Kratzbaum zu 26,80 €, Streuschaufel zu 1,69 € ; zusammen 67,75 € , es bleiben ihr noch 0,83 €
   – oder: Katzentoilette zu 8,99 €, Transportkorb zu 22,50 €, Trink- und Futternapf zu je 3,99 €, Kratzbaum zu 26,80 €, Streuschaufel zu 1,69 €; zusammen 67,96 €, es bleiben noch 0,62 €

c) Immer das preiswerteste Modell: insgesamt 49,15 €; Ersparnis von 18,60 € (1. Beispiel oben) bzw. 18,81 € (2. Beispiel) bzw. 39,81 € (zur teuersten Variante).

Seiten 156/157

1. Punkte und Strecken

a) B(2|5), C(2|3), D(4|2), E(6|3), F(6|5)

b), d) –

c)

Anzahl der Punkte	Anzahl aller möglichen Strecken
2	1
3	$1 + 2 = 3$
4	$1 + 2 + 3 = 6$
5	$1 + 2 + 3 + 4 = 10$
6	$1 + 2 + 3 + 4 + 5 = 15$

e) **28** Strecken verbinden 8 Punkte paarweise miteinander.

2. Aus Alt mach Neu

a) Altes Zimmer: $A = 5 \cdot 4$ m²; neues Zimmer mit $A = 24$ m² ist größer. Das neue Zimmer ist 4 m breit (Rechnung: 24 : 6 = 4)

b) Eine Fliese hat die Seitenlänge 5 dm = 50 cm. (Damit: 6 Reihen mit je 8 Fliesen.)

c) Länge: a = 33 m. Flächeninhalt: $A = 891$ m².

d) Insgesamt 40 Zaunelemente bzw. 39 Zaunelemente und ein Element für die Toreinfahrt. Dafür werden 40 Pfähle benötigt.

3. Ausflug in den Erlebnispark

a) Ankunft um 9:55 Uhr; 109 km gefahren   b) 137 Plätze sind schon belegt   c) 700 m breit

d) Z. B. A–D–C–B–G–F–(C)–A oder A–D–F–G–B–C–A   Von E nach B kürzester Weg: E–D–A–B, Länge 1035 m.

e) Parkdauer mindestens 6 Stunden lang. Um 16:30 Uhr hätten sie 8 € zahlen müssen, dann hätte die siebte Stunde schon angefangen. Sie sind um 10:29 Uhr ins Parkhaus gefahren.

4. Von Körpern und Flächen

a) Rechteck links: a = 2 cm, b = 8 cm, u = 20 cm; mitte: a = 6,5 cm, b = 2 cm, u = 17 cm; rechts: a = 8 cm, b = 6,5 cm, u = 29 cm.

b), c)

u =	20 cm			17 cm			29 cm		
Beispiele a =	8 cm	9 cm	5 cm	6,5 cm	4 cm	7 cm	8 cm	7 cm	2,5 cm
b =	2 cm	1 cm	5 cm	2 cm	4,5 cm	1,5 cm	6,5 cm	7,5 cm	12 cm
Flächeninhalt A =	16 cm² = 1 600 mm²	9 cm² = 900 mm²	25 cm² = 2 500 mm²	13 cm² = 1 300 mm²	18 cm² = 1 800 mm²	10,5 cm² = 1 050 mm²	52 cm² = 5 200 mm²	52,5 cm² = 5 250 mm²	30 cm² = 3 000 mm²

d) z. B. $A = 16$ cm²: a = b = 4 cm, u = 16 cm; oder a = 8 cm, b = 2 cm, u = 20 cm; oder a = 1 cm, b = 16 cm, u = 34 cm; …

e) ohne Zeichnung; Summe aller Kantenlängen: 66 cm.
   Rons Fehler: Sein Ansatz ist falsch (Kanten a = 2 cm und b = 8 cm nur 2-mal statt 4-mal genommen), außerdem ist seine Rechnung falsch (Klammer nicht beachtet).

Lösungen der TÜV-Seiten

Seite 27

1. eins; zehn; hundert; tausend; zehntausend; hunderttausend; eine Million; zehn Millionen; hundert Millionen; eine Milliarde; zehn Milliarden; hundert Milliarden; eine Billion.

2. a) zwölf dreihundertfünfzehn   b) zwölftausenddreihundert dreihundertvierundzwanzigtausend   c) neunhundertsiebentausend eine Million zweihunderttausend

3. 12 Mrd. 78 Mio. 905 T 346 = 12 078 905 346
   100 Mrd. 269 Mio. 1 T 407 = 100 269 001 407
   3 Bio. 267 Mrd. 310 Mio. 38 T 760 = 3 267 310 038 760

4. a) 12 034 670,   12 Mio. 34 T 670,
      305 780 129,   305 Mio. 780 T 129
   b) 1 357 000 890,   1 Mrd. 375 Mio. 890,
      1 037 419 300 000,   1 Bio. 37 Mrd. 419 Mio. 300 T

5.

```
├──┼──┼──┼──┼──┼──┼──┼──┼──┼──┼──┼──►
0  10 20 30 40 50 60 70 80 90 100 110 120
```

7. a) A = 90 000   B = 170 000
C = 370 000   D = 410 000
b) 510 000 < E < 520 000

6. a) 19 997, 19 998, 19 999, 20 000, 20 001, 20 002, 20 003, 20 004
b) 3 990, 3 991, 3 992, 3 993, 3 994, 3 995, 3 996, 3 997, 3 998, 3 999
c) 335 794, 335 795, 335 796, 335 797, 335 798, 335 799, 335 800
d) 4 444 999, 4 445 000, 4 445 001, 4 445 002, 4 445 003, 4 445 004

8. a) 608 < 615   b) 852 > 851
c) 1 000 = 10 · 100   d) 100 · 100 < 1 Mio.

9. a) 2 000; 13 000; 140 000
b) 500; 1 200; 50 000   c) 20; 350; 7 900

10. Rhein   1 330 km ├───────────────────────── (13,3 cm) ─────────────────────────┤
Mosel   550 km ├────── (5,5 cm) ──────┤
Main   520 km ├───── (5,2 cm) ─────┤
Neckar   370 km ├──── (3,7 cm) ───┤
Lahn   250 km ├── (2,5 cm) ──┤
Nagold   90 km ├(0,9 cm)┤

11. a) Düsseldorf – Bremen: ≈ 290 km   b) Stuttgart – Köln: ≈ 310 km

Seite 45

1. a) 30 + 70 = 100   b) 26 + 32 = 58   c) 48 + 26 = 74   **2.** a) 90 – 50 = 40   b) 75 – 24 = 51   c) 52 – 37 = 15

3. 37 + 25 = 62   **4.** 27 – 18 = 9   **5.** a) 31   b) 64   c) 52   d) 48

6. a) 45   b) 41   c) 72   d) 54   **7.** Die gedachte Zahl ist a) 23, b) 89.   **8.** a) 1   b) 22
                                                                                          10   70

9. a) 8 + (3 + 7) = 18   b) 23 + (16 + 4) = 43   **10.** a) 79 – 9 + 17 = 87   b) 127 – 27 – 73 = 27
   (59 + 41) + 27 = 127   (99 + 11) + 29 = 139   138 – 38 + 53 = 153   509 – 9 – 91 = 409

11. a) Überschlag: 400 + 500 = 900; genau: 823   b) Ü: 41 200 + 100 + 1 200 = 42 500; genau: 42 510
c) Ü: 500 – 200 = 300; genau: 274   d) Ü: 28 600 – 200 – 1 300 = 27 100; genau: 26 999
e) Ü: 12 000 + 100 000 = 112 000; genau: 111 928   f) Ü: 35 000 – 1 000 – 17 000 = 17 000; genau: 16 265

12. a) 23,62 €   b) 333,40 €   **13.** Tobias muss insgesamt 47,36 € bezahlen; er hat dann 2,64 € übrig.   **14.** a) 3 002   b) 12 637

Seite 61

1.

Körper	Anzahl der		
	Flächen	Kanten	Ecken
Würfel	6	12	8
Quader	6	12	8
Prisma	5	9	6
Pyramide	5	8	5
Zylinder	3	2	0
Kegel	2	1	1
Kugel	1	0	0

2. a) Würfel, Quader, Prisma, Pyramide   b) Pyramide

3. a) Würfelnetz   b) kein Würfelnetz

4. a) senkrecht zu a: b und c; parallel zu a: d und e
b) senkrecht zu a: b und c; parallel zu a: d und e

5. a) waagerecht: b, x   b) lotrecht: y, w

6.

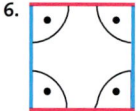

7. Zwei quadratische Flächen (4 cm × 4 cm)   **8.** z. B.

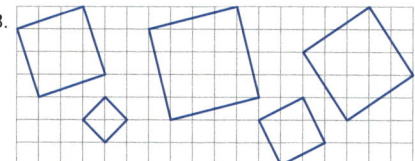

Seite 89

1. a) 45   b) 17   **2.** a) 4 · 9 = 36   b) **35** : 7 = 5   **3.** 48 : 48 = 1;
c) 60   d) 7   c) 8 · **5** = 40   d) 48 : **4** = 12   jede Zahl durch sich selbst dividiert ergibt 1.

4. a) 1   b) 13   c) 0   d) 0   **5.** a) 1 700   b) 47   c) 1 200   d) 16 500   e) 250   f) 47
e) 0   f) 0   g) 10   h) geht nicht

6. a) 40 · **100** = 4 000   b) 3 000 : **10** = 300   c) 200 · 10 = 2 000   d) 50 000 : **100** = 500   **7.** a) 96   b) 3   c) 81   d) 140

8. a) 44   b) 19   c) 33   d) 56   **9.** a) 2 115   b) 4 576   c) 5 775   **10.** 12 · 145 € = 1 740 €
e) 2   f) 16   g) 25   h) 32   d) 121   e) 53   f) 594

11. a) (25 · 4) · 39 = 3 900   b) (50 · 2) · 88 = 8 800   **12.** a) 700   b) 873   c) 210   **13.** a) 571 200   b) 143 148   c) 174 042
c) (40 · 5) · 118 = 23 600   d) (4 · 25) · 67 = 6 700   d) 368   e) 300   f) 600   d) 318   e) 352   f) 63

14. 490 € : 14 = 35 € pro Person   **15.** 2 137 : 17 = 125 R 12   125 Sträuße werden gebunden, 12 Tulpen bleiben übrig.

Seite 117

1. a) $\overline{CD} < \overline{AB} < \overline{BC} < \overline{AC} = \overline{BD} < \overline{AD}$　b) –　c) 6 verschiedene Geraden　**2.** a)/b) –　c) D hat 6,1 cm Abstand.

3. a) Rechteck　b) Parallelogramm　**4.** a) 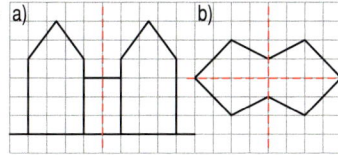 b)　**9.** Hier ohne Zeichnung.
Es können speziell Rauten,
Parallelogramme, Rechtecke oder
Quadrate entstehen.

5. –　**6.** –　**7.** –　**8.** –
Zeichnungen jeweils von Lehrer/Lehrerin
kontrollieren lassen.

Seite 145

1. a) 73 mm　b) 272 cm　c) 4 820 m　**2.** a) 6,4 cm　b) 17,5 dm　c) 8,7 km　**3.** a) 42 mm　b) 458 cm　c) 3 700 m
　　　　　　　　　　　　　　　　　　12,3 cm　　23,8 dm　　1,14 km　　　　87 mm　　1 070 cm　　4 250 m

4. a) Es fehlen noch 3,70 m.　b) 9,20 m　**5.** 44,40 km　**6.** 6,25 km　**7.** a) 4 250 g　b) 2 050 g　c) 3 400 kg

8. a) 3,72 kg　b) 5,18 kg　c) 12,7 t　**9.** a) 4 630 g　b) 1 500 g　c) 5 800 kg　**10.** a) 20,2 kg　b) Der Inhalt wiegt 15,8 kg.

11. a) 43,2 kg　b) 625 g pro Person　**12.** a) 60 Monate　b) 102 h　c) 120 min　d) 195 min
　　　　　　　　　　　　　　　　　　　　　e) 240 s　　f) 165 s　　g) 12 h　　h) 8 min

13.

	a)	b)	c)	d)
Anfang	8:15 Uhr	12:30 Uhr	9:45 Uhr	**20:38 Uhr**
Dauer	**3 h 50 min**	**6 h 49 min**	2 h 40 min	4 h 30 min
Ende	12:05 Uhr	19:19 Uhr	**12:25 Uhr**	1:08 Uhr

14. a) Sie ist 6 m lang.
b) Sie ist 3 mm lang.

Seite 167

1. –　**2.** a) 4 cm²　b) 2 cm²　c) 2 cm²　**3.** a) 100 cm²　b) 3 cm²　c) 5 600 cm²
　　　　　　　　　　　　　　　　　　　　　　　2 100 cm²　　25 cm²　　2 cm²
　　　　　　　　　　　　　　　　　　　　　　　76 500 cm²　　1 cm²　　2 00 cm²

4. a) 100 mm²　b) 10 dm = 100 cm = 1 m

5. a) 9 ha = 900 a　　b) 4 500 km² = 450 000 ha　　c) 2 900 a = 29 ha　　d) 56 700 m² = 567 a
　　37 m² = 3 700 dm²　　　625 a = 62 500 m²　　　800 ha = 8 km²　　　3 000 dm² = 30 m²

6. a) 180 cm²　b) 1 568 cm²　**7.** a) 6 cm　b) 27 cm　**8.** 108 cm²　**9.** 600 m² = 6 a

10. Für beide Rechtecke ist u = 22 cm.　**11.** a) Breite: 7 cm　b) Länge: 34,5 cm

Seite 192

1. a) 20 €　b) 20 €　c) 7 €　d) 6 €　e) 60 €　f) 30 €　**2.** a) 6 m　b) 6 m　c) 12 m　d) 6 m　e) 15 m　f) 20 m

3. a) $1\frac{2}{3}$　b) $1\frac{1}{7}$　c) $1\frac{4}{5}$　d) $1\frac{3}{4}$　e) $2\frac{1}{4}$　f) $2\frac{2}{3}$　g) $2\frac{2}{5}$　h) $3\frac{1}{2}$

4. a) $\frac{5}{7}$　b) $\frac{1}{5}$　c) $\frac{14}{12} = 1\frac{2}{12}$　d) $\frac{7}{10}$　e) $\frac{7}{6} = 1\frac{1}{6}$　f) $\frac{4}{8}$　**5.** a) $3\frac{1}{3}$　b) $2\frac{3}{5}$　c) $4\frac{3}{7}$　d) $2\frac{3}{8}$　e) $7\frac{2}{7}$　f) $5\frac{1}{3}$

6. a) $1\frac{1}{8}$　b) $2\frac{1}{3}$　c) $2\frac{4}{5}$　d) $5\frac{1}{3}$　e) $1\frac{4}{7}$　f) $4\frac{2}{4}$

7. a) 0,3　b) 0,07　c) 0,4　d) 0,02　e) 0,015　f) 2,73　g) 0,45　h) 12,3

8. a) $\frac{7}{100}$　b) $\frac{1006}{1000}$　c) $\frac{103}{100}$　d) $\frac{48}{1000}$　e) $\frac{1405}{1000}$　f) $\frac{7031}{1000}$　**9.** a) 1,6　b) 13,8　c) 9,4　d) 8,0　e) 7,5　f) 8,4

10. a) 1,35　b) 2,08　c) 0,93　d) 5,43　e) 13,53　f) 0,05

11. a) 0,7　b) 0,8　c) 0,4　d) 2,9　e) 0,4　f) 2,9　g) 0,6　h) 1,8　i) 6,3　**12.** a) 12,49　b) 21,93　c) 9,23

Lösungen der Diagnosetests

Seite 28

1. a) ZT　b) 100 Mio　**2.** a) 220 500　b) 7 015 001　**3.** 2 220; 2 640; 2 740; 2 870

4. a) 76 563 200　b) 76 560 000　**5.** a) 105 010　b) 52 042 006　**6.** 4 560, 5 046, 5 406, 5 460, 5 604, 6 540

7. Dieter: 6 Stimmen; Uta 8 Stimmen; Kerstin: 5 Stimmen　**8.**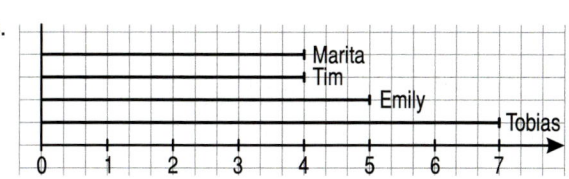

9. a) 24, 23, … Regel: + 5, – 1, + 5, – 1, …
b) 60, 90, … Regel: – 15, + 30, – 15, + 30, …

10. a) fünfzehntausenddreihundertvierundzwanzig
b) zwei Millionen fünfhunderteintausendeinundsiebzig

11. 843 709 260   **12.** a) 30 950, 31 049   b) 270 450, 270 549

13. a) 1 111   b) 888 888   **14.** a) 14; 1 865   b) MCMLIX; MMIX

15. Runden: 1 800 t Kunststoffe, 1 300 t Metalle, 21 300 t Papier und Pappe, 7 300 t Glas   **16.** a) 10011001   b) 93
Ordnen: 21 300; 7 300; 1 800; 1 300

Seite 46
1. a) 71   b) 157   c) 576   **2.** a) 74   b) 27   c) 51   **3.** a) 341   b) 1 249   c) 1 377

4. a) Ü: 200 + 400 + 300 = 900; genau: 979
b) Ü: 8 500 + 1 800 + 600 = 10 900; genau: 10 925
c) Ü: 8 400 − 600 − 1 000 = 6 800; genau 6 832

5. Rechnung: 9 780 − 3 720 − 5 812 = 248;   Antwortsatz: Der Tankwagen fährt mit 248 l Diesel zurück.

6. Rechnung: 124 + (124 − 15) = 233;   Antwortsatz: Es parken insgesamt 233 Autos.

7. Rechnung: 18 270 + 350 − 5 880 = 12 740;   Antwortsatz: Frau Berg muss noch 12 740 € bezahlen.

8. a) richtig   b) falsch (richtig ist 10 167)

9. a) Summe: 30,75 €;   die Geldscheine sind zusammen 30 €, das sind 0,75 € = 75 Cent zu wenig.
b) Summe: 438,40 €;   die Geldscheine sind zusammen 450 €, das sind 11,60 € zu viel.

10. a) 1 565 km − 1 479 km = 86 km   Sie ist 86 km geradelt.
b) 1 641 km − 1 357 km = 284 km   Die Radtour war 284 km lang.

11. a) 4 321 − (1 042 + 583) = 2 696   b) 1 206 + (827 − 384) = 1 649

12. Rechnung: 2 697 − 820 − 640 − 175 − 140 = 1 062;   Frau Rissler bleiben im Monat noch 1 062 € übrig. Ein neues Fernsehgerät darf
höchstens 1 062 € kosten.

13. a) 4 197 − (368 + 597) − 2 100 − (685 − 618) = 1 065   b) 21 630 − 8 490 − (4 712 − 3 150) + 9 160 = 20 738

Seite 62
1. a) Quader   b) Kugel   c) Kegel   d) Zylinder   **2.** a) 5 Flächen, 9 Kanten   b) 5 Flächen, 5 Ecken

3. a) ja   b) nein   c) ja   d) ja   **4.** c ⊥ a; c ⊥ b; c ⊥ d; c ⊥ e; c ∥ f

5. Lasse deine Zeichnungen von der Lehrerin oder dem Lehrer kontrollieren.   **6.** a) Quader, Würfel   b) Prisma, Pyramide

7. a) Zylinder   b) Kugel   **8.** Rechnung: 4 · 4 cm + 4 · 6 cm + 4 · 8 cm Ergebnis: 72 cm
Der Draht muss mindestens 72 cm lang sein.

9. Mehrere Möglichkeiten. (Die Zeichnung muss immer von der Lehrerin oder dem Lehrer kontrolliert werden.)

10. 1 links, 2 hinten, 3 rechts, 4 vorne, 5 oben   **11.**

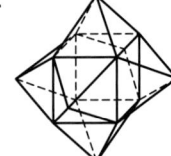

14 Ecken, 36 Kanten, 24 Flächen
(Dies gilt, wenn die Pyramidenseiten so geneigt sind,
dass die ursprünglichen Würfelkanten als Kanten
erhalten bleiben.)

12. a und **h**; c und **d**; e und **b**; n und **k**.

Seite 90
1. a) 105   b) 12   **2.** a) **100** · 8 = 800   b) **4 000** : 4 = 1 000   **3.** a) 2 912   b) 56 364   **4.** a) 37   b) 585

5. a) 120 · 19 € = 2 280 €   b) 483 € : 7 = 69 €   **6.** 0,69 € · 16 = 11,04 €.   Ein 10-€-Schein reicht nicht.

7. Rechnung: (19 € + 14 €) : 3 = 33 € : 3,   Ergebnis: 11 €;   jedes Kind zahlt 11 €.

8. 135 € : 3 + 7 € = 45 € + 7 € = 52 €;   Jeder der Freunde zahlt 52 €.

9. a) (8 · 25) · 37 = 200 · 37 = 7 400   b) (63 + 37) · 27 = 100 · 27 = 2 700

10. a) Die Eltern zusammen sind 40 + 42 = 82 Jahre alt. Beide Eltern sind gleich alt, also 82 : 2 = 41 Jahre. Der Vater ist 41 Jahre alt.
b) Suse hat eine Schwester (und zwei Brüder), zusammen vier Kinder.
c) Die Brüder sind beide 10 Jahre alt, zusammen 20 Jahre. Suse und ihre Schwester sind zusammen 40 − 20 = 20 Jahre.
Rechnung: ■ + (■ + 6) = 20   ■ = 7   Suse ist 7 Jahre alt, ihre Schwester ist 13 Jahre alt.

11. 684 : 12 = (660 + 24) : 12 = 55 + 2 = 57   **12.** 65 € · 18 · 3 = 3 510 €   Der Aufenthalt kostet 3 510 €.

13. a) 17 · 5 = 85; 24 · 8 = 192;   85 + 192 = 277   b) 95 : 5 = 19; 38 · 4 = 152;   152 − 19 = 133

14. 435 · 4 = 170   falsch,   Ü: 400 · 4 = 1 600 (richtig: 1 740);   284 · 5 = 1 420   richtig,   Ü: 300 · 5 = 1 500;
   518 : 7 = 74   richtig,   Ü: 490 : 7 = 70;   2 016 : 8 = 22   falsch,   Ü: 2 000 : 10 = 200 (richtig: 252)

15. a) (77 · 15) : 21 = 1 155 : 21 = 55   b) (4 464 + 36) · (4 464 : 36) = 4 500 · 124 = 558 000

16. Jahr: 52 Wochen 1 Tag   Schultage: 37 Wochen 1 Tag − 5 Tage
   37 · 5 + 1 − 5 Tage = 181 Tage   Strecke: 181 · 13 · 2 km = **4 706 km**

17. a) 1, 4, 9, 16, **25, 36, 49**   b) 2, 8, 18, 32, 50, **72, 98, 128**

Seite 118

1. a) b ⊥ e,   b ⊥ f,   g ⊥ e,   g ⊥ f,   h ⊥ f   **3.**

   b) a ∥ c,   b ∥ g,   b ∥ h,   g ∥ h,   d ∥ i,   e ∥ f

2. − vom Lehrer/Lehrerin kontrollieren lassen!

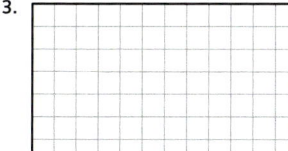

4. a)   b)

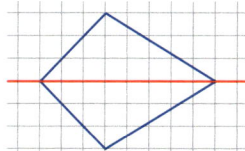
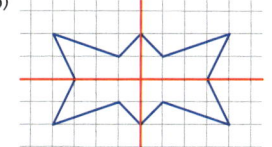

5. a)   b)

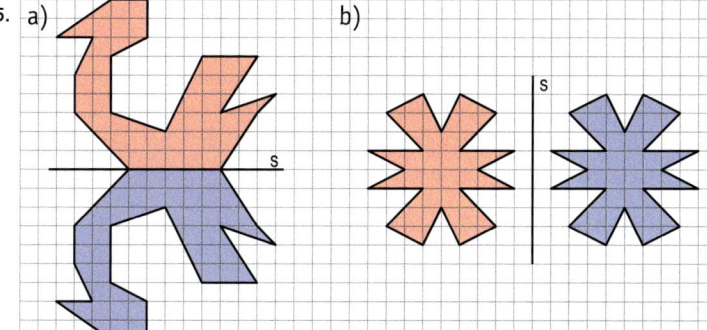

6. a)   D (3|6)   b)   C(9|9)

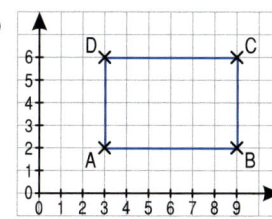
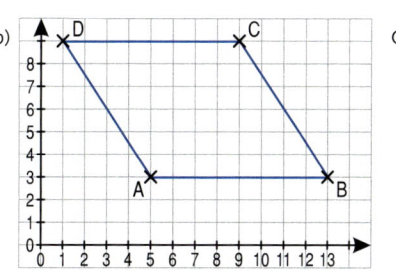

7. a)   b)

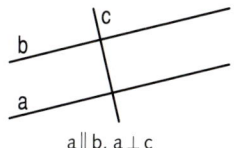
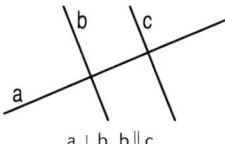

   a ∥ b, a ⊥ c   a ⊥ b, b ∥ c

8.

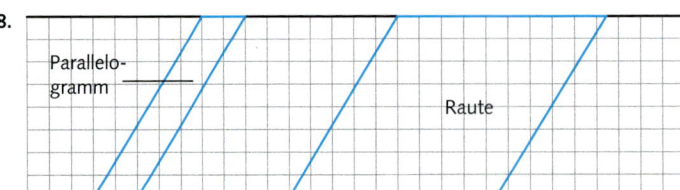

Parallelo-
gramm

Raute

9.

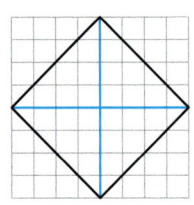

10. Tim hat Recht. Er zeichnet ein Quadrat. Jedes Quadrat ist auch Rechteck, Parallelogramm, Raute, Drachen und Trapez.

11. a) Rechteck   b) Raute   c) Rechteck

Seite 146

1. 5,12 €

2. a) 3,7 cm   b) 1,130 km

3. a) 7 350 g   b) 2 050 kg

4. a) 240 min   b) 76 h

5. a) 49,5 kg – 41 kg = 8,5 kg   b) 310,0 km – 234,5 km = 75,5 km

6. a) 6 · 1,78 € = 10,68 €   b) Man spart 1,14 €. (10,68 € – 9,54 € = 1,14 €)

7. a) 19,3 kg   b) 2,056 t

8. Pkw mit Fahrrädern ist 1,48 m + 0,88 m = 2,36 m hoch.
Man darf nicht in das Parkhaus fahren, denn 2,36 m > 2,10 m.

9. a) Timo verbringt täglich 5 h 25 min in der Schule.
b) 5 · (5 h 25 min) = 25 h 125 min = 27 h 5 min;   Pro Woche sind es 27 h 5 min.

10. 72 km

11. a) 15 · 9,4 km = 141 km;   die Gesamtstrecke ist 141 km lang.
b) 141 : 35 ≈ 140 : 35 = 4. Peter würde ungefähr 4 Stunden brauchen.

12. Peter ist an 190 Tagen zur Schule geradelt, an jedem Tag zweimal 1,3 km (hin und zurück).
Insgesamt ist er 190 · 2 · 1,3 km = 494 km geradelt.

Seite 168

1. Englischbuch 340 cm², Sportplatz 1 ha, Badetuch 2 m², Briefmarke 6 cm², Bauplatz 6 a.

2. a) 6 cm · 4 cm = 24 cm²   b) 6 cm + 4 cm + 6 cm + 4 cm = 20 cm

3. a) 7 cm²   b) 14 cm²

4. a) 20 cm² = **2 000 mm²**;   2 dm² = **20 000 mm²**   b) 1 m² = **100 dm²**;   50 dm² = **5 000 cm²**
c) 300 m² = **3 a**;   4 900 ha = **49 km²**   d) 25 000 ha = **250 km²**;   90 a = **9 000 m²**

5. Seitenlängen z. B. 1 cm und 18 cm   oder 2 cm und 9 cm   oder 3 cm und 6 cm   oder 4 cm und 4,5 cm

6. A, D und F je 20 Kästchen   B und E je 19 Kästchen   (C hat $21\frac{1}{2}$ Kästchen)

7. Seitenlänge a = 8 cm; A = 64 cm²   **8.** Seiten a = 5 cm; b = 12 cm; A = 60 cm²

9. Rechteck mit Seiten 12 cm und 8 cm zeichnen.   Mindestfläche 120 cm · 80 cm = 9 600 cm² = 96 dm² = 0,96 m²

10. Umfang: 120 cm + 80 cm + 120 cm + 80 cm = 400 cm = 4 m
Man braucht 4 m Gitterdraht, 50 cm breit (= 2 m²).
Für den Deckel braucht man 120 cm · 80 cm = 9 600 cm² = 0,96 m² Sperrholz.

11. Er kann 40 Grundstücke verkaufen.   **12.** Man braucht 20 Korkplatten.

Seite 193

1. a) 10 m Schnur   b) 300 km

2. a) $1\frac{7}{12}$ b) 5   c) $8\frac{7}{10}$ d) $5\frac{1}{4}$

3. kleinere der beiden Zahlen: a) 0,013   b) 17,98   c) 26,35   d) 1,408   **4.** a) $2\frac{11}{12}$ b) $3\frac{5}{10}$ **5.** Tim fehlen noch 25,20 €.

6. $\frac{1}{5}$ von 20 € = 4 €; $\frac{1}{4}$ von 20 € = 5 €   **7.** a) 0,307; 0,606; 0,66; 3,06; 3,6   b) 0,4; 0,402; 0,41; 0,412; 0,44

8. a) Ü: 130 + 90 + 320 = 540   Ergebnis: 538,672   b) Ü: 740 – 260 = 480   Ergebnis: 485,477

9. 1. Gruppe: $\frac{3}{4}$ von 20 = 15 Personen   2. Gruppe: $\frac{2}{5}$ von 20 = 8 Personen
Die erste Gruppe ist stärker vertreten, es sind 7 Personen mehr als von der zweiten Gruppe.

10. Rechnung: $\frac{5}{12}$ von 480 = 200; $\frac{2}{6}$ von 480 = 160;   480 – 200 – 160 = 120. Ergebnis: 120 Schüler kommen zu Fuß.

11. a) 15 Schweine, 20 Kühe, 10 Hasen, 6 Katzen   b) 8 Hühner

12. a) $7\frac{4}{4} = 8$ b) $10\frac{7}{6} = 11\frac{1}{6}$ c) $17\frac{16}{12} = 18\frac{4}{12}$ **13.** a) $3\frac{2}{3}$ b) $\frac{4}{8}$ c) $3\frac{2}{7}$

14. Klasse 6a: $\frac{2}{3}$ von 147 € = 98 €   Klasse 6b: $\frac{2}{3}$ von 258 € = 172 €   Klasse 6c: $\frac{2}{3}$ von 453 € = 302 €   Gesamtbetrag: 572 €

15. Die Marmelade wiegt 10,2 kg.

Lösungen zum Basiswissen

Seite 194

1. a) 31   b) 24   c)   35   d)   72   e)   32   f) 8   g) 11   h) $\frac{1}{2}$

157   312   350   720   320   80   110 $\frac{2}{3}$

310   240   3 500   7 200   3 200   8   11 $\frac{3}{4}$

1 840   3 120   350 000   720 000   320 000   8   11 $\frac{4}{5}$

2. Im Beispiel: $(5 + 6) \cdot (3 + 4) = 77$

3. a)

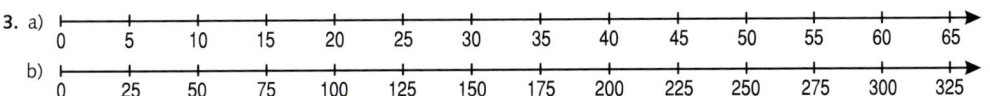

b)

4. a) $3\,407 + 4\,560 = 7\,967$ b) $3\,047 + 4\,560 = 7\,607$ **5.** a) $250\,000 - 40\,100 = 209\,900$
c) $1\,020 + 4\,500 = 5\,520$ b) $1\,000\,000\,000 - 12\,000\,000 = 988\,000\,000$

6. a) $3 + 2 \cdot 1 = \mathbf{5}$; $1 + 2 \cdot 3 = \mathbf{7}$; $(1 + 2) \cdot 3 = \mathbf{9}$
b) $20 - 4 \cdot 3 = \mathbf{8}$; $20 - 4 - 3 = \mathbf{13}$; $(20 - 4) \cdot 3 = \mathbf{48}$
c) $100 \cdot 5 + 40 = \mathbf{540}$; $(100 + 40) \cdot 5 = \mathbf{700}$; $100 \cdot 5 \cdot 40 = \mathbf{20000}$
d) $2\,000 + 3\,000 \cdot 500 = \mathbf{1\,502\,000}$; $(2000 + 3000) \cdot 500 = \mathbf{2\,500\,000}$; $2000 \cdot 3000 \cdot 500 = \mathbf{3\,000\,000\,000}$

7. a)   b) u = 20 cm; A = 24 cm²   **8.** a) 41 734   b) 78 656
c) a = 5 cm   c) 20 776   d) 6 456
e) 428

9. a) l = 1,20 m   b) m = 12 kg
c) A = 60 m²   d) Preis: 10 €

10. z. B.: a)   b)   c)

Lösungen der Diagnosearbeit

Seite 195

1. a) HT: 105 800 000; Mio.: 106 000 000   **2.** a) 11, 33, 55, **77**, **99**, 121   b) 1, 2, 4, 8, 16, **32**, **64**, **128**
b) HT: 3 100 000; Mio.: 3 000 000   c) 1, 4, 9, 16, 25, **36**, **49**, 64   d) 3, 5, 6, 10, 9, 15, **12**, **20**, **15**

3. a) Überschlag: $4\,000 + 56\,000 + 21\,000 = 81\,000$; genau: 80 277   b) Überschlag: $1\,000 \cdot 15 = 15\,000$; genau: 15 735
c) Überschlag: $390\,000 - 60\,000 - 310\,000 = 20\,000$; genau: 17 554   d) Überschlag: $30\,000 : 10 = 3\,000$; genau: 3 517

4.

	Name	Flächen	Kanten	Ecken
a)	Quader	6	12	8
b)	Pyramide	5	8	5
c)	Prisma	5	9	6
d)	Zylinder	3	2	0

6.

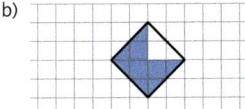

b) $\overline{AB} \perp \overline{AD}$ $\overline{AB} \| \overline{CD}$
$\overline{AB} \perp \overline{BC}$ $\overline{AD} \| \overline{BC}$
$\overline{BC} \perp \overline{CD}$
$\overline{CD} \perp \overline{AD}$

5. a) $c \perp b$, $b \perp a$,   b) $d \| a$

7. a) Zeichnung von Lehrerin/Lehrer kontrollieren lassen.   b) $u = 2 \cdot (2 + 5) = 14$; u = 14 cm; $A = 2 \cdot 5 = 10$; A = 10 cm²

8. a) 37 mm   b) 115 m   c) 2 300 kg   d) 0,775 kg   **9.** $5 - 1,28 - 0,78 = 2,94$;   Tina bekommt 2,94 € zurück.

10. a) Der Film endet um 17:20 Uhr.
b) Noch 10 Min. bis zum Beginn der nächsten Vorstellung um 17:30 Uhr.

11. a) 2 €; 8 € b) 20 cm; 80 cm
c) 9 cm; 36 cm d) 200 000; 800 000

12. a) 70 m
b) 300 m²

a)

13. a) 6 Karten b) 33,00 €

Seite 196

14. a) 400 : 2 − 125 = 75 b) (477 + 66) · 2 = 1086

15.

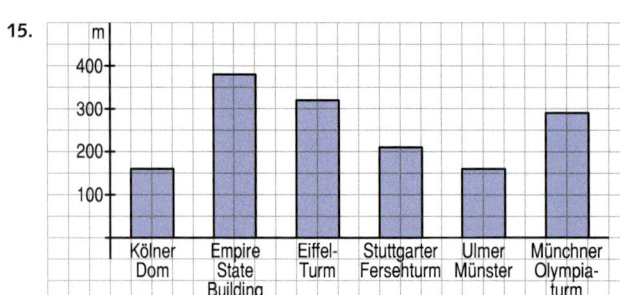

	gerundete Höhen:	Säulenlänge:
Kölner Dom	160 m	1,6 cm
Empire State Building	380 m	3,8 cm
Eiffelturm	320 m	3,2 cm
Stuttgarter Fernsehturm	210 m	2,1 cm
Ulmer Münster	160 m	1,6 cm
Münchner Olympiaturm	290 m	2,9 cm

16.

Figur	a)	b)	c)	d)
	Rechteck	Parallelo-gramm	Trapez	Drachen
Symmetrieachsen	2	–	1	1

17.

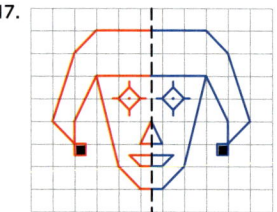

18. a) z. B. a = 2 cm; b = 6 cm, u = 16 cm; a = 1 cm, b = 12 cm, u = 26 cm;
a = 3 cm, b = 4 cm, u = 14 cm.
b) Seitenlänge a = 5 cm, der Umfang des Quadrates ist 20 cm.

19. z. B.: Frau Müller kauft 5 Paar Socken und ein Paar Handschuhe. Wie viel bezahlt sie? Sie zahlt 47 €.

20. a) 15 € b) 160 Plätze

21. a) 0,1 b) 0,01 c) 0,5

22. a) 2, 5, 10, 17, 26, **37**, **50**, **65** (6 · 6 + 1; 7 · 7 + 1; 8 · 8 + 1) b) 0, 3, 8, 15, 24, 35, **48**, **63**, **80** (7 · 7 − 1; 8 · 8 − 1; 9 · 9 − 1)

23. a) Quader oder Würfel
b) Pyramide (mit quadratischer Grundfläche), 5 Flächen
(Zeichnungen von Lehrerin/Lehrer kontrollieren lassen.)

24. vorn: 5; hinten: 2; links: 1; rechts: 3; oben: 4

25. a) 114 b) 45 c) 70

26. a) 112 504 + 5 484 + 27 058 = 145 046 b) 8 257 · 23 − 1 248 · 5 = 183 671

Seite 197

27. a) – b) $\frac{2}{6}$ sind blau, $\frac{1}{6}$ sind orange und $\frac{3}{6}$ nicht gefärbt.

28. a) Der Umfang beträgt 24 cm. b) Der Flächeninhalt beträgt 20 cm².
c) Der Flächeninhalt beträgt 8 cm². d) $\frac{10}{20}$ sind rot, $\frac{2}{20}$ grün gefärbt.

29. a) 225 € b) 13,5 km c) $\frac{5}{4} = 1\frac{1}{4}$ d) 0,5 **30.** 60 − 30 − 12 = 18. Mira behält 18 Nüsse.

31. a) 16 · 19,75 = 316; 316 + 6,90 = 322,90. Der Rechnungsbetrag ist 322,90 €.
b) 322,90 : 2 = 161,45. Der Förderverein übernimmt 161,45 €.

32.

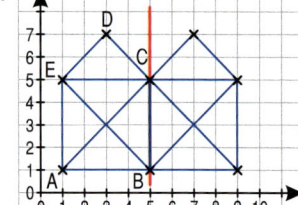

33.

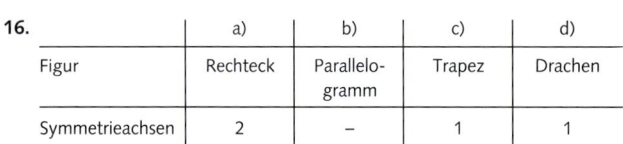

a) 6 Vierecke, die sich nicht überschneiden,
b) Es sind Rechtecke; je nach Abstand der Geraden können auch Quadrate dabei sein.

34. a) $\frac{2}{5} = 0,4$; $\frac{1}{50} = 0,02$; $\frac{7}{5} = 1,4$ b) z. B. $\frac{6}{10}$; $\frac{7}{10}$; $\frac{5}{8}$; $\frac{5}{9}$; $\frac{6}{9}$; $\frac{63}{100}$;

35. Ungefähr 13-mal; eine Überschlagsrechnung kann auch zum Ergebnis „14-mal" führen.

36. 1 250 € · 12 + 375 € + 900 € + 150 € · 25 = 20 025 €

37. 6 kg Kekse insgesamt; pro Tüte: 75 g Kekse; Preis einer Tüte: 0,65 €
a) Die Klasse kann 80 Tüten verkaufen.
b) Die Einnahmen betragen 52 €.

Maßeinheiten

Länge

Kilometer	Meter	Dezimeter	Zentimeter	Millimeter
1 km =	1 000 m			
	1 m =	10 dm =	100 cm =	1 000 mm
		1 dm =	10 cm =	100 mm
			1 cm =	10 mm

Flächeninhalt

Quadratkilometer	Hektar	Ar	Quadratmeter
1 km^2 =	100 ha =	10 000 a	
	1 ha =	100 a =	10 000 m^2
		1 a =	100 m^2

Quadratmeter	Quadratdezimeter	Quadratzentimeter	Quadratmillimeter
1 m^2 =	100 dm^2 =	10 000 cm^2	
	1 dm^2 =	100 cm^2 =	10 000 mm^2
		1 cm^2 =	100 mm^2

Masse

Tonne	Kilogramm	Gramm
1 t =	1 000 kg	
	1 kg =	1 000 g

Geld

1 € = 100 Cent

Zeit

Tag	Stunde	Minute	Sekunde
1 d =	24 h		
	1 h =	60 min	
		1 min =	60 s

Jahr	Monat	Tag
1 Jahr = 12 Monate		
1 Jahr		= 365 Tage
1 Schaltjahr		= 366 Tage

1 Woche = 7 Tage

Stichwortverzeichnis

Bildquellenverzeichnis